MATHE MATIK

Lehrbuch Klasse 5
Herausgegeben von
Wolfgang Schulz
und Werner Stoye

Ausgabe A

Volk und Wissen Verlag GmbH

Dieses Lehrbuch gehört zur neuen Reihe MATHEMATIK des Verlages Volk und Wissen, die von

Prof. Dr. Wolfgang Schulz und Prof. Dr. Werner Stoye

herausgegeben wird.
Zu diesem Buch werden das
Arbeitsheft Mathematik 5
(ISBN 3-06-000511-7)
oder das neu entwickelte
Arbeitsheft Mathematik Klasse 5
(ISBN 3-06-000524-9)
als Ergänzung empfohlen.

Die Autoren dieses Bandes sind:

Marianne Grassmann, Isabel Hilsberg, Karin Kimel, Ingmar Lehmann, Günter Lorenz, Manfred Rehm, Wolfgang Schulz und Werner Stoye.

Redaktion: *Karlheinz Martin und Ursula Schwabe*

Dieses Werk ist in allen seinen Teilen urheberrechtlich geschützt. Jegliche Verwendung außerhalb der engen Grenzen des Urheberrechts bedarf der Zustimmung des Verlages. Dies gilt insbesondere für Vervielfältigungen, Mikroverfilmungen, Einspeicherung und Verarbeitung in elektronischen Medien sowie für Übersetzungen.

ISBN 3-06-000516-8

1. Auflage
5 4 3 2 1 / 01 00 99 98 97
Alle Drucke dieser Auflage sind unverändert und im Unterricht parallel nutzbar. Die letzte Zahl bedeutet das Jahr dieses Druckes.

© Volk und Wissen Verlag GmbH, Berlin 1997
Printed in Germany

Satz: Druckerei zu Altenburg GmbH
Einband und Typografie:
Karl-Heinz Bergmann
Illustrationen: Roland Beier
Technische Zeichnungen: Waltraud Schmidt und Marina Goldberg

HINWEISE ZUM AUFBAU DES BUCHES

Das Lehrbuch gliedert sich in die Kapitel A bis H und weiter in Lerneinheiten 1, 2, 3, …
Jede Lerneinheit enthält eine Folge von Aufgaben, Merktexten und Beispielen.

Das Zeichen  zeigt Aufgaben für tägliche Übungen an.

 Rote Rasterflächen signalisieren Merkstoff.

 Grüne Rasterflächen signalisieren Beispiele.

Aufgaben, die durch einen Stern neben der Aufgabennummer gekennzeichnet sind, enthalten höhere Anforderungen.
↗ Ein schräg gestellter Pfeil bedeutet: „Vergleiche mit!"
↑ bedeutet: Beachte blauen Aufgabentext weiter oben!"

Inhaltsverzeichnis

A Stellenwertsystem

1 Unser Zehnersystem 5
2 Zahlen vergleichen und ordnen 9
3 Zahlen runden und schätzen 13
4 Viel Wasser? – Wir lernen große Zahlen kennen 15

B Körper, Figuren und Linien

1 Die bunte Welt der Körper 19
2 Flächen, Ecken, Kanten 21
3 Länger, breiter, höher – wir rechnen mit Längen 23
4 Senkrecht oder parallel? 27
5 Wir schaffen Ordnung durch Koordinaten 31
6 Rundherum im Kreis 33
7 Von oben, von links, von rechts betrachtet 35
8 Würfelnetze 37
9 Quadrat und Rechteck, Würfel und Quader 39

C Rechnen mit natürlichen Zahlen

1 Wir addieren und subtrahieren 43
2 Wir multiplizieren und dividieren 51
3 Quadratzahlen und andere Potenzen 57
4 Wir multiplizieren und dividieren schriftlich 59
5 Wir führen verschiedene Rechenoperationen nacheinander aus 65
6 Gleichungen und Ungleichungen 69
7 Rund um die Post und noch mehr 75
8 Vielfache und Teiler 79
9 Teilbarkeitsregeln 81
10 Primzahlen 87

D Geld, Masse, Zeit

1 Betty geht einkaufen 91
2 Ist es schwer oder leicht? 95
3 Wann und wie lange? 99

E — Flächeninhalt und Rauminhalt

1. Welche Fläche ist größer? 103
2. Wir messen den Flächeninhalt 105
3. Große und kleine Rechtecke 109
4. Wir messen den Rauminhalt 115
5. Große und kleine Quader 119
6. Milliliter, Liter, Hektoliter – die Hohlmaße 122

F — Brüche und gebrochene Zahlen

1. Teile vom Ganzen 123
2. Anteile von Größen; Brüche als Maßzahlen 127
3. Vergleich von Anteilen; Erweitern von Brüchen 131
4. Echte und unechte Brüche; Brüche am Zahlenstrahl . . . 137
5. Addition und Subtraktion von Brüchen 139
6. Dezimalbrüche 145
7. Vergleichen und Ordnen von Dezimalbrüchen 151
8. Runden von Dezimalbrüchen 155
9. Addition und Subtraktion von Dezimalbrüchen 157
10. Vervielfachen von Dezimalbrüchen 161
11. Multiplikation von Dezimalbrüchen 165

G — Symmetrie und Winkel

1. Symmetrie ist Ebenmaß 171
2. Symmetrische Körper – Symmetrie im Raum 179
3. Spiegeln – mit und ohne Spiegel 181
4. Spiegeln im Quadratgitter und mit dem Geo-Dreieck . . . 185
5. Es gibt nicht nur rechte Winkel 189
6. Kleine und große Winkel 193
7. Grad – aber zum Winkelmessen 196
8. Miteinander verwandte Winkel 201
9. Rund und schön 203
10. Schön der Reihe nach 207

H — Weitere Anwendungen

1. Wir ordnen Größen einander zu 211
2. Wir beschäftigen uns mit einer Kleinbahnstrecke 213
3. Jetzt dreht sich alles um das Würfeln 215
4. Gemeinsame Teiler, gemeinsame Vielfache 221

A Stellenwertsystem

1 Unser Zehnersystem

1. Wie viele Tasten braucht man auf einer Schreibmaschine, um alle Zahlen von 1 bis 100 aufschreiben zu können?

2. Viele Autos sind mit zwei Kilometerzählern ausgestattet. Der *Tageskilometerzähler* kann auf 0 gestellt werden; er zeigt nur volle Kilometer an.
   a) Welche Zahl zeigt dieses Zählwerk an? Welche Zahl wird folgen? Wie funktioniert ein solches Zählwerk?
   b) Welche Ziffern findet man auf jeder Scheibe des Zählwerks?

▲ Bild A1 Tageskilometerzähler im Auto.

3. a) Wie viele zweistellige Zahlen gibt es?
   b) Wie viele zweistellige Zahlen mit gleichen Ziffern gibt es?
   c) Wie viele zweistellige Zahlen gibt es mit voneinander verschiedenen Ziffern?

4. a) Schreibe die Zahlen 300; 600; 100; 700 als Produkt, wobei ein Faktor 100 ist.
   b) Schreibe die Zahlen 40; 80; 20; 50 als Produkt, wobei ein Faktor 10 ist.

5. a) Schreibe 100; 1 000; 10 000 als Vielfache von 10.
   b) Schreibe 100; 1 000; 10 000 als Vielfache von 100.

6. Schreibe die Zahlen 100; 1 000; 10 000 als Produkte mit möglichst vielen Faktoren 10.

Zahlen werden im **Zehnersystem** mit den zehn **Ziffern** 0, 1, 2, 3, 4, 5, 6, 7, 8, 9 geschrieben. Das Zehnersystem nennt man auch Dezimalsystem.

Das Zehnersystem ist ein **Stellenwertsystem**. Die Bedeutung einer Ziffer ergibt sich aus ihrer Stellung. In **1909** steht **9** für **900**, aber **9** für **9**.	BEISPIEL: $1909 = 1 \cdot 1000 + 9 \cdot 100 + 0 \cdot 10 + 9 \cdot 1$. neun Einer null Zehner neun Hunderter ein Tausender

Die Zahl **1909** kann in einer Stellentafel erfasst werden oder	1 000	100	10	1
	T	H	Z	E
	1	**9**	**0**	**9**
als **Zahlwort** dargestellt werden:	Eintausendneunhundertneun			

Es ist	kurz geschrieben	gelesen
100 = 10 · 10	= 10^2	zehn hoch zwei
1 000 = 10 · 10 · 10	= 10^3	zehn hoch drei
10 000 = 10 · 10 · 10 · 10	= 10^4	zehn hoch vier
⋮	⋮	⋮

Man nennt 10^2, 10^3, 10^4, … **Zehnerpotenzen.**

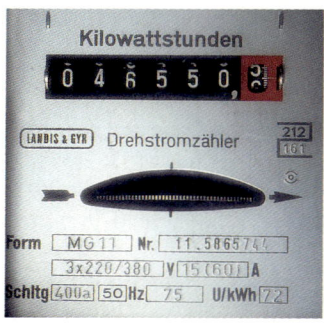  

▲ Bilder A 2 bis 4 Stromzähler; Kilometerzähler am Fahrrad; Wasseruhr

7. Lies den Zählerstand am Stromzähler ab ohne die Ziffer im roten Fenster zu berücksichtigen. Zähle 5 Zahlen weiter. Zähle auch 5 Zahlen zurück.

8. **a)** Welche dreistelligen Zahlen kannst du mit den Ziffern 3, 8, 5 bilden, ohne dass eine Ziffer mehrfach auftritt?
b) Bilde alle zweistelligen Zahlen mit den Ziffern 3, 5, 8.
c) Ordne die Zahlen aus a) und b) jeweils nach zunehmender Größe.

9. Trage in eine Stellentafel ein:
a) 728; 3 999; 3 009; 1 100; 27; 2 011; 2; 509; 2 310
b) 2 461; 648; 49; 9 003; 1; 9 909; 1 000; 8 405; 50

10. Schreibe in Ziffern:
a) fünftausendvierhundertdreiundzwanzig   **b)** dreihundertvier
c) zweitausendundsieben   **d)** sechshundertelf
e) viertausendfünfhundertzweiunddreißig   **f)** eintausenddreißig

11. Schreibe die Zahlen 21; 132; 312; 1 004; 3 285; 12; 470; 80; 16
a) als Zahlwort,   **b)** in einer Stellentafel,
c) als Summe von Vielfachen von 1, 10, 100 …

12.* **a)** Uta denkt sich eine dreistellige Zahl: $a \cdot 100 + b \cdot 10 + c$.
Dabei ist b doppelt so groß wie c und a ist doppelt so groß wie b.
Welche Zahl kann das sein?

b) Jens denkt sich auch eine dreistellige Zahl. Bei ihm ist b dreimal so groß wie a und c ist dreimal so groß wie b.

13. Du weißt: Zehn 1-Pf-Stücke entsprechen einem 10-Pf-Stück.
Zehn 10-Pf-Stücke entsprechen einem 1-DM-Stück. Setze fort!
Welche Münzen oder Scheine kommen dabei nicht vor?

Im alten Rom, vor 2000 Jahren,
schrieb man Zahlen mit den Zeichen:

M	D	C	L	X	V	I
1000	500	100	50	10	5	1

BEISPIELE:

14.

I		1
II	1 + 1	2
III	1 + 1 + 1	3
IV	5 − 1	4
V		5

▲ Bild A 5 Römische Jahreszahl auf dem Alten Museum in Berlin

VI	5 + 1	6
VII	5 + 1 + 1	7
VIII	5 + 1 + 1 + 1	8
IX	10 − 1	9
X		10

XI	10 + 1	11
XII	10 + 1 + 1	12
XIII	10 + 1 + 1 + 1	13
XIV	10 + (5 − 1)	14
XV	10 + 5	15

Die Römer verwendeten ein **Additionssystem.**

15. Bist du mit der folgenden Aufstellung einverstanden?
   a) MDLVI   = 1000 + 500 + 50 + 5 + 1 = 1556
   b) DCCCXXXII   = 500 + 100 + 100 + 100 + 10 + 10 + 10 + 1 + 1 = 832
   c)* MMCMLXXIV   = 1000 + 1000 + (1000 − 100) + 50 + 10 + 10 + (5 − 1)
                                = 2974

16. Wann wurde die Deutsche Staatsoper in Berlin in der Straße „Unter den Linden" gebaut?
Wir lesen die Aufschrift MDCCXLIII.

17. Lies und schreibe im Zehnersystem.   ▼ Bild A 6

18. Übertrage ins Zehnersystem:
a) III		**b)** VII		**c)** XIV		**d)** XXII		**e)** XVIII	
f) LX		**g)** XC		**h)** XL		**i)** IX		**j)** MDCCVI	
k) DIV		**l)** XV		**m)** CD		**n)** MCMXCV		**o)** XXIII	
p) MC		**q)** LXVI		**r)** XXXIV		**s)** MMIX		**t)** MDCLVI	

19.* Versuche Regeln für das römische Zahlensystem zu finden.
  a) In welcher Reihenfolge werden die Zeichen geschrieben?
  b) Woran merkt man, ob addiert oder subtrahiert werden muss?
  c) Welche Zeichen können mehrfach auftreten?
  Wie oft können Zeichen höchstens auftreten?
  Welche Zeichen treten höchstens einmal auf?

Und wer weiß, wie die Computer rechnen?

Computer rechnen meist nicht im Zehnersystem, sondern im **Zweiersystem**. Es ist ein Stellenwertsystem wie das Zehnersystem, nur dass als Ziffern lediglich die Null und die Eins vorkommen. Wir schreiben hierfür zur Unterscheidung vom Zehnersystem 0 und 1.
Die Stellenwerte sind Einer, Zweier = 2 Einer, Vierer = 2 Zweier, Achter = 2 Vierer ...

20. BEISPIEL: Wir betrachten die Zahl 10110 im Zweiersystem und lesen: eins – null – eins – eins – null.
Im Zehnersystem ist dies die Zahl 22, denn
10110 = 1 · 16 + 0 · 8 + 1 · 4 + 1 · 2 + 0 · 1 = 22

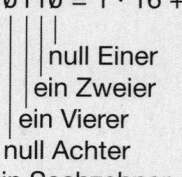
null Einer
ein Zweier
ein Vierer
null Achter
ein Sechzehner

In der Stellentafel

16	8	4	2	1
1	0	1	1	0

21. Übersetze die Zahlen 1, 2, 3 ..., 10 aus dem Zehnersystem in das Zweiersystem.

22. Übersetze die Zahlen 101; 1111; 1001; 110110 aus dem Zweiersystem in das Zehnersystem.

23. Welches ist die größte Zahl mit 8 Stellen im Zweiersystem?

24. Trage die Zahlen 4, 7, 9, 15, 16, 21 und 30 in eine Stellentafel im Zweiersystem ein.

25. Welchen Zahlen im Dezimalsystem entsprechen die Zahlen 1, 10, 100, 1000, 10000, 100000 im Zweiersystem?

2 Zahlen vergleichen und ordnen

1. Am 31.12.1990 wohnten in Schwerin 130 685 Personen. In Potsdam waren es zu diesem Zeitpunkt 142 862 Personen.
   In welcher Stadt lebten am Ende des Jahres 1990 mehr Menschen?

2. Bei einer Ziehung im Zahlenlotto wurden die Zahlen in folgender Reihenfolge gezogen: 21, 16, 3, 20, 1, 38.
   Schreibe die Zahlen übersichtlicher auf.

In einem Stellenwertsystem ist der Vergleich von Zahlen einfach.

3. BEISPIEL: Wir vergleichen:

a) 38 und 101	b) 2748 und 3515	c) 2835 und 2734
38 < 101	2748 < 3515	2835 > 2734
denn	denn	denn
38 ist **zwei**stellig	2 < 3	8 > 7
101 ist **drei**stellig	Beide Zahlen sind vierstellig.	

4. Auf dem Zahlenstrahl werden Beziehungen zwischen Zahlen deutlich.

   0 1 2 3 4 ⑤ 6 7 ⑧ 9 10 11 12 ⑬ 14 ⑮ 16 17 18

   5 liegt **links von** 8.   15 **liegt rechts** von 13.
   5 ist **kleiner als** 8.   15 ist **größer als** 13.

   Man nennt 6 den **Nachfolger** von 5 und man nennt 4 den **Vorgänger** von 5.

---

5. Vergleiche die folgenden Zahlen. Setze das Zeichen < oder > oder =.

   a) 4756 und 397 600   b) 4935 und 4935   c) 69 374 und 69 396
   d) 53 789 und 153 789   e) 25 031 und 25 019   f) 111 und 112

6. Vergleiche und begründe.

   a) 999 und 1001   b) 7385 und 7358   c) 5 DM und 500 Pf
   d) 10 000 und 100 000   e) 34 873 und 34 872   f) 5 m und 5 cm

7.* Bei den folgenden Zahlen sind Ziffern unleserlich geworden und durch Sternchen ersetzt. Versuche die Zahlen miteinander zu vergleichen.

   a) 5*** und 4***   b) 9** und 1***   c) **** und *99
   d) 63*** und 67***   e) ****0 und 87**   f) 1**1 und *99*

8. Gib an, ob die folgenden Aussagen wahr oder falsch sind. Begründe.
   a) 37 656 < 38 656
   b) 49 764 > 51 101
   c) Jede vierstellige Zahl ist größer als 1 000.
   d) Jede vierstellige Zahl ist größer als jede dreistellige Zahl.
   e) Es gibt eine fünfstellige Zahl mit fünf gleichen Ziffern.
   f) Es gibt eine fünfstellige Zahl, die größer als 99 999 ist.

   Beachte! Wenn wir sagen „es gibt eine Zahl ...", so schließen wir nicht aus, dass es auch mehrere solcher Zahlen geben kann.

9.* Vergleiche die folgenden Zahlen miteinander:
   a) L und XL   **b)** XXXVIII und XLI   **c)** XIII und IX

10.* Gib alle vierstelligen Zahlen an, die größer als 9 981 sind und als letzte Ziffer
   a) eine 2, **b)** eine 3 oder eine 5 haben.

11. Welche Zahlen gehören zu den Buchstaben auf dem Zahlenstrahl?

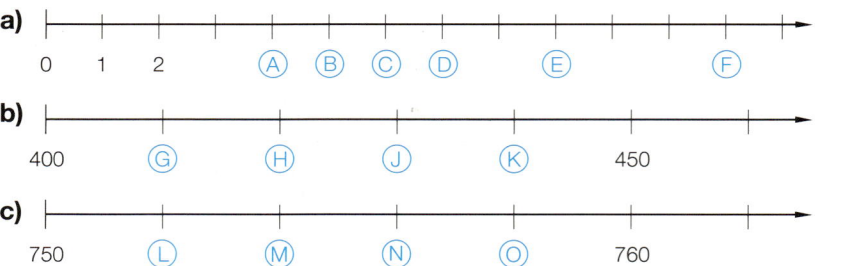

▲ Bild A 7

12. Zeichne einen Zahlenstrahl für die Zahlen von 0 bis 50. Markiere darauf die Zahlen 1, 5, 10, 25, 35, 48, 50.

Wir wollen mehr als zwei Zahlen der Größe nach **ordnen.** Hierbei überprüfen wir immer je zwei der Zahlen, bis alle Zahlen eingeordnet sind.

BEISPIEL:

13. Wir ordnen die Zahlen 347, 147, 213 der Größe nach.
   Es ist: 147 < 347,   213 < 347,   147 < 213.
   Geordnet, wenn wir mit der kleinsten Zahl beginnen: 147, 213, 347.
   Geordnet, wenn wir mit der größten Zahl beginnen: 347, 213, 147.

---

14. Ordne die folgenden Zahlen nach der Größe. Beginne mit der kleinsten Zahl.
   a) 587, 432, 67, 589, 41, 553   **b)** 999, 578, 78, 0, 34

15. Ordne die folgenden Zahlen nach der Größe. Beginne mit der größten Zahl.
   583 745, 30 560, 571 800, 576, 870, 6 784, 4 953

16. Ordne die folgenden Zahlen:
a) 37 469; 1 037 469; 2 537; 999 999; 1 370 469
b) 139 007; 390 071; 3 971; 90 071; 19 003; 39 071
c) 765 651; 656 517; 565 176; 651 765; 517 656; 565 617

17. Übertrage die folgende Tabelle in dein Heft und vervollständige sie.

Zahl *a*	33				100		0
Nachfolger von *a*		12			0		
Vorgänger von *a*	0					16	
Nachfolger des Doppelten von *a*			47	22			

18. Ordne die Bundesländer nach ihren Einwohnerzahlen.

Baden-Württemberg	9 240 000		Niedersachsen	7 249 000
Bayern	10 968 000		Nordrhein-Westfalen	16 837 000
Berlin	3 070 000		Rheinland-Pfalz	3 628 000
Brandenburg	2 721 000		Saarland	1 053 000
Bremen	677 000		Sachsen	4 988 000
Hamburg	1 610 000		Sachsen-Anhalt	3 027 000
Hessen	5 565 000		Schleswig-Holstein	2 617 000
Mecklenburg-Vorpommern	2 130 000		Thüringen	2 529 000

19. Bilde aus den gegebenen Ziffern jeweils die kleinstmögliche und die größtmögliche Zahl.
a) 6, 3, 9, 8, 2   b) 1, 4, 7, 5, 6   c) 4, 0, 3

20. Ordne die Bauwerke im Bild A 8 nach ihrer Höhe.

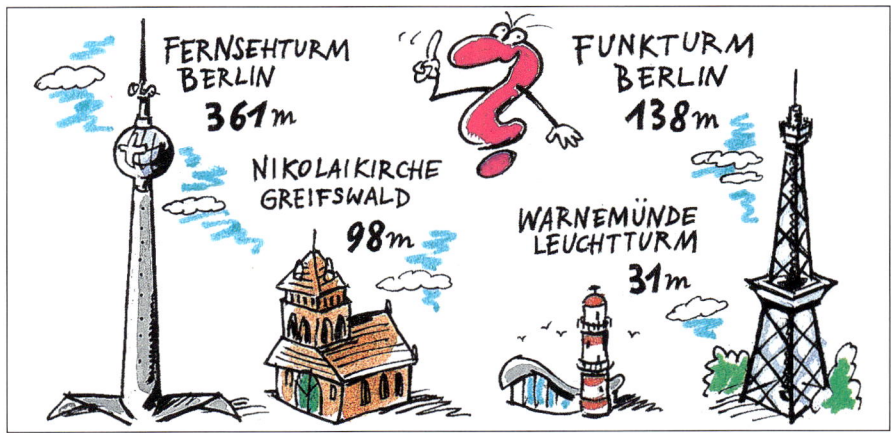

▲ Bild A 8

21. Ulf denkt sich eine Zahl, die auf 5 endet. Sie ist größer als 300 und kleiner als 312. Wie heißt sie?

22. Zwischen welchen Vielfachen von 1 000 liegen die folgenden Zahlen?
 a) 64 367   **b)** 30 012   **c)** 10 001   **d)** 40 108   **e)** 92 400   **f)** 3 758

23. Ordne dem Alter nach.
Karin ist jünger als Holger und älter als Peter. Ulf ist älter als Karin, aber jünger als Simone. Holger ist jünger als Ulf. (Vielleicht hilft dir eine Veranschaulichung am Zahlenstrahl.)

24.* Wie viele dreistellige Zahlen gibt es, die
 a) mit 33 beginnen,   **b)** auf 33 enden,
 c) mit 3 beginnen,   **d)** auf 3 enden?

25. Ordne die in der folgenden Übersicht aufgeführten Tunnel der Länge nach.

Simplon-Tunnel (Verbindung Schweiz–Italien)	19 804 m
Arlberg-Tunnel in Österreich	10 250 m
Gleisberg-Tunnel bei Glashütte in Thüringen	539 m
Tauern-Tunnel in Österreich	8 600 m
St. Gotthard-Tunnel (Schweiz)	14 984 m
Brandleite-Tunnel bei Oberhof in Thüringen	3 039 m
Seikan-Tunnel (Japan, Unterwassertunnel)	rd. 54 000 m

Übungen

1. Multipliziere die Zahlen mit 3. Welche der Produkte sind ungerade?
 a) 13   **b)** 25   **c)** 16   **d)** 34   **e)** 40   **f)** 45
 g) 53   **h)** 70   **i)** 99   **k)** 102   **l)** 120   **m)** 201

2. Übertrage die nachstehenden Tabellen in dein Heft und ergänze die freien Felder.

a)
a	b	a + b
	7	15
8		20
	0	45
7		0
0		0

b)
c	d	c − d
50	16	
8		0
7	10	
	6	14
15		20

c)
x	y	x : y
16		8
	9	5
7		1
	3	0
6		8

3. Welche der folgenden Zahlen sind **a)** Vielfache von 10, **b)** Vielfache von 100, **c)** Vielfache von 1 000?
300; 350; 3 500; 30 000; 3 050; 3 005; 30 500; 35 000

3 Zahlen runden und schätzen

1. In Petras Schule gehen rund 650 Schüler. Wie viele Schüler könnten das wirklich sein?

2. Die Zugspitze in den Alpen ist Deutschlands höchster Berg. Er ist 2 964 m hoch. Der Brocken, der höchste Berg im Harz, ist 1 142 m hoch. Ungefähr wievielmal so hoch ist die Zugspitze wie der Brocken?

In Rostock lebten am 31. 12. 1990 genau 252 956 Personen. Mike merkt sich rund 250 000 Menschen. Mike hat die Zahl der Einwohner auf volle Zehntausender gerundet.
Oft reicht es mit gerundeten Zahlen zu rechnen.

BEISPIELE:

3. Wir runden auf Vielfache von Zehn (wir sagen: *auf volle Zehner*).

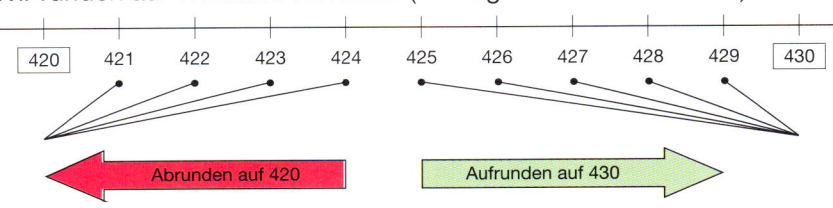

421 ≈ 420; 422 ≈ 420   425 ≈ 430; 426 ≈ 430; 427 ≈ 430
423 ≈ 420; 424 ≈ 420   428 ≈ 430; 429 ≈ 430

4. Runden auf (volle) Hunderter

1 316 km ≈ 1 300 km abgerundet	495 kg ≈ 500 kg aufgerundet	2 755 DM ≈ 2 800 DM aufgerundet

---

5. Runde auf Zehner (auf Hunderter):
   a) 3 512; 4 358; 80; 791   b) 18 567; 7 348; 2 114; 10

6. Runde auf Tausender (auf Zehntausender):
   a) 27 385; 86 501; 21 755; 120 638; 83 234; 10 004; 225 400
   b) 51 850; 74 730; 29 950;   7 720; 143 318; 78 888;   9 423

7. Runde auf Vielfache von 1 000:
   a) 3 827   b) 8 178   c) 3 290   d) 6 702   e) 708
      694   12   53 468   125   500
      23 500   17 499   38 516   41 500   4 144

8. Runde die Zahlen 6 248; 6 473; 1 157; 1 929; 8 053; 4 125 auf volle Zehner (Hunderter). Welche Differenz entsteht durch das Runden?

9. Nenne alle Zahlen, die beim Runden auf volle Zehner auf die Zahl
   a) 6350;   b) 6240;   c) 2630   führen.

10.* Julia hat sich eine Zahl gedacht. Durch Runden verändert sich die Zahl um 2 auf 3140. Kannst du die gedachte Zahl ermitteln?

11. Runde 2548 auf Zehner und das Ergebnis auf Hunderter. Runde dann 2548 direkt auf Hunderter. Was stellst du fest?

12. Runde auf (volle) Zentimeter:

a)	b)	c)	d)
2,6 cm	12,3 cm	27,8 cm	36,2 cm
18,2 cm	9,9 cm	15,5 cm	6,5 cm
37 mm	45 mm	52 mm	3 mm

13. Runde auf (volle) Meter:

a)	b)	c)	d)
23,12 m	7,7 m	1,20 m	25,03 m
48,85 m	2,5 m	120 cm	312 cm
765 cm	651 cm	902 cm	1003 cm

14. Die folgende Tabelle enthält die Längen einiger Flüsse.

Donau	2888 km	Spree	382 km
Rhein	1326 km	Havel	343 km
Elbe	1165 km	Elde	220 km
Oder	912 km	Warnow	128 km

   Runde die Längen sinnvoll.

15. Manchmal muss geschätzt werden, weil es nicht möglich ist zu zählen oder zu messen. Überlege dir fünf solcher Beispiele.

16. Gordon will schätzen, wie viele Fahrgäste täglich mit dem Bus von der Haltestelle vor der Schule abfahren. Er zählt die Fahrgäste, die in einen Bus einsteigen. Es sind 23. Er zählt weiter, wie viele Busse an einem Tag abfahren. Es sind 20. Gordons Schätzung: 460 Fahrgäste. Was sagst du dazu?

17. Schätze die Längen folgender Strecken und überprüfe die Ergebnisse:
    a) die Länge des Schulweges
    b) die Länge und die Breite deines Mathematikbuches
    c) die Länge des Klassenzimmers
    d) deine Schrittlänge
    e) den Durchmesser eines Pfennigs

> Durch Schätzen werden Zahlen oder Größen nur ungefähr bestimmt.
> Gutes Schätzen spart jedoch oft Messen oder Rechnen.

4 Viel Wasser? Wir lernen große Zahlen kennen.

1. Es gilt: $10^2 = 10 \cdot 10 = 100$.
   Schreibe entsprechend die **Zehnerpotenzen** 10^3, 10^4, 10^5 und 10^6.
   Vergleiche die hoch gestellte Zahl in den Zehnerpotenzen mit der Anzahl der Nullen in der ausführlichen Schreibweise.

2. Aus der Zeitung:
   Die 35 200 000 Haushalte in der Bundesrepublik Deutschland haben einen Wasserverbrauch von rund 5 000 000 000 000 l im Jahr. Die Industrie benötigt ungefähr 11 200 000 000 000 l im Jahr. Vergleiche.

Um die großen Zahlen in der Aufgabe 2 lesen zu können wird die Stellenwerttafel erweitert:

...	Billion			Milliarde			Million			Tausend					
	H	Z	E	H	Z	E	H	Z	E	H	Z	E	H	Z	E
	10^{14}	10^{13}	10^{12}	10^{11}	10^{10}	10^9	10^8	10^7	10^6	10^5	10^4	10^3	10^2	10	1
								3	5	2	0	0	0	0	0
			5	0	0	0	0	0	0	0	0	0	0	0	0
		1	1	2	0	0	0	0	0	0	0	0	0	0	0

Die Zahlen aus Aufgabe 2 lauten: 35 Millionen 200 Tausend
                                     5 Billionen
                                     11 Billionen 200 Milliarden

---

3. Lies die Zahlen 10, 100, 1 000, ..., 1 000 000 000 000.
   Nutze hierfür die Stellenwerttafel.

Wie werden große Zahlen gelesen?

Beispiel:

Die Zahl 19 734 085 306 liest man so:

Neunzehn Milliarden siebenhundertvierunddreißig Millionen fünfundachtzigtausenddreihundertsechs.

---

4. a) Schreib und lies die Zahl, die sich ergibt, wenn man im letzten Beispiel die beiden Nullen weglässt.
   b) Jahreszahlen werden anders gesprochen. Was ist anders?

5. Lies die folgenden Zahlen:
   26 300 000; 102 465 000; 2 000 000 000; 4 000 201; 3 300 300

6. Schreib als Ziffer und lies:
   a) $3 \cdot 10^9 + 0 \cdot 10^8 + 7 \cdot 10^7 + 4 \cdot 10^6 + 5 \cdot 10^5 + 8 \cdot 10^4 + 7 \cdot 10^3 + 2 \cdot 10^2 + 9 \cdot 10 + 4 \cdot 1$
   b) $6 \cdot 10^8 + 3 \cdot 10^7 + 5 \cdot 10^6 + 0 \cdot 10^5 + 1 \cdot 10^4 + 2 \cdot 10^3 + 6 \cdot 10^2 + 8 \cdot 10 + 5 \cdot 1$
   c) $7 \cdot 10^9 + 3 \cdot 10^7 + 4 \cdot 10^6 + 9 \cdot 10^4 + 6 \cdot 10^2 + 6 \cdot 1$
   d) $4 \cdot 10^9 + 3 \cdot 10^5 + 6 \cdot 10^4 + 7 \cdot 10^3 + 5 \cdot 1$
   e)* $7 \cdot 10^{12} + 3 \cdot 10^8 + 6 \cdot 10^2$

7. In einer Zeitung wird die Einwohnerzahl von Mexiko-City im Jahre 1985 mit 18 125 723 angegeben. Lies diese Zahl und schreibe sie als Zahlwort. Was hältst du von dieser Angabe?

8.* Übertrage die Tabelle in dein Heft und vervollständige sie.

Vorgänger $a - 1$		78 921 344		
a	565 329 818			100 000 000
Nachfolger $a + 1$			7 600 000	

9. Trage in eine Stellentafel ein:
   a) Zweiundvierzig Millionen siebenhundertachtunddreißigtausendzweihundertvier
   b) Sechs Milliarden fünf Millionen sechshunderttausendsieben
   c)* Sieben Billionen achthundertneun Milliarden vierhundertsiebzehn Millionen fünfhundertsiebenundzwanzigtausendzweihundertdreiunddreißig

10. Lies den Text und trage die Zahlen in eine Stellenwerttafel ein.
    a) Schätzungen haben ergeben, dass der Wasserbedarf auf der Erde für ein Jahr für die Bevölkerung 250 000 000 000 000 l, für die Landwirtschaft 2 400 000 000 000 000 l und für die Industrie 1 100 000 000 000 000 l beträgt.
    b) Ein Wasserhahn tropft. Alle 2 Sekunden fällt ein Tropfen. Das sind in einem Jahr 15 768 000 Tropfen, fast 4 000 l.

11. Kostbares Nass!
    a) Ein Tropfen Öl kann 1 Million Tropfen Trinkwasser verschmutzen. Das sind 250 l. Findest du das viel oder wenig Wasser?
    b) Schätze, wie viel Wasser durch einen tropfenden Hahn (1 Tropfen in jeder Sekunde) an einem Tag verloren geht:
       eine Tasse voll, ein Eimer voll oder eine Badewanne voll Wasser?
    c) Schätze, wie viele Tropfen Wasser eine 1-l-Flasche füllen.
    d) Wie viel Liter Wasser benötigt man für ein Wannenbad?

12. Jeder Bundesbürger verbraucht durchschnittlich 150 l Trinkwasser am Tag.
Entnimm dem **Streifendiagramm** die Wassermengen für den jeweiligen Zweck.

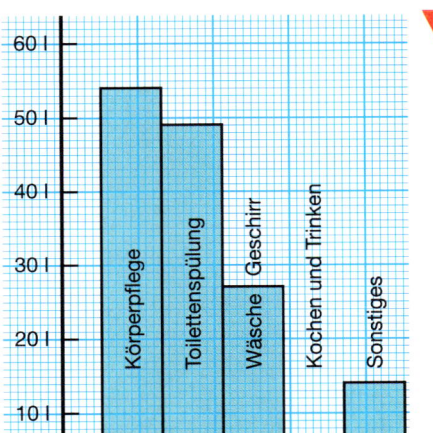

Bild A 10 ▶
Diagramm zum Wasserverbrauch in den Haushalten

13. In dem Streifendiagramm im Bild A 11 wird die Länge einiger Flüsse veranschaulicht. Ein Streifen von 1 cm Länge entspricht 100 km in der Natur. Wie lang sind die Flüsse? Vergleiche deine Ergebnisse mit Angaben in einem Lexikon.

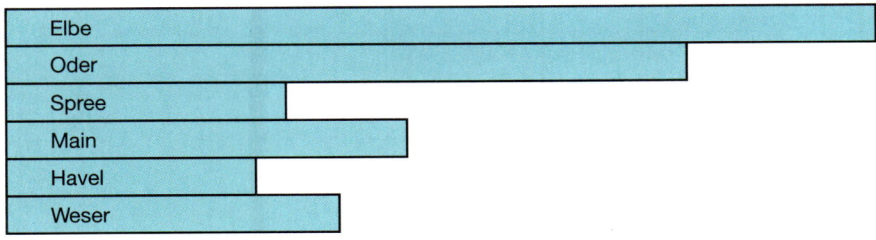

▲ Bild A 11 Länge einiger Flüsse Deutschlands

14. Veranschauliche die Höhen berühmter Bauwerke in einem Streifendiagramm. Dabei sollen 100 m in der Wirklichkeit durch eine Strecke von 2 cm Länge im Diagramm dargestellt werden.

Bauwerk	Höhe
Empire State Building in New York (USA)	380 m
Berliner Fernsehturm	361 m
Eiffelturm in Paris (Frankreich)	300 m
Peterskirche in Rom (Italien)	138 m
Cheopspyramide in der Nähe von Kairo (Ägypten)	137 m
Türme des Kölner Domes	157 m
Hoover Staudamm, größte Höhe der Staumauer (USA)	223 m
Schiefer Turm von Pisa (Italien)	54 m
Fernsehturm in Moskau (Russland)	541 m
Völkerschlachtdenkmal in Leipzig	91 m

Manchmal werden die Werte, die in einem Diagramm dargestellt werden sollen, in einer **Wertetabelle** vorgegeben.

BEISPIEL:

15. Eine Woche lang wurde in Neubrandenburg jeweils um 12.00 Uhr die Lufttemperatur gemessen:

Tag	Mo	Di	Mi	Do	Fr	Sa	So
Temperatur	18°C	14°C	16°C	20°C	17°C	15°C	12°C

Im Streifendiagramm werden für 1°C 2 mm Streifenhöhe gewählt.

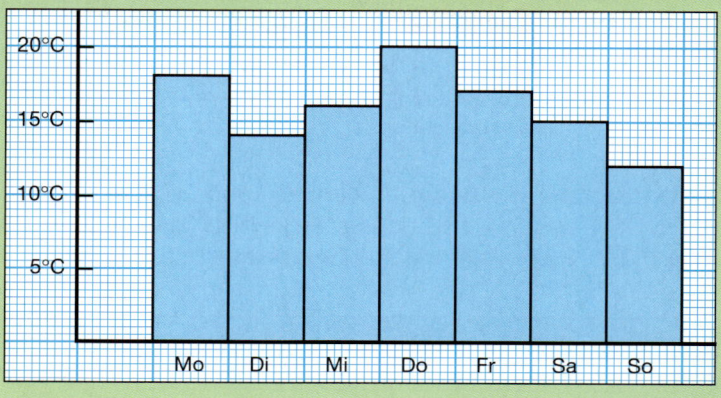

◄ Bild A 12

16. Erzähle mithilfe des Bildes A 12, wie sich die Temperaturen verändert haben. Aus welchem Monat könnten die Messungen sein?

17. Entnimm dem **Piktogramm** (↗ Bild A 13) den Wasserbedarf.

Das Zeichen bedeutet 10 l Wasser. (Die Angaben sind gerundet.)

Vier Menschen trinken täglich:	
Zur Herstellung von 1 kg Papier benötigt man:	
Für ein Duschbad benötigt man:	
Für ein Wannenbad benötigt man:	
Ein großer Laubbaum verbraucht an einem Tag:	

▲ Bild A 13

B Körper, Figuren und Linien

1 Die bunte Welt der Körper

1. Sortiere die Bausteine nach gemeinsamen Eigenschaften.

▲ Bild B 1

Wir unterscheiden:
Kugeln   Kegel   Pyramiden   Quader   Würfel   Zylinder

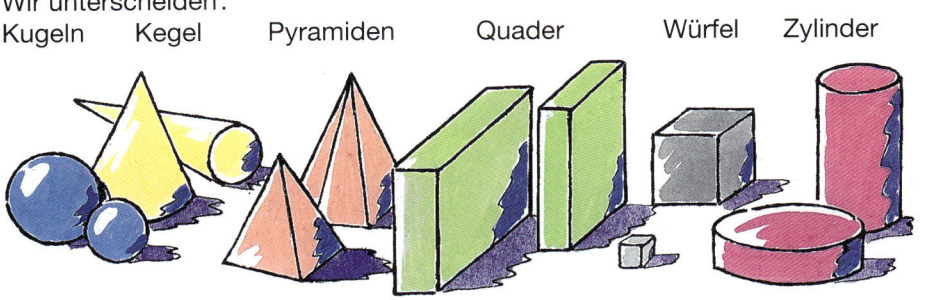

▲ Bild B 2

2. Ordne die Bausteine aus Bild B 1 diesen Gruppen zu. Welche Körper kannst du nicht einordnen?

3. Fertige in deinem Heft eine Tabelle nach folgendem Muster an.

Kugel	Kegel	Pyramide	Quader	Würfel	Zylinder

   a) Ordne die nachstehenden Gegenstände in diese Tabelle ein:
   Konservendose; Schultüte; Seifenblase; Streichholzschachtel; Würfelzucker; Milchpackung; unangespitzter Bleistift; Ziegelstein; rotweiß geringelte Hüte für Fahrbahnmarkierungen; gerade Drahtstücke; Schallplatte; Ball; Trichter.

   b) Suche nach weiteren passenden Gegenständen.

4. Forme Quader, Würfel, Kugeln, Zylinder und Kegel aus Knetmasse.

5. Kai feilt einen würfelförmigen Briefbeschwerer aus Metall. Mit einem Flachwinkel kontrolliert er, ob die Begrenzungsflächen des Würfels wirklich **eben** werden.
   a) Nenne Gegenstände mit ebenen Begrenzungsflächen.
   b) Nenne Gegenstände mit gewölbten Begrenzungsflächen.

Bild B 3 ▶

6. Weshalb sind Tischplatten, Fußböden, Zimmerwände i. allg. eben?

7. Wie viele ebene (gewölbte) Begrenzungsflächen haben die Körper?

▲ Bild B 4

8. Welche der Grundformen aus Bild B 5 liegen den folgenden Gegenständen zugrunde: Straßenwalze, Container, Bohrer, Gelenk an einem Fotostativ, Säge, Trichter? Begründe deine Antwort.

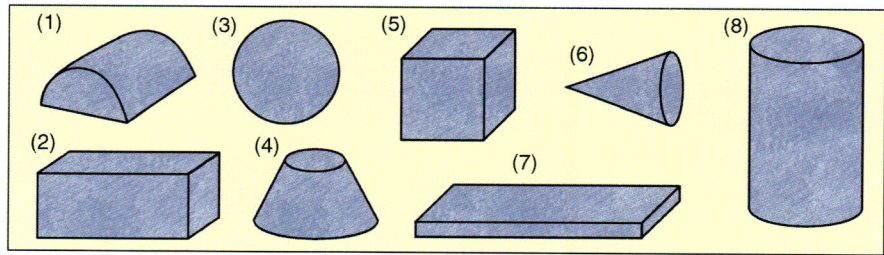

▼ Bild B 6   ▲ Bild B 5

9. Stefan hat kleine Würfel. Er will daraus größere Würfel bauen.
   a) Wie viele kleine Würfelchen fehlen in den Bildern ① bis ③ noch? (Drehe das Buch auf den Kopf!)
   b) Wir erfassen in einer Tabelle, wie viele Würfel 3 Farbflächen, 2, 1 oder keine Farbfläche haben.
   Übertrage in dein Heft:

Würfel mit	3	2	1	0	Farbflächen
Körper ①					

20

2 Flächen, Ecken, Kanten

1. Michael klebt Plastteile mit einem Spezialkleber zu einem Würfel zusammen. Wie viele Flächen fehlen noch?
Welche Teile aus dem Vorrat wird er auswählen?

▲ Bild B 7

2.* Bianca fertigt einen „Kalender" aus zwei Würfeln. Wie muss sie die Zahlen auf den Würfeln verteilen, wenn sie jedes Datum von 1 bis 31 darstellen möchte?

Bild B 8 ▶

3. Charlotte baut Kantenmodelle von Würfeln aus Trinkhalmen und Knetmasse. Sie meint: „In jeder Ecke eines Würfels laufen drei Kanten zusammen. Da ein Würfel acht Ecken hat, brauche ich für jeden Würfel 8 Knetekügelchen und 8 · 3 = 24 Halme für die Kanten." Was meinst du dazu?

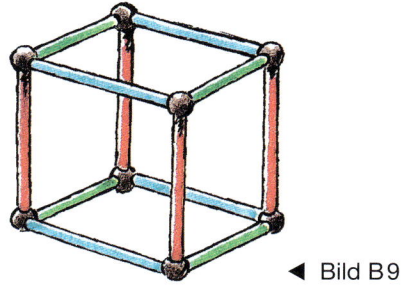

◀ Bild B 9

4. Stelle ein Kantenmodell eines Würfels mit der Kantenlänge 6 cm her.

5. Daniel möchte ein Kantenmodell eines Würfels mit der Kantenlänge von
a) 10 cm,   **b)** 50 mm,   **c)** 2,5 cm
aus einer Holzleiste bauen.
Wie lang muss die Leiste mindestens sein?

6. Katharina verarbeitet für das Kantenmodell eines Würfels eine Leiste mit einer Länge von
a) 84 cm,   **b)** 1 030 mm.
Wie lang ist jeweils eine Kante?

7. Betrachte die Körper im Bild B 10. Fülle dann in deinem Heft eine Tabelle nach folgendem Muster aus.

Körper	Anzahl der Flächen	Kanten	Ecken
a) Würfel			
b) Pyramide			
c)			

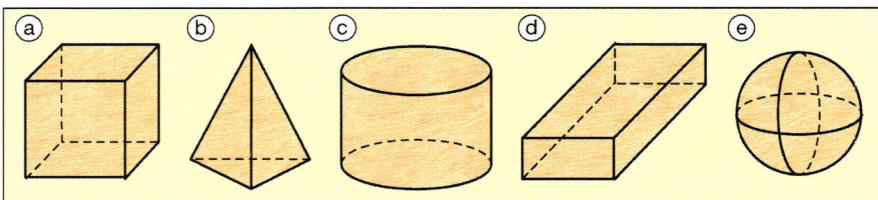

▲ Bild B 10

8. Alle Gegenstände im Bild B 11 werden zum Spielen benutzt: zum Würfeln.
  a) Welche dieser Gegenstände haben tatsächlich die Form eines Würfels?
  b) Wie viele Flächen haben jeweils die anderen Körper?

Bild B 11 ▶
Verschiedenartige Spielwürfel, darunter auch mongolische Würfel aus Knochen, die von Hirten genutzt wurden

Übungen

1. Suche aus den Figuren im Bild B 12 diejenigen heraus, die zu den Vierecken gehören. Was für Figuren siehst du noch?

2. Suche aus den Figuren im Bild B 12
  a) ein Quadrat, **b)** ein Rechteck heraus.

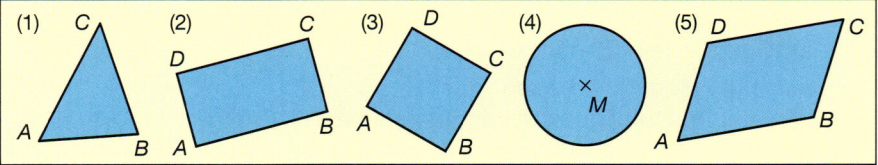

▲ Bild B 12

3. Miss die Seitenlängen der Figuren im Bild B 12 und lege dir eine Übersicht folgender Art an: (1) $\overline{AB}$ = ..., $\overline{BC}$ = ...

3 Länger, breiter, höher – wir rechnen mit Längen

1. Ein Käfer krabbelt auf der Seitenfläche eines Würfels zwischen den Ecken *E* und *G* hin und her (↗ Bild B 13).
   Mit welcher Farbe wurde der kürzeste Weg gezeichnet?

2. Falte ein Blatt Papier mehrmals. Zeichne die Faltlinien farbig nach. Welche Zeichengeräte kannst du dafür benutzen?

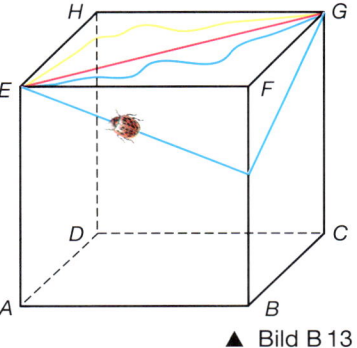

▲ Bild B 13

3. Es sollen auf einem unlinierten Blatt Papier drei Punkte gezeichnet werden, durch die eine gerade Linie gezogen werden kann.
   a) Versuche die drei Punkte ohne Hilfsmittel zu zeichnen. Überprüfe danach mit einem Lineal.
   b) Überprüfe die Punkte, indem du faltest.

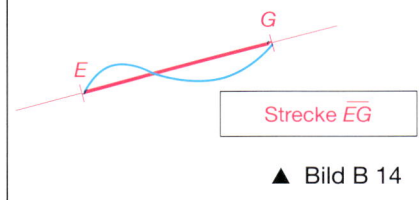

▲ Bild B 14

Faltlinien oder mit einem Lineal gezeichnete Linien sind gerade Linien. Der Teil einer geraden Linie, der zwei Punkte, zum Beispiel *E* und *G*, miteinander verbindet, heißt **Strecke $\overline{EG}$**.

Die Strecke $\overline{EG}$ ist die kürzeste Verbindung zwischen den Punkten *E* und *G*.

4. Untersuche, welche der Punkte im Bild B 15 auf einer geraden Linie liegen.
   Übertrage die Zeichnung in dein Heft.
   Wie viele Strecken sind durch die Punkte gegeben? Zeichne diese.

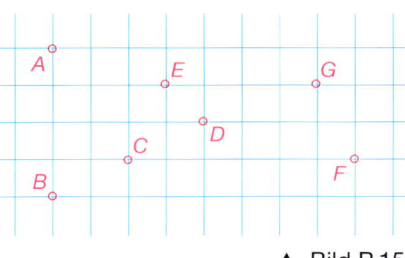

▲ Bild B 15

5. Zeichne eine Strecke $\overline{AB}$.
   Verlängere sie geradlinig nach beiden Seiten.
   Wie weit kannst du zeichnen im Heft, an der Tafel, auf dem Schulhof?
   Überlege, welche Hilfsmittel du benötigst um eine lange, gerade Linie zeichnen zu können.

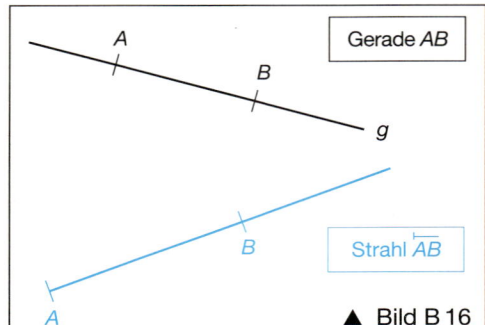

Gerade AB

Eine **Gerade** hat keinen Anfangspunkt und keinen Endpunkt. Wir können immer nur einen Teil einer Geraden zeichnen.

Strahl AB

Ein **Strahl** hat einen Anfangspunkt, aber keinen Endpunkt. Einen Strahl nennt man auch Halbgerade.

▲ Bild B 16

6. Wie viele Geraden, Strahlen und Strecken kannst du im Bild B 17 entdecken? Schreibe alle abgebildeten Strecken auf.
Ordne die abgebildeten Strecken nach ihrer Länge.

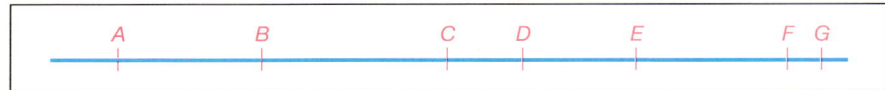

▲ Bild B 17

7. **a)** Ordne die 4 Punkte P, Q, R und S so an, dass durch sie genau eine Gerade bestimmt wird.
b) Ordne die 4 Punkte so an, dass genau zwei Geraden bestimmt werden.
c) Ordne die 4 Punkte nun so an, dass genau drei Geraden (genau vier Geraden, genau fünf Geraden) bestimmt werden. Ist das möglich?

8. Schätze die Länge, die Breite und die Höhe der abgebildeten Quader.

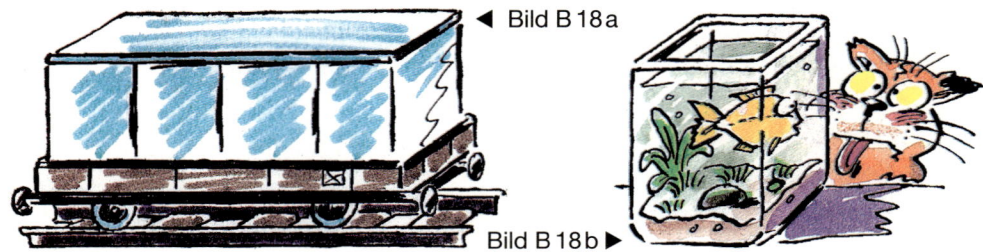

◀ Bild B 18a

Bild B 18b ▶

9. Früher nutzte man für die Längenmessung Einheiten, die vom menschlichen Körper abgeleitet waren, z. B. Fuß, Schritt, Elle, Klafter. 1 Klafter ist die Länge, die man mit ausgestreckten Armen greifen kann.

Vergleiche die Breite der Tafel, die Breite eines Heftes, die Höhe des Klassenraumes, die Länge des Schulhofes mit deinen Körpermaßen.
Welches deiner Körpermaße ist jeweils am besten dazu geeignet?

Sachsen:
1 Elle = 2 Fuß = 24 Zoll (≈ 57 cm)
Preußen:
1 Elle = 25,5 Zoll (≈ 67 cm)
Österreich:
1 Klafter = 6 Fuß (≈ 190 cm)

Die Länge einer Strecke wird durch Vergleich mit einer Einheitsstrecke gemessen. Wir benutzen als Längeneinheit in Deutschland das **Meter**.

Die früher verwendeten Einheiten Fuß, Elle, Schritt u. a. waren in den einzelnen Ländern und Provinzen sehr unterschiedlich festgelegt. Diese Unterschiede führten zu großen Schwierigkeiten – besonders im Handel. Im Jahre 1795 wurde deshalb in Paris das Meter als gesetzliche Einheit eingeführt. Ein sorgsam angefertigtes Muster, das Urmeter, und weitere nach diesem Muster angefertigte Meterstäbe aus Edelmetall sollten für einheitliches Messen sorgen. In der Folgezeit wurde das Meter als Einheitsstrecke von immer mehr Staaten anerkannt.

Übersicht über die Einheiten der Länge

Millimeter	mm			
Zentimeter	cm	1 cm = 10 mm		
Dezimeter	dm	1 dm = 10 cm	1 dm = 100 mm	
Meter	m	1 m = 10 dm	1 m = 100 cm	1 m = 1 000 mm
Kilometer	km	1 km = 1 000 m		

Beim Umrechnen aus einer Einheit in eine andere beachten wir:

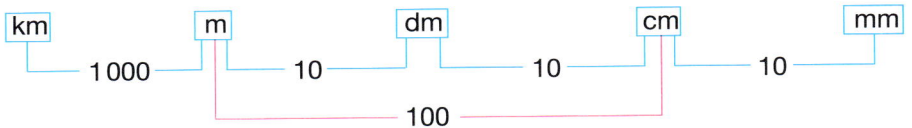

BEISPIELE für Umrechnungsaufgaben:

4 m = $\boxed{4 \cdot 10}$ dm   5 dm = $\boxed{5 \cdot 100}$ mm
    = 40 dm   = 500 mm

4 m = 4 · 100 cm   4 km = 4 · 1 000 m
    = 400 cm   = 4 000 m

7 m 5 cm = 7 m + 5 cm   6,03 m = 6 m 3 cm
          = 700 cm + 5 cm = 705 cm   = 600 cm + 3 cm = 603 cm

60 cm = $\boxed{60 : 10}$ dm   700 cm = $\boxed{700 : 100}$ m
      = 6 dm   = 7 m

6 300 mm = 630 cm   630 cm = 600 cm + 30 cm
           = 63 dm   = 6,30 m

6 300 m = 6 000 m + 300 m   502 cm = 500 cm + 2 cm
         = 6 km + 300 m   = 5 m + 2 cm
         = 6 km 300 m = 6,300 km   = 5 m 2 cm = 5,02 m

10. Rechne in Meter um:
a) 300 cm	b) 3 km	c) 8 100 cm	d) 2,5 km
20 dm	12 km	12 m 30 cm	7,952 km
500 cm	3 km 100 m	13 dm	0,6 km
2 000 mm	5,300 km	1 m 6 cm	3 km 3 m

11. Rechne in Zentimeter um:
a) 6 m	b) 10 m	c) 810 mm	d) 4,5 dm
12 m	55 mm	2 m 30 cm	12 mm
4 dm	1,20 m	3 dm 5 cm	9,60 m
30 mm	12,03 m	2 cm 2 mm	0,30 m

Wir zeichnen und messen Strecken mit dem Geo-Dreieck.

12. Zeichne mithilfe des Geo-Dreiecks die Strecken:
a) $\overline{AB}$ = 6,3 cm
b) $\overline{CD}$ = 8,4 cm
c) $\overline{EF}$ = 46 mm
d) $\overline{GH}$ = 7,5 cm

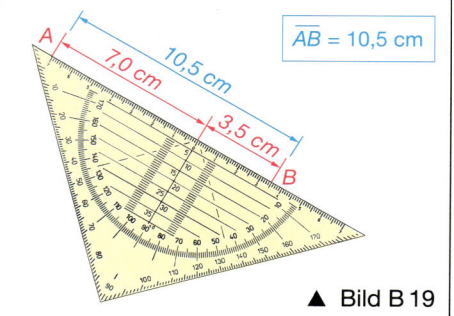

▲ Bild B 19

13. Schätze die Länge der folgenden Strecken. Überprüfe das Ergebnis durch Nachmessen. Fertige eine Tabelle mit den Ergebnissen an.

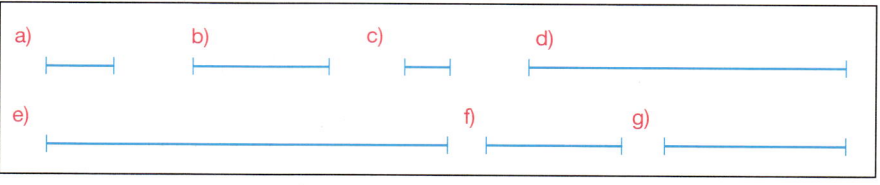

▲ Bild B 20

14. Versuche aus freier Hand Strecken mit den Streckenlängen a) 4 cm, b) 2 cm, c) 10 cm zu zeichnen. Überprüfe danach mit dem Lineal.

15. a) Rechne in die nächstkleinere Einheit um:
5,3 cm; 0,8 m; 3,6 km; 2,075 km; 3,23 m; 7,1 dm
b) Rechne in die nächstgrößere Einheit um:
450 mm; 450 m; 83 dm; 68 mm; 1 040 m; 650 cm

16. Nenne anstelle der Punkte die richtige Einheit:
a) 300 cm = 3 . .
b) 2 472 m = 2,472 . .
c) 71 m = 0,071 . .
d) 20 mm = 2 . .
e) 638 cm = 6,38 . .
f) 27 dm = 2 700 . .
g) 4,2 dm = 42 . .
h) 0,05 m = 0,5 . .
i) 37,2 km = 37 200 . .

17. a) 4,3 m = ... cm
b) 0,6 dm = ... mm
c) 12 dm = ... m
d) 125 m = ... km
e) 42,4 cm = ... mm
f) 825 m = ... km

4 Senkrecht oder parallel?

1. Leoni benutzt zum Bau eines Würfels für die Eckpunkte Knetmasse. Sie hat sorgfältig gleich lange Strohhalme zugeschnitten. Trotzdem stimmt irgendetwas mit ihrem „Würfel" nicht. Worauf muss sie achten?

Bild B 21 ▶

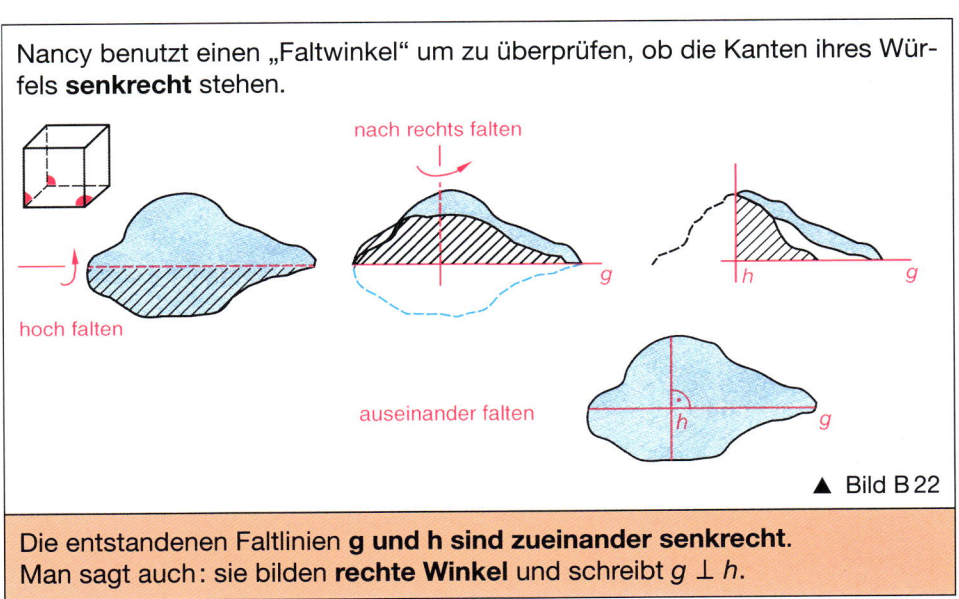

Nancy benutzt einen „Faltwinkel" um zu überprüfen, ob die Kanten ihres Würfels **senkrecht** stehen.

hoch falten

nach rechts falten

auseinander falten

▲ Bild B 22

Die entstandenen Faltlinien **g und h sind zueinander senkrecht**.
Man sagt auch: sie bilden **rechte Winkel** und schreibt $g \perp h$.

2. Wie oft wird Nancy ihren Faltwinkel an jeden Eckpunkt anlegen?

3. Fertige einen Faltwinkel an. Wo findest du zueinander senkrechte Strecken? Suche am Lehrbuch, am Fenster, am Schrank und am Geo-Dreieck. Kontrolliere jeweils mit dem Faltwinkel.

4. Welche Strecken im Bild B 23 sind zueinander senkrecht?

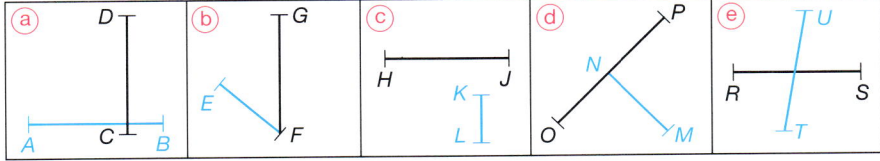

▲ Bild B 23

Katrin zeichnet mit ihrem Geo-Dreieck zueinander senkrechte Geraden. Wir wollen sehen, wie sie das macht.
Sie zeichnet zuerst eine Gerade g. Dann legt sie einen Punkt P fest, durch den die zu g senkrechte Gerade h gehen soll.

Im Bild B 24 liegt dieser Punkt P auf der Geraden g.	Im Bild B 25 liegt dieser Punkt P nicht auf der Geraden g.

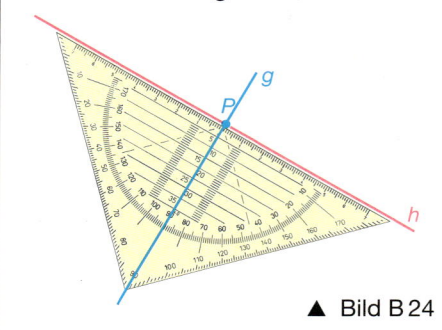 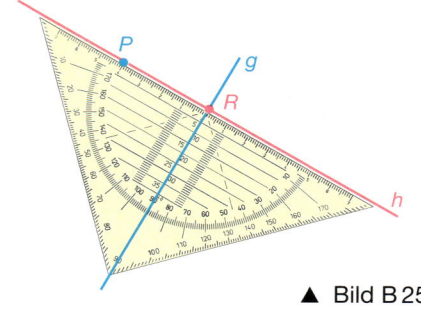

▲ Bild B 24   ▲ Bild B 25

Die Länge der Strecke $\overline{PR}$ nennt man den **Abstand** des Punktes P vom Punkt R.

5. Übertrage die Gerade g und den Punkt P jeder Teilfigur im Bild B 26 jeweils auf Karopapier. Zeichne dann die Senkrechte zur Geraden g durch den Punkt P. Bestimme bei **a)**, **c)** und **d)** den Abstand von P zu g.

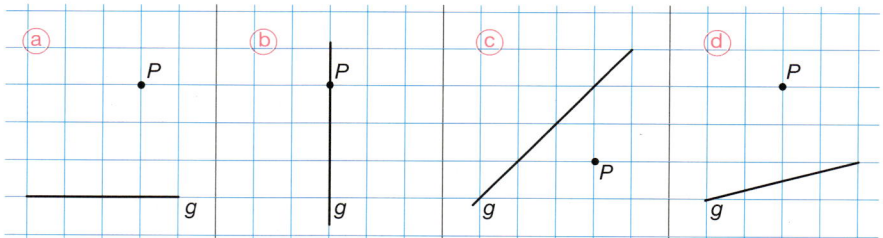

▲ Bild B 26

6. **a)** Zeichne zwei Geraden, die durch einen Punkt P gehen und zueinander senkrecht sind.
   b) Zeichne eine Gerade g und einen Punkt Q. Zeichne dann eine Gerade h, die senkrecht zu g und durch den Punkt Q verläuft.

7. Nancy hat die Ecken ihres Würfels mit Buchstaben bezeichnet (↗ Bild B 27).
   Sie schreibt: $\overline{AB} \perp \overline{AE}$.
   Bezeichne weitere Kanten des Würfels, die senkrecht aufeinander stehen, in dieser Weise.

   Bild B 27 ▶

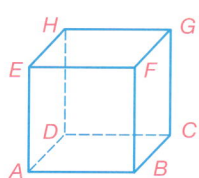

Nancy weiß vom Umgang mit dem Faltwinkel, dass man durch zweimaliges Falten ein Paar paralleler Linien erhält.

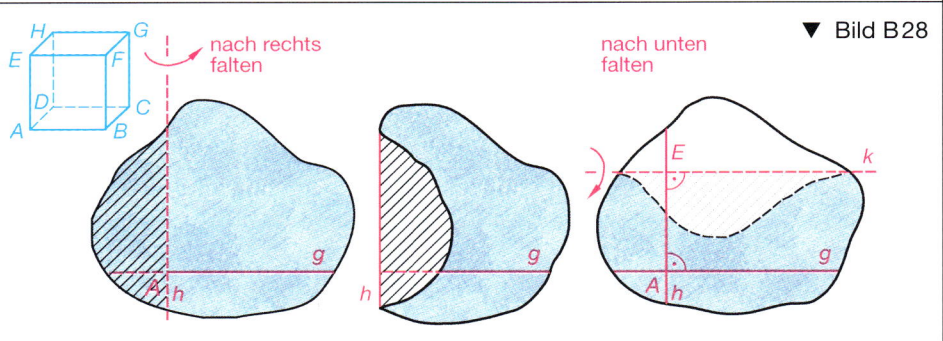

▼ Bild B 28

Die entstandenen Faltlinien *g* und *k* sind **parallel zueinander**.
Man schreibt: *g* ∥ *k*

8. Zeige an einem Würfelmodell alle zur Strecke $\overline{AB}$ parallelen Strecken.

9. Stelle die Muster im Bild B 29 durch Falten her.
Welche Faltlinien sind senkrecht zueinander; welche Faltlinien sind parallel zueinander?

Bild B 29 ▶

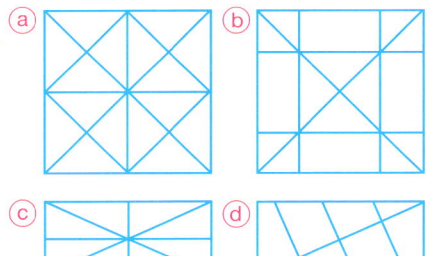

Katrin zeichnet mit ihrem Geo-Dreieck zueinander parallele Geraden.

Im Bild B 30 soll die Parallele zur Geraden *g* durch einen gegebenen Punkt gehen. Katrin orientiert sich an den parallelen Markierungen auf dem Dreieck.	Im Bild B 31 soll die Parallele einen Abstand von 45 mm von der Geraden *g* haben. Katrin zeichnet zuerst eine Senkrechte, trägt von *g* aus eine Strecke von 45 mm ab und errichtet im Endpunkt erneut eine Senkrechte.

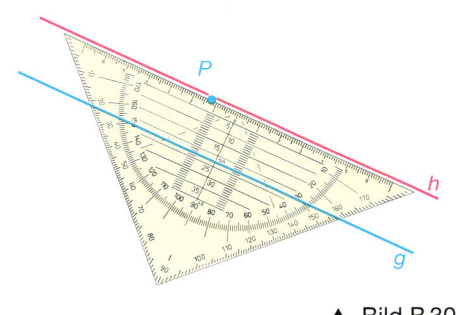

▲ Bild B 30

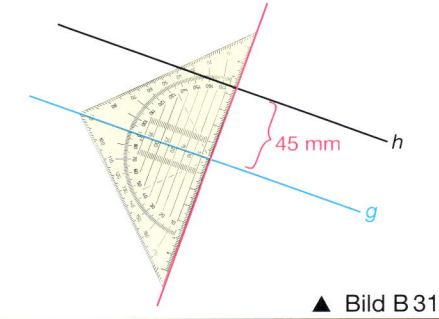

▲ Bild B 31

10. Zeichne ein Quadrat mit der Seitenlänge **a)** 4 cm, **b)** 2,7 cm, **c)** 56 mm.

11. Prüfe nach, ob in den Bildern B 32 a–d Quadrate dargestellt wurden.

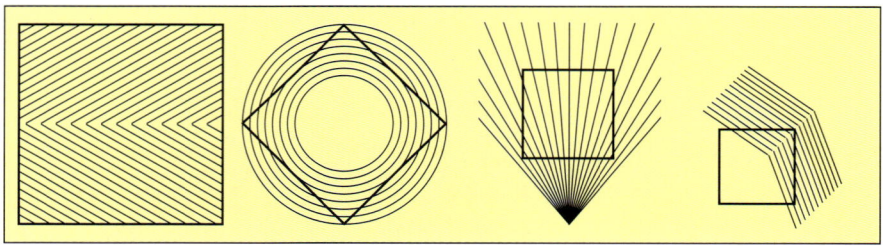

▲ Bilder B 32 a bis d

12. Zeichne die nachstehenden Muster in dein Heft und färbe sie mit Farbstiften ein. Entwirf selbst noch weitere Muster aus senkrechten und parallelen Linien.

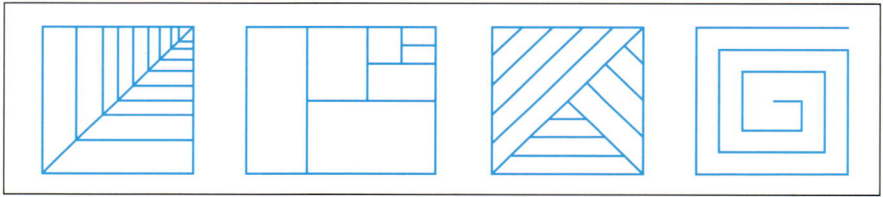

▲ Bild B 33

13. Übertrage die nachstehenden Tabellen in dein Heft und gib wie im rot gedruckten Muster an, welche Geraden senkrecht bzw. parallel zueinander sind.

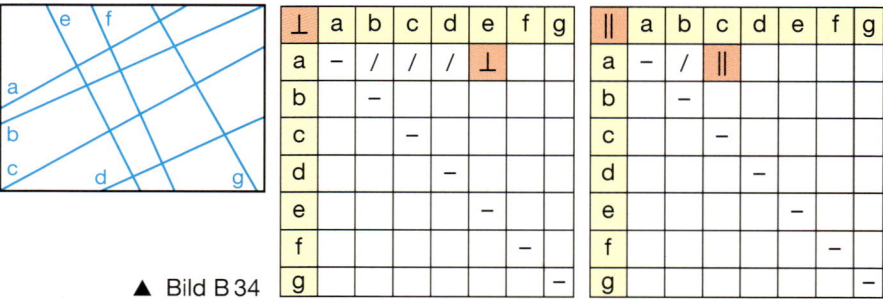

▲ Bild B 34

⊥	a	b	c	d	e	f	g
a	–	/	/	/	⊥		
b		–					
c			–				
d				–			
e					–		
f						–	
g							–

∥	a	b	c	d	e	f	g
a	–	/	∥				
b		–					
c			–				
d				–			
e					–		
f						–	
g							–

14. Gib für den Würfel im Bild B 35 an, welche Kanten zueinander parallel und welche zueinander senkrecht sind. (BEISPIEL: $\overline{AD} \perp \overline{DC}$)

Gib auch zueinander senkrechte und zueinander parallele Flächen an. (BEISPIEL: Das Quadrat *ABFE* ist senkrecht zum Quadrat *ADHE* und auch senkrecht zum Quadrat *ABCD*.)

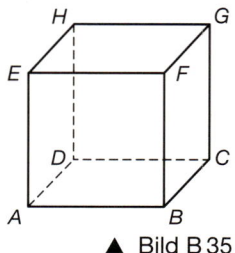

▲ Bild B 35

5 Wir schaffen Ordnung durch Koordinaten

1. Zeichne eine Strecke $\overline{AB}$ mit einer Länge von 16 cm auf ein Zeichenblatt. Zeichne nun eine Strecke $\overline{AC}$ mit demselben Anfangspunkt und derselben Länge, die senkrecht auf AB steht. Anschließend sollen jeweils im Abstand von 2 cm acht Parallelen zu AB und acht Parallelen zu AC gezeichnet werden. Man erhält auf diese Weise ein Gitter mit vielen Feldern.

2. Janina hat die Felder ihres Gitters aus Aufgabe 1 abwechselnd braun und gelb gefärbt, um sich ein Dame-Brett anzufertigen. Die Stellung der Spielsteine kann sie durch Angaben an den Rändern des Spielfeldes genau beschreiben (↗ Bild B 36). So liegt zum Beispiel der weiße Stein auf dem Feld (c; 5).
   a) Beschreibe die Lage der schwarzen Steine auf dem Dame-Brett.
   b) Wenn jemand einen Stein zur gegnerischen Seite durchbringt, erhält er eine Dame. Welche Felder des Dame-Brettes ermöglichen den Erwerb einer Dame?

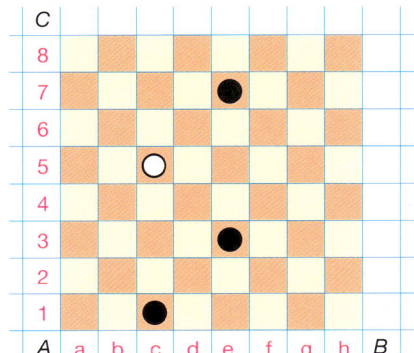
▲ Bild B 36

3. Ein ähnliches, aber größeres Liniengitter wird für das japanische Go-Spiel benutzt. In diesem Spiel werden die Spielsteine nicht auf die Felder, sondern auf die Kreuzungspunkte der Linien gelegt. Ein blauer Stein liegt auf dem Gitterpunkt (2; 5).

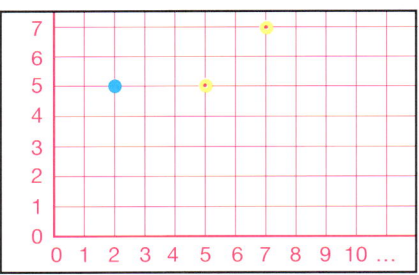
▲ Bild B 37

Auch in der Mathematik nutzt man Gitter um die Lage von Punkten durch ein Zahlenpaar anzugeben. Dazu kennzeichnen wir im Gitter zwei aufeinander senkrecht stehende Zahlenstrahlen mit x bzw. y. Zwei solche Strahlen nennen wir ein **Koordinatensystem**.
Der Punkt A hat die **Koordinaten** (2; 5).

4. Gib die Koordinaten der anderen Punkte an.

Bild B 38 ▶

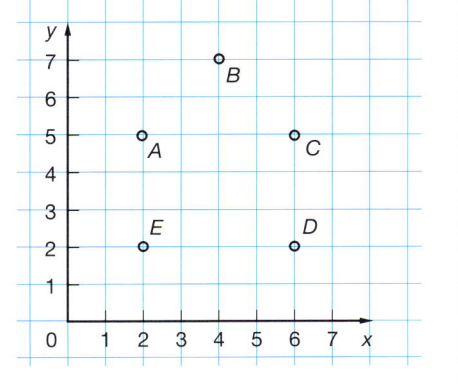

5. Zeichne ein Koordinatensystem wie im Bild B 38 in dein Heft.
Trage die Punkte M(0; 1), N(0; 3), P(1; 6), Q(2; 3), R(6; 3), S(7; 2) und T(7; 0) in dieses Koordinatensystem ein.

6. Gib die Koordinaten der Eckpunkte der Figuren im Bild B 39 an.

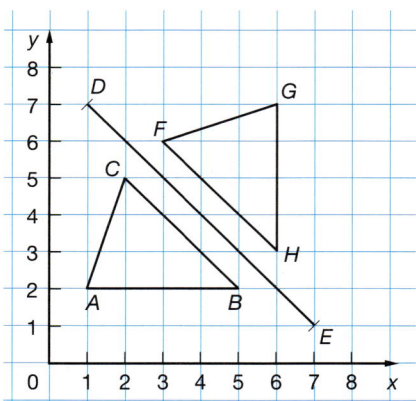

▲ Bild B 39 a

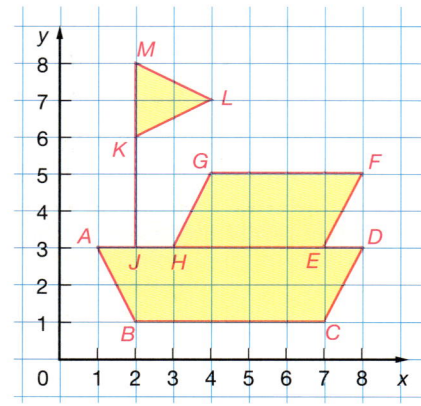

▲ Bild B 39 b

7. **a)** Zeichne selbst Figuren in ein Koordinatensystem und lass deinen Nachbarn die Koordinaten der Eckpunkte bestimmen.
b) Zeichne nach den Angaben deines Nachbarn Figuren in ein Koordinatensystem.

8. A(1; 1) und B(1; 6) sind Eckpunkte eines Quadrates. Gib die Koordinaten der beiden anderen Eckpunkte an.

9. K(4; 4) und P(7; 7) sind Eckpunkte eines Quadrates. Gib die Koordinaten der beiden anderen Eckpunkte an. Gibt es mehrere Möglichkeiten?

Übungen

1. Zeichne drei Strecken mit den Längen 2,5 cm; 36 mm und 5,4 cm.
Bezeichne die Endpunkte mit Buchstaben.

2. Übertrage die Figur im Bild B 40 auf Kästchenpapier.
a) Gib die Koordinaten der Punkte A, B, ..., E an.
b) Zeichne die Strecken $\overline{CD}$, $\overline{AB}$, $\overline{BE}$, $\overline{BC}$ und $\overline{AC}$ ein und miss die Längen dieser Strecken.

Bild B 40 ▶

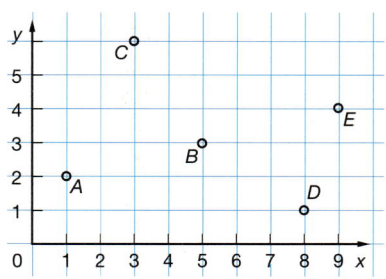

6 Rundherum im Kreis

1. **a)** Zeichne einen Punkt P und einen Punkt Q, der von P einen Abstand von 2 cm hat.
   b) Zeichne eine Gerade g und einen Punkt R, der von g einen Abstand von 3,5 cm hat.
   c) Zeichne eine Gerade h und alle Punkte, die von h einen Abstand von 4 cm haben. Was für eine Figur erhältst du?

2. Zeichne einen Punkt M. Zeichne dann alle Punkte, die von M einen Abstand von 3 cm haben. Was für eine Figur erhältst du?

Zeichnet man alle Punkte, die von einem Punkt M den gleichen Abstand haben, so entsteht ein **Kreis**. Der Punkt M heißt **Mittelpunkt des Kreises**.
Den Abstand eines beliebigen Punktes P des Kreises vom Mittelpunkt nennt man **Radius** des Kreises. Die Strecke $\overline{QR}$ heißt **Durchmesser** des Kreises.

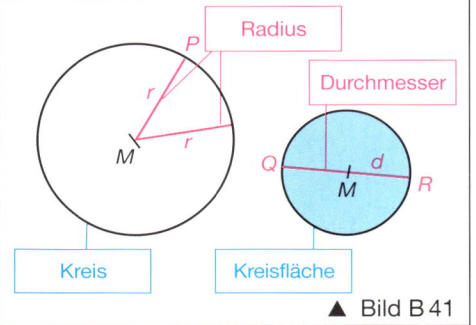

▲ Bild B 41

3. Sascha sucht in seiner Schublade Gegenstände, mit deren Hilfe er Kreise zeichnen kann.
   a) Welche Gegenstände aus Bild B 42 sind dazu geeignet?
   b) Welchen Gegenstand würdest du bevorzugen?

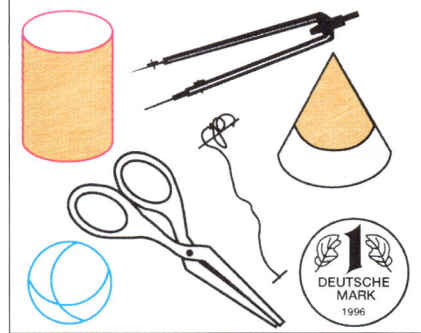

Bild B 42 ▶

4. Zeichne einen Punkt M. Zeichne dann um diesen Punkt einen Kreis mit dem Radius:
   a) $r = 3$ cm
   b) $r = 4,5$ cm
   c) $r = 28$ mm
   d) $r = 41$ mm

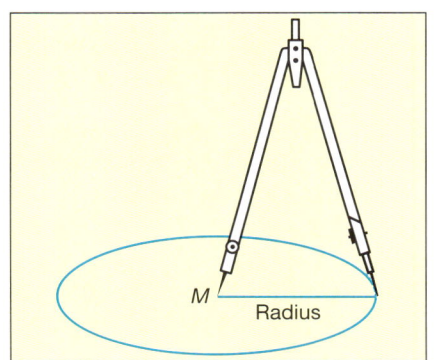

Bild B 43 ▶

5. **a)** Zeichne einen Kreis um einen Punkt M mit dem Radius r = 2,5 cm.
b) Zeichne in diesen Kreis 4 Radien ein und vergleiche ihre Längen.
c) Zeichne einen Durchmesser des Kreises ein und vergleiche seine Länge mit der Länge eines Radius.

6. Zeichne Kreise mit folgenden Durchmessern. Berechne vorher ihre Radien.
a) d = 5 cm   **b)** d = 7,8 cm   **c)** d = 62 mm
d) d = 8,1 cm   **e)** d = 44 mm   **f)** d = 10,2 cm

7. Zeichne die folgenden Kreismuster in deinem Heft nach.

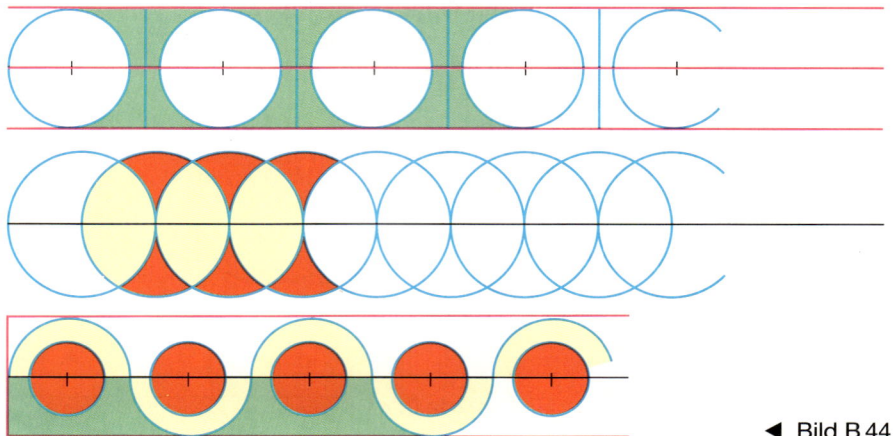

◀ Bild B 44

8. Zeichne drei Kreise mit den Radien 3 cm, 4,5 cm und 6 cm, die alle denselben Mittelpunkt haben.

9.* Zeichne drei Kreise, die alle den Radius r = 2,5 cm haben und einander berühren.

10. Zeichne ein Koordinatensystem, dessen Zahlenstrahlen x, y jeweils bis 10 reichen.
Trage in dieses Koordinatensystem die Punkte A(2; 2), B(2; 6), C(6; 2) und D(6; 6) ein.
Zeichne um die Punkte A, B, C und D jeweils einen Kreis mit dem Radius von zwei Längeneinheiten.

11. Zeichne einen Kreis mithilfe eines Tellers, einer Münze oder eines Glases. Wo liegt der Mittelpunkt des so gezeichneten Kreises?
Finde den Mittelpunkt durch Falten heraus.

12. Kreise kannst du überall entdecken: am Sägeblatt einer Kreissäge, an den Rädern von Fahrzeugen, am Riesenrad auf dem Rummel, am Fahrrad, an der Uhr. Welche Gegenstände funktionieren nur, wenn sie kreisförmig sind?

7 Von oben, von unten, von links, von rechts betrachtet

1. Betrachte die Figuren im Bild B 45. Beschreibe, was du siehst.

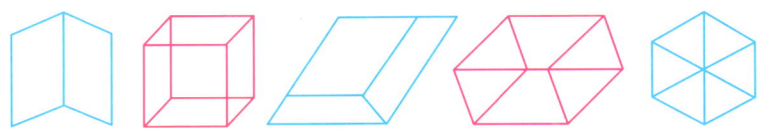

◀ Bild B 45

2. Das Bild B 46 zeigt einen Würfel, wie man ihn sieht, wenn man ihn von verschiedenen Seiten fotografiert. Beschreibe die Lage der Kamera gegenüber dem Würfel für die einzelnen Bilder. Welches Bild stellt nach deiner Meinung am deutlichsten einen Würfel dar?

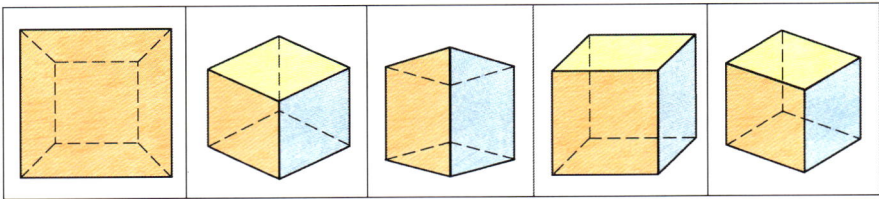

▲ Bild B 46

Zur Veranschaulichung von Körpern zeichnet man häufig **Schrägbilder**. Besonders einfach geht das auf Kästchenpapier.

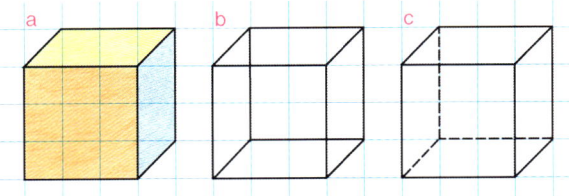

◀ Bild B 47

3. Worin unterscheiden sich diese drei Schrägbilder eines Würfels?

Und so zeichnet man ein Schrägbild von einem Würfel:

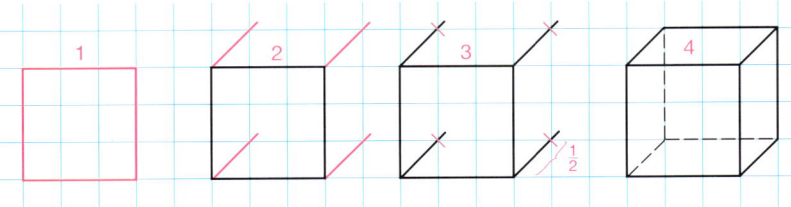

◀ Bild B 48

1 Vorderfläche zeichnen   2 Kästchendiagonalen antragen
3 Die in die Tiefe laufenden Kanten verkürzt antragen (halbe Länge)
4 Eckpunkte verbinden

4. Zeichne das Schrägbild eines Würfels, der eine Kantenlänge von
   a) 4 cm, **b)** 6 cm, **c)** 2,5 cm hat.

5. Zeichne die Schrägbilder anderer Körper, die aus einem Würfel geschnitten werden (↗ Bild B 49). Beobachte vorher genau und beantworte die folgenden Fragen:
   a) Was für Begrenzungsflächen hat der Körper und wie viele?
   b) Wie viele Eckpunkte (wie viele Kanten) hat der Körper?
   c) Wie wurde geschnitten, um den Körper zu erzeugen? Schneide selbst Körper aus Kartoffelwürfeln.

   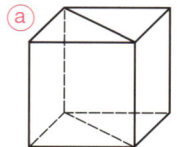 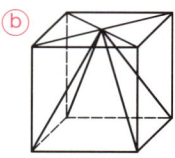

   ▲ Bild B 49

6. Aus wie vielen Würfeln sind die Körper im Bild B 50 zusammengesetzt?

   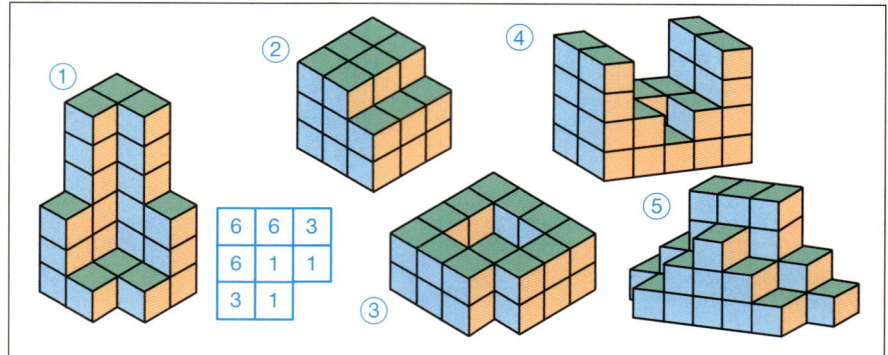

   ▲ Bild B 50

7. **a)** Für den Körper 1 im Bild B 50 wurde mit blauer Farbe dargestellt, wie der Körper von oben betrachtet aussieht. Die Ziffern geben an, wie viele Würfel über einem Teilquadrat angeordnet sind. Fertige auf Kästchenpapier entsprechende Darstellungen für die Bilder 2–5 an.
   b) Wie viele Würfel musst du mindestens hinzufügen, damit ein größerer Würfel entsteht?

8. Nico behauptet eine „verrückte" Lattenkiste gebaut zu haben. Leider konnte er nur eine Zeichnung mitbringen.
   Was stimmt hier nicht?

   Bild B 51 ▶

8 Würfelnetze

1. Stefan und Carola wollen Würfel aus Papier anfertigen. Vor ihnen liegen kleine Häufchen vorbereiteter Teile aus Papier (↗ Bild B 52).

▲ Bild B 52

a) Welche der Teile lassen sich zum Würfelbau verwenden?
b) Welche der übrigen Teile 1···7 lassen sich zur Herstellung von Körpern aus dem Bild B 53 verwenden?
c) Welche der Teile aus Bild B 52 wird man wohl als **Körpernetze** bezeichnen?

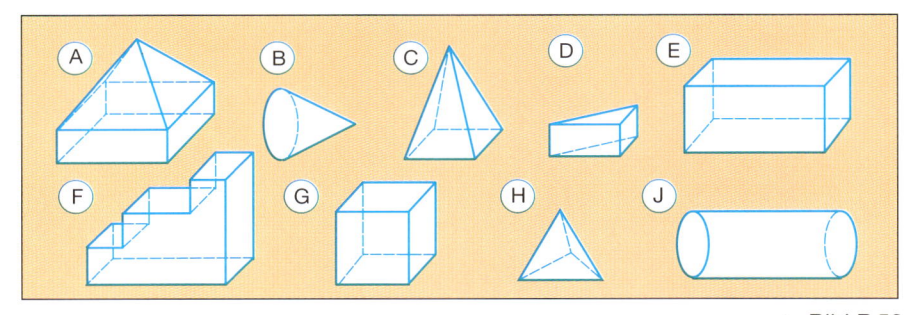

▲ Bild B 53

2. Schneide aus einer Kartoffel einen Würfel und färbe seine Flächen ein. Drucke **Würfelnetze** wie im Bild B 54, indem du den Würfel so lange um seine Kanten kippst, bis alle Flächen genau einmal unten lagen. Wie viele Abwicklungen findest du?

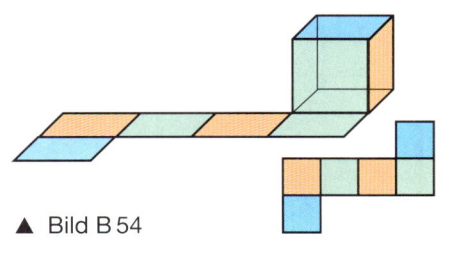

▲ Bild B 54

3. Übertrage die folgenden Figuren vergrößert auf kariertes Papier. Verwende für jedes Kästchen der folgenden Darstellung vier Kästchen auf deinem Blatt.
  a) Schneide die Figuren aus und versuche sie zu Würfeln zu falten. Ist das in jedem Fall möglich?
  b) Markiere in den Würfelnetzen die Kanten mit gleicher Farbe, die am Würfel zusammengeklebt werden.

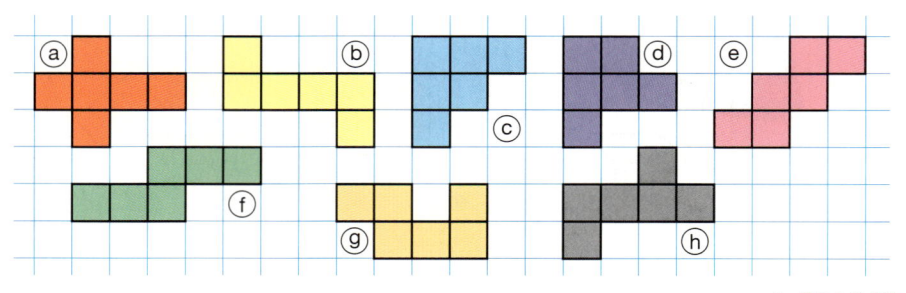

▲ Bild B 55

4. Zeichne ein Netz eines Würfels mit der Kantenlänge 5 cm. Ergänze Klebefalze und klebe den Würfel zusammen.

5. Übertrage die Würfelnetze aus Bild B 56 in dein Heft und färbe die gegenüberliegenden Flächen mit derselben Farbe (↗ Bild B 56a).

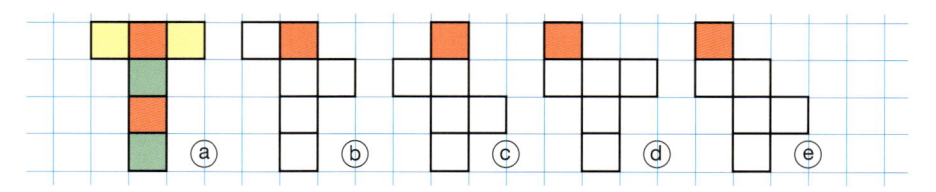

▲ Bild B 56

6.* Ein Würfel wurde mit einem roten Streifen versehen (↗ Bild B 57). Zeichne die Netze (a), (b) und (c) in dein Heft. Kennzeichne dann wie im Bild B 57 ein ausgewähltes Quadrat mit einem roten Streifen und suche die anderen Quadrate heraus, die einen roten Streifen erhalten müssen, damit das Würfelmuster entsteht.

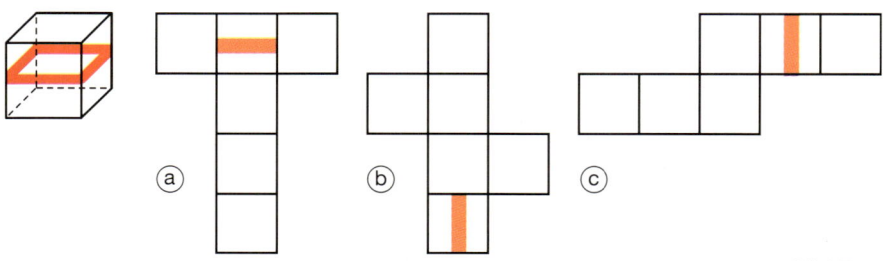

▲ Bild B 57

9 Quadrat und Rechteck, Würfel und Quader

1. Henriette hat ein Würfelnetz etwas verändert um einen neuen Körper zu bauen (↗ Bild B 58).

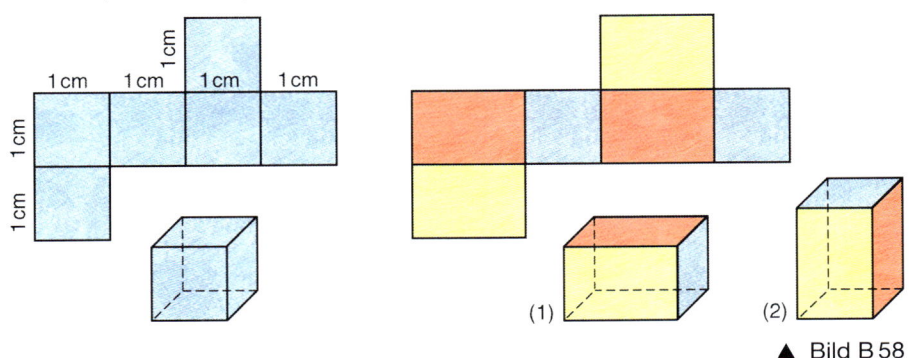

▲ Bild B 58

a) Aus was für Figuren besteht das Netz? Vergleiche die Seitenlängen miteinander.
b) Übertrage das Netz im Bild B 58 auf Transparentpapier und ergänze Klebefalze. Schneide dann aus und klebe den Körper zusammen.
c) Wirst du den Körper (1) oder (2) erhalten?

2. Welche der folgenden Figuren ist kein Netz eines Quaders?

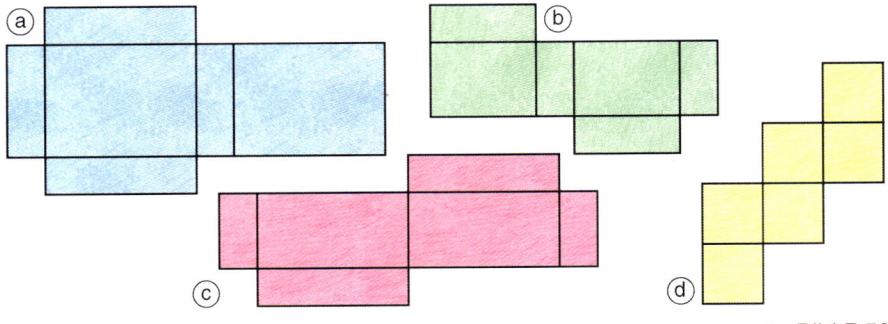

▲ Bild B 59

3. Zeichne das nebenstehende Quadernetz ab. Kennzeichne farbig, welche Netzkanten eine Körperkante bilden.

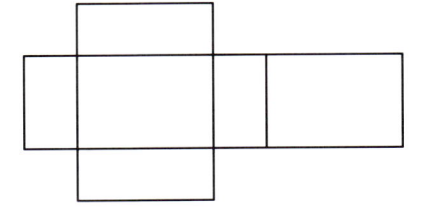

Bild B 60 ▶

4. Zeichne ein Netz eines Quaders, schneide es aus und klebe es zusammen. Denke an die Klebefalze. Der Quader sei
   a) 5 cm lang, 4 cm breit, 3 cm hoch; b) 8 cm lang, 3 cm breit, 3 cm hoch.

Übertrage die folgende Tabelle in dein Heft. Kreuze an, was zutrifft.

5. ↑

Eigenschaften	Quadrat	Rechteck
Gegenüberliegende Seiten sind parallel zueinander.		
Gegenüberliegende Seiten sind gleich lang.		
Alle Seiten sind gleich lang.		
Nachbarseiten sind senkrecht zueinander.		

6. ↑

Eigenschaften	Quader	Würfel
Der Körper hat 8 Ecken und 12 Kanten.		
Der Körper hat 6 Flächen.		
Gegenüberliegende Kanten sind parallel zueinander.		
Gegenüberliegende Kanten sind gleich lang.		
Alle Kanten sind gleich lang.		
Nachbarkanten sind senkrecht zueinander.		
Gegenüberliegende Flächen sind parallel zueinander.		

7. Welche Eigenschaften reichen aus um ein Rechteck (ein Quadrat, einen Quader, einen Würfel) zu beschreiben? Beginne deine Sätze mit
   a) Ein Rechteck ist ein Viereck ... **b)** Ein Quadrat ist ein Rechteck ...
   c) Ein Quader ist ein Körper ... **d)** Ein Würfel ist ein ...

8. Das Bild B 61 a zeigt ein Quadrat mit den Seitenlängen 3 cm.
   a) Es wurden nun zwei Parallelen zu den Quadratseiten eingezeichnet (↗ Bild B 61 b). Wie viele Quadrate und wie viele Rechtecke, die keine Quadrate sind, wurden dadurch gebildet?
   b) Im Bild B 61 c wurden weitere Parallelen eingezeichnet. Wie viele Quadrate und Rechtecke findest du jetzt?

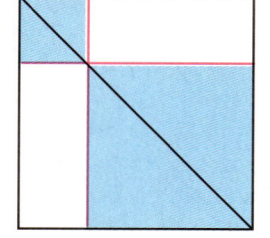

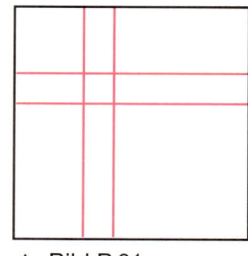

   ▲ Bild B 61 a   ▲ Bild B 61 b   ▲ Bild B 61 c

   c) Übertrage das Bild B 61 c in dein Heft.

9.* **a)** Zeichne ein Viereck mit paarweise parallelen, gleich langen Seiten, das jedoch kein Rechteck ist.
   b) Zeichne ein Viereck mit vier gleich langen Seiten, das jedoch kein Quadrat ist.

10. Zeichne das Rechteck im Bild B 62 mehrfach ab und zerschneide jedes Rechteck in jeweils vier Teile gleicher Form und Größe. Wie viele Lösungsmöglichkeiten findest du?

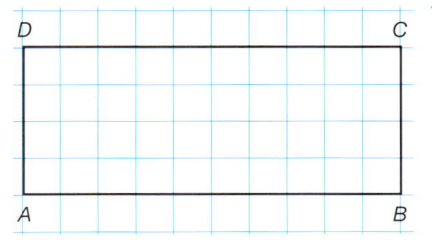

Bild B 62 ▶

11. Wie viele Möglichkeiten gibt es aus 24 Quadraten mit der Seitenlänge 1 cm Rechtecke zu legen?
Zeichne diese Rechtecke auf und gib die Seitenlängen der jeweiligen Rechtecke an.

12. Wie viele Möglichkeiten gibt es aus 24 Würfeln mit der Kantenlänge 1 cm Quader zu bauen?
Baue die Quader auf und gib die Kantenlängen der jeweiligen Quader an.

13.* Welches der Würfelnetze (1)···(4) entspricht dem Würfel?

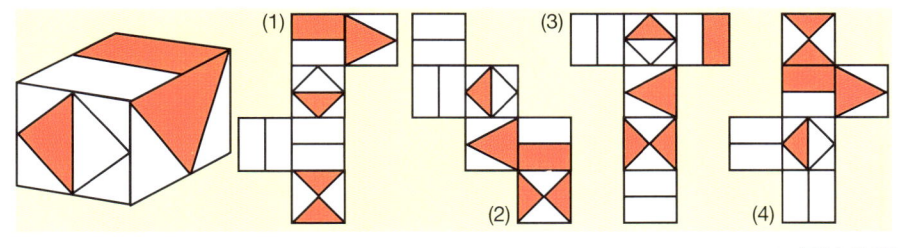

▲ Bild B 63

14. Zeichne zum Netz (2) aus dem Bild B 63 Schrägbilder von Würfeln und gib an, wie die Seitenflächen gefärbt werden müssten.

15. In der Bildfolge B 64 a bis c entsteht das Schrägbild eines Quaders mit der Kantenlänge 1,5 cm, 3 cm und 2 cm.
Wie wurde vorgegangen?

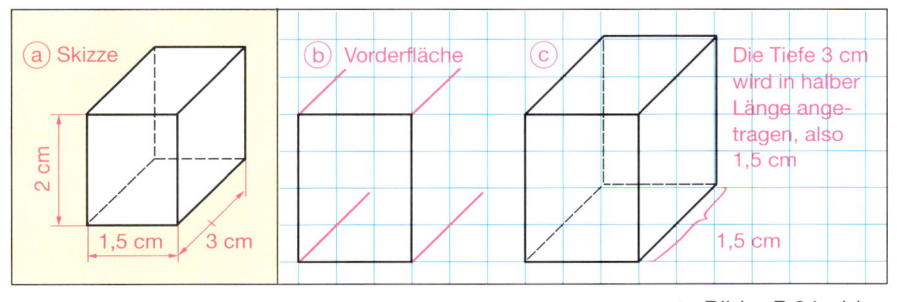

ⓐ Skizze
ⓑ Vorderfläche
ⓒ Die Tiefe 3 cm wird in halber Länge angetragen, also 1,5 cm

▲ Bilder B 64 a bis c

16. Die Figuren im Bild B 65 stellen Teile von Schrägbildern dar. Ermittle jeweils die Breite, die Höhe und die Tiefe der abgebildeten Quader. Zeichne dann die Schrägbilder vollständig in dein Heft.

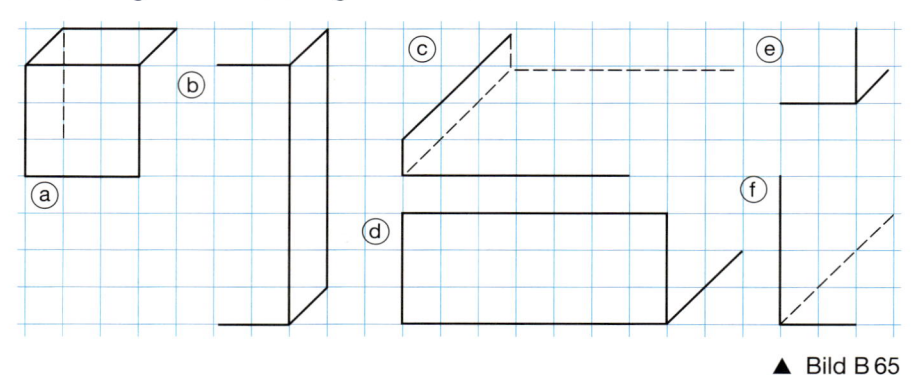

▲ Bild B 65

17. Zeichne Schrägbilder von Quadern mit den folgenden Abmessungen:
a) 2,5 cm; 3 cm; 5 cm   b) 2,5 cm; 2,5 cm; 6 cm
c) 6 cm; 4 cm; 3 cm   d) 4 cm; 4 cm; 2,5 cm

18. Zeichne drei verschiedene Schrägbilder und drei verschiedene Netze einer Streichholzschachtel.

19. Baue aus zwei Streichholzschachteln verschiedene Quader. Wie viele Möglichkeiten findest du?

20. Zwei Streichholzschachteln wurden in der untenstehenden Bildfolge in verschiedene Positionen gebracht. Versuche zwei Streichholzschachteln so aufzustellen, wie es die Ansichten zeigen.

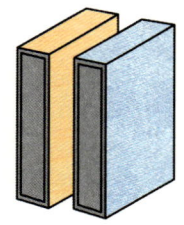

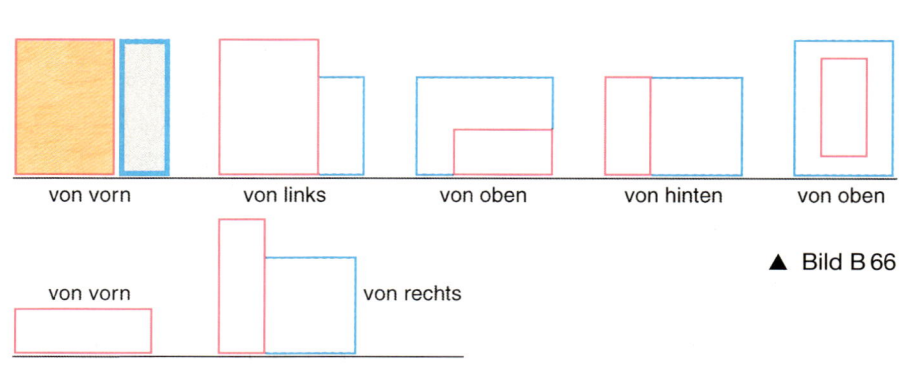

von vorn   von links   von oben   von hinten   von oben

von vorn   von rechts

▲ Bild B 66

C Rechnen mit natürlichen Zahlen

1 Wir addieren und subtrahieren

1. a) Wie viel Pfennig Briefporto hat Herr Müller für den Brief bezahlt?
   b) Welche Marken hätte er stattdessen auf den Brief kleben können?

◄ Bild C 1

2. Der Brocken ist mit 1 142 m über dem Meeresspiegel der höchste Berg im Harz. Der Fichtelberg im Erzgebirge hat dagegen eine Höhe von 1 214 m. Um wie viel Meter ist der Fichtelberg höher als der Brocken?

3. a) Es ist 17 + 34 = 51. Bilde daraus eine Subtraktionsaufgabe. Wie viele solcher Aufgaben gibt es?
   b) Löse die Gleichungen. Erläutere dein Vorgehen.
      $15 + x = 33$, $x + 15 = 33$, $33 + x = 15$
   c) Wie berechnet man 26 + 38 und 45 − 17 schrittweise im Kopf?

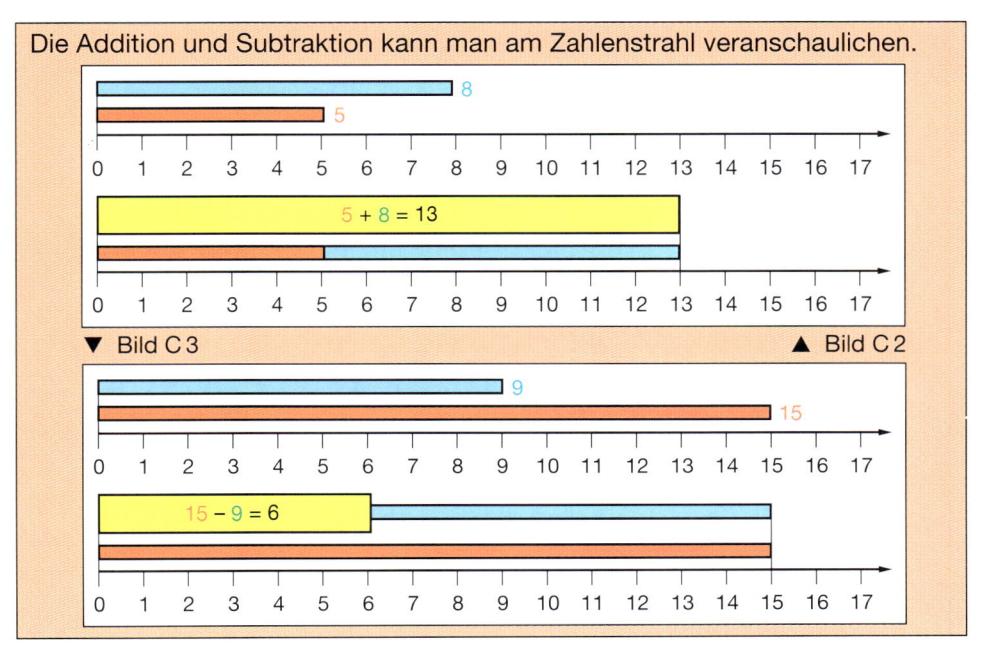

Die Addition und Subtraktion kann man am Zahlenstrahl veranschaulichen.

▼ Bild C 3   ▲ Bild C 2

> Die Subtraktion ist die Umkehrung der Addition.
>
> BEISPIEL: $\boxed{15 + x = 33}$
>
> oder ist gleichbedeutend mit $\boxed{x = 33 - 15}$
>
> $\boxed{x + 15 = 33}$
>
> Wir merken uns die folgenden Bezeichnungen:
>
> | Summand | Summand | Summe |
> |---|---|---|
> | 12 | + 15 | = 27 |
> | | Summe | |
>
> | Minuend | Subtrahend | Differenz |
> |---|---|---|
> | 12 | + 15 | = 27 |
> | | Differenz | |
>
> Das Wort „Summe" hat zwei Bedeutungen. Erkläre.
>
> Auch das Wort „Differenz" hat zwei Bedeutungen. Erkläre.

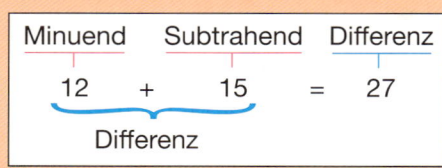

4. a) Addiere zu 96 die Zahlen 8, 5, 12, 9, 17, 23.
  b) Subtrahiere von 108 die Zahlen 9, 13, 11, 29, 46, 58.

5. a) Addiere zu 200 die Zahlen 8, 80, 88, 800, 880, 888.
  b) Subtrahiere von 972 die Zahlen 2, 70, 72, 900, 970, 972.

Übertrage die folgenden Aufgaben ins Heft. Rechne im Kopf. Schreibe das Ergebnis auf.

6. ↑ a) 60 + 80   b) 90 + 50   c) 270 + 90   d) 2500 + 700   e) 4300 + 600
   f) 420 + 90   g) 630 + 80   h) 970 + 60   i) 8800 + 400   j) 9300 + 900

7. ↑ a) 80 + 28   b) 140 + 93   c) 230 + 88   d) 370 + 95   e) 460 + 77
   f) 83 + 30   g) 145 + 90   h) 266 + 88   i) 375 + 70   j) 476 + 58

8. ↑ a) 14 + 28   b) 88 + 33   c) 35 + 68   d) 130 + 75   e) 250 + 21
   f) 19 + 47   g) 56 + 0   h) 93 + 29   i) 270 + 56   j) 490 + 53

9. ↑ a) 120 − 50   b) 170 − 90   c) 210 − 60   d) 3300 − 700   e) 4600 − 800
   f) 540 − 60   g) 610 − 90   h) 770 − 80   i) 8800 − 900   j) 1060 − 700

10. ↑ a) 127 − 40   b) 208 − 60   c) 516 − 30   d) 675 − 90   e) 740 − 50
   f) 103 − 13   g) 217 − 87   h) 326 − 86   i) 424 − 64   j) 555 − 65

11. ↑ a) 25 − 17   b) 45 − 45   c) 240 − 45   d) 600 − 45   e) 120 − 36
   f) 87 − 93   g) 110 − 99   h) 93 − 0   i) 760 − 94   j) 33 − 77

12. Berechne. Bilde selbst weitere Aufgabengruppen dieser Art.
   a) 38 + 0   b) 38 − 38   c) 38 − 0   d) 0 − 38

Wichtiges über die Zahl Null

12 + 0 = 12	Addiert man null zu einer Zahl, so erhält man die Zahl selbst.	a + 0 = a
12 − 0 = 12	Subtrahiert man null von einer Zahl, so erhält man die Zahl selbst.	a − 0 = a
12 − 12 = 0	Subtrahiert man eine Zahl von sich selbst, so erhält man null.	a − a = 0

13.* Begründe mithilfe des Zahlenstrahls (↗ Bild C 3).
  a) 7 − 12 ergibt keine natürliche Zahl.
  b) Ist der Minuend kleiner als der Subtrahend, so gibt es keine natürliche Zahl als Differenz.

14. Rechne möglichst vorteilhaft. Erläutere, wie du gerechnet hast.
  a) 77 + 135 + 65   **b)** 120 + 290 + 80

15. Zwei Schülergruppen wandern von Braunlage über Elend und Schierke zum Brocken. Die eine Gruppe rastet in Schierke, die andere schon in Elend.
Ermittle die Weglänge jeder Gruppe.
(____ Wanderweg auf nebenstehender Karte.)

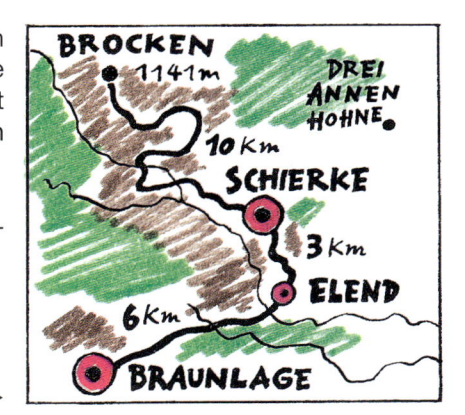

Bild C 4 ▶

Kommutativgesetz der Addition (Vertauschungsgesetz)

8 + 11 = 11 + 8	Vertauscht man zwei Summanden, so ändert sich die Summe nicht.	a + b = b + a

16. Herr Schmidt fährt von Berlin nach Paris über Frankfurt/Main statt über Köln. Wie lang ist sein Umweg?

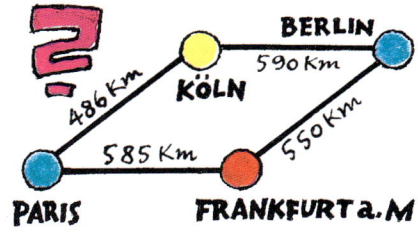

Bild C 5 ▶

Assoziativgesetz der Addition (Verbindungsgesetz)

$3 + 5 + 7 = (3 + 5) + 7 = 3 + (5 + 7)$ (↗ Bild C 6)

Bei drei Summanden kann man zunächst die ersten beiden addieren und dann zu der Summe den dritten Summanden addieren.
Man kann auch zuerst die letzten beiden Summanden addieren und dann zu der Summe den ersten Summanden addieren.

$a + b + c = (a + b) + c = a + (b + c)$

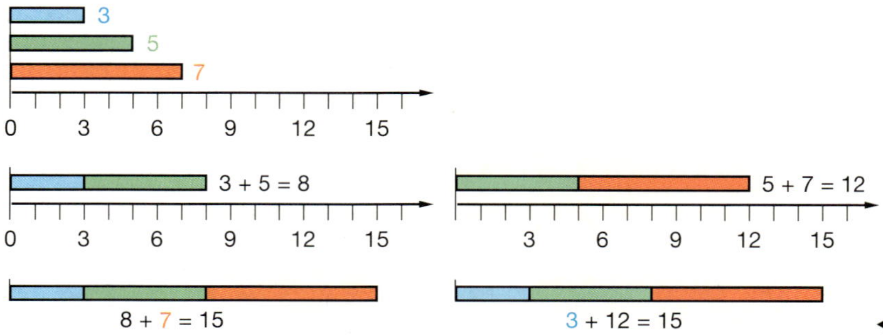

◀ Bild C 6

In **Summen mit mehreren Summanden** kann man beliebig Klammern setzen; man kann auch die Summanden beliebig vertauschen. Das Ergebnis bleibt stets gleich. Dies lässt sich für Rechenvorteile nutzen.

BEISPIELE:

17. a) $18 + 53 + 47$
   $= 18 + 100 = \underline{118}$

b) $18 + 49 + 22$
   $= 40 + 49 = \underline{89}$

18. Rechne vorteilhaft.
a) $24 + 7 + 6 + 13$
b) $37 + 39 + 13 + 11$
c) $15 + 7 + 5 + 23 + 6$
d) $54 + 28 + 12 + 16$
e) $116 + 37 + 14 + 43$
f) $254 + 87 + 53 + 46$

19. a) $(34 − 15) + 13$
b) $34 − (15 + 13)$
c) $34 − 15 + 13$
d) $34 + 13 − 15$
e) $34 − 15 − 13$
f) $34 − (15 − 13)$
g) $(34 − 13) + 15$
h) $34 − 13 − 15$

20. Schreibe mit Klammern. Rechne aus.
BEISPIEL: Addiere zur Summe der Zahlen 25 und 80 die Zahl 30.
Lösung: $(25 + 80) + 30 = 105 + 30 = 135$
a) Addiere zur Differenz von 110 und 70 die Zahl 55.
b) Subtrahiere 30 von der Differenz der Zahlen 110 und 50.
c) Subtrahiere die Summe der Zahlen 30 und 50 von 110.

21. a) Wie weit ist es von Waren nach Löwenberg?
    b) Welcher Weg ist kürzer, der nach Waren oder der nach Löwenberg? Um wie viel Kilometer ist er kürzer?

▲ Bild C 7

22. a) In einem Filmpalast befinden sich zwei Kinos. Das eine Kino hat 135 Plätze, das andere 195 Plätze.
    Formuliere Aufgaben dazu und löse sie.
    b) Im Sommerschlussverkauf hat das Warenhaus Meier 460 Jeans verkauft. Das waren 85 weniger als im Vorjahr.

23. Im Bild C 8 sind Bahnkilometer für Entfernungen angegeben.
    Formuliere Aufgaben dazu und löse sie.

24. Zerlege in zwei Summanden. Gib alle Möglichkeiten an.
    a) 5   b) 3   c) 1   d) 0

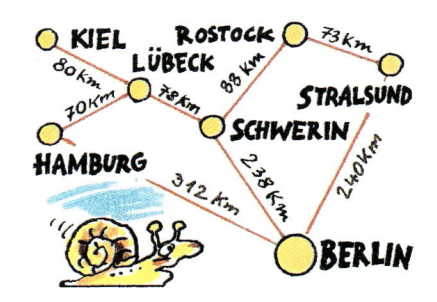

Bild C 8 ▶

25. a) Zu welcher Zahl muss man 35 addieren um 72 zu erhalten?
    b) Von welcher Zahl muss man 22 subtrahieren um 33 zu erhalten?
    c) Welche Zahl muss man zu 27 addieren um 56 zu erhalten?
    d) Welche Zahl muss man von 75 subtrahieren um 19 zu erhalten?

26.* Für welche Zahlen n gilt jeweils die Gleichung? Begründe.
    a) $n - n = 0$ b) $n - n = 7$ c) $n + 0 = n$
    d) $n - 0 = 7$ e) $n - 0 = 0$ f) $0 - n = 0$

27.* Für welche Zahlen z gilt jeweils die Gleichung? Begründe.
    a) $234 + 317 = 317 + z$ b) $512 + z = z + 512$
    c) $(41 + 78) + z = 41 + (78 + 91)$

28.* Von 34 Schülern einer Klasse können 14 Rad fahren, 25 schwimmen und 9 beides. Wie viele Schüler der Klasse können weder Rad fahren noch schwimmen?

29.* Berechne die Summe und die Differenz von
    a) 800 und 300,   b) 95 und 45,   c) 250 und 180.
    Addiere danach jeweils die Summe und die Differenz. Was vermutest du?

30.* Vergleiche der Größe nach ohne die Summen oder Differenzen zu berechnen. Begründe.
    a) $319 + 27$, $319 + 33$ b) $512 - 33$, $612 - 33$ c) $442 - 226$, $442 - 310$

31. **a)** Wie viele Besucher hatte der Zoo am Wochenende: am Sonnabend kamen 13 647, am Sonntag sogar 14 735 Besucher?
b) Wie viele Besucher kamen am Sonntag mehr als am Tag zuvor?

Bild C 9 Eingang zum Zoologischen Garten in Berlin ▶

Beim schriftlichen Addieren oder Subtrahieren müssen Einer (E), Zehner (Z), Hunderter (H), Tausender (T), …, also Ziffern mit dem gleichen Stellenwert, stets genau untereinander stehen.

BEISPIELE:

32. a) 787 + 1 376   **THZE**
                                  787
                              + 1 376
   Übertrag →   111
                              ─────────
                                2 163

b) 2 778 − 984   **THZE**
                             2 778
                          −   984
   Übertrag →   11
                          ─────────
                             1 794

Rechne die schriftlichen Lösungswege nach und sprich dabei laut.

---

33. **a)** 14 387 + 63 512   **b)** 7 356 + 4 989   **c)** 43 796 − 21 563
    d) 65 783 − 44 397   **e)** 157 687 − 68 799   **f)** 6 897 + 17 783
    g) 788 865 − 2 349   **h)** 17 861 − 5 793   **i)** 44 499 − 8 833

34. **a)** 45 + 37 + 56 + 75
    b) 283 + 102 + 555 + 136 + 871
    c) 1 576 + 2 055 + 9 093 + 2 180 + 1 234
    d) 744 + 7 447 + 74 474 + 744 744 + 4 777
    e) 24 789 + 285 969 + 533 678 + 247 709 + 18 966

35. Auf der S-Bahn wurde eine Verkehrszählung durchgeführt.

Linie S 1: 15 766 Fahrgäste;   Linie S 2: 34 080 Fahrgäste;
Linie S 3:   9 880 Fahrgäste;   Linie S 4: 69 335 Fahrgäste;
Linie S 5: 40 775 Fahrgäste

Wie viele Fahrgäste wurden dabei auf allen 5 Strecken erfasst?

36. Eine Gärtnerei bietet 6 350 Geranien an. Am ersten Tag werden 1 368 Geranien verkauft, am zweiten Tag 2 467. Wie viele Geranien sind danach noch übrig? Wie kannst du rechnen?

Sind **mehrere Zahlen zu subtrahieren,** so kann auf verschiedene Weise gerechnet werden.

37. Die Aufgabe 537 − 146 − 229 ist zu lösen.

1. Möglichkeit:	537	391	*2. Möglichkeit:*	146	537
	− 146	− 229		+ 229	− 375
Übertrag →	1	1	Übertrag →	1	1
	391	162		375	162

Sind **mehrere Zahlen zu addieren und zu subtrahieren,** so darf man ihre Reihenfolge verändern.

38. Die Aufgabe 369 − 192 + 82 − 95 ist zu lösen.
Wir ändern die Reihenfolge und rechnen: 369 + 82 − 192 − 95.

1. Möglichkeit:			*2. Möglichkeit:*		
369	451	259	369	192	451
+ 82	− 192	− 95	+ 82	+ 95	− 287
451	259	164	451	287	164

39. a) 20 376 − 6 005 − 7 047   b) 10 000 − 4 657 − 3 886
    c) 53 884 − 9 307 − 8 816   d) 92 888 − 9 556 − 32 989 − 4 523

40. a) 904 − 340 − 109 + 194   b) 7 694 − 1 005 − 2 356 + 2 021
    c) 4 759 − 3 956 + 2 987 − 87   c) 88 888 − 56 892 + 22 889 + 321

Manchmal braucht man nur zu wissen, wie groß ungefähr ein Rechenergebnis ist.

BEISPIEL:

41. In Großhausen sind drei Schulen: die Waldschule mit 527 Schülern, die Heideschule mit 892 Schülern und die Parkschule mit 426 Schülern. Wie viele Schüler gibt es ungefähr in Großhausen?
Wir runden und addieren: 527 ≈ 500   500 + 900 + 400 = 1 800
                 892 ≈ 900
                 426 ≈ 400
Großhausen hat ungefähr 1 800 Schüler.

Wir haben einen Überschlag gemacht. Er kann helfen falsche Ergebnisse zu erkennen.

42. Überschlage zuerst das Ergebnis. Rechne dann genau und vergleiche.
   a) 3 789 + 559   b) 3 789 − 559   c) 21 776 + 7 889

43. Wie viele Zuschauer waren ungefähr bei den Bundesligaspielen am Freitagabend? (↗ Bild C 10)

44. Rechne. Mache einen Überschlag. Vergleiche dein Ergebnis damit.
  a) 53 022 + 49 769 + 5 007
  b) 1 720 + 863 + 280 + 137
  c) 1 927 + 798 + 465 + 473
  d) 2 608 + 529 + 395 + 293
  e) 56 871 − 14 234
  f) 124 636 − 88 888

ZUSCHAUER IN DEN STADIEN:
MÜNCHEN–HAMBURG 65 372
ROSTOCK–KÖLN 15 737
STUTTGART–DRESDEN 43 885

▲ Bild C 10

45. Welches Ergebnis könnte richtig, welches muss falsch sein? Überschlage.
  a) 212 + 379 + 517   (3 016; 1 468; 1 098; 1 108)
  b) 5 331 + 6 285 + 8 016   (12 432; 16 032; 19 632; 19 614)
  c) 15 463 + 24 115 − 1 052 (16 826; 38 526; 39 426; 17 726)
  d) 57 865 − 49 048 + 3 075 (55 992; 53 292; 5 742; 11 892)

46. Rechne und überschlage. Vergleiche dann beide Ergebnisse miteinander.
  a) 437 + 628 + 876   b) 123 + 189 + 312   c) 1 298 − 786 − 211
  d) 4 786 − 1 113 − 2 127   e) 4 371 + 6 589 + 3 776
  f) 4 786 + 1 113 − 2 127   g) 8 726 + 12 433 + 21 768
  h) 6 776 − 2 883 + 1 229   i) 34 652 − 29 643 + 12 456

47. Die Kassiererinnen in einem Verbrauchermarkt nehmen an einem Tag die folgenden Beträge ein: 13 467,85 DM; 9 035,14 DM; 21 801,75 DM; 5 900,03 DM; 17 655,80 DM. Berechne die Gesamtsumme.

48. a) Wie alt wurden die unten abgebildeten Persönlichkeiten?
  b) Vor wie vielen Jahren wurde der berühmte Seefahrer Christoph Kolumbus geboren?

▼ Bilder C 11 a bis d

Christoph Kolumbus	Adam Ries	Wolfgang Amadeus Mozart	Johann Wolfgang von Goethe
1451–1506	1492–1559	1756–1791	1749–1832

2 Wir multiplizieren und dividieren

▲ Bild C 12

1. Bei einem Tischtenniswettkampf spielen 5 Kinder der Klasse 5 gegen 4 Kinder der Klasse 6. Wie viele Spiele werden ausgetragen, wenn jeder Spieler der Klasse 5 gegen jeden Spieler der Klasse 6 spielt?

2. Im Sportunterricht stehen die Schüler einer Klasse in zwei Reihen zu je 15 Schülern. Welche weiteren Möglichkeiten gibt es?

3. Schreibe die Summe als Produkt. Berechne es.
   a) $6 + 6 + 6 + 6 + 6 + 6 + 6$ b) $7 + 7 + 7 + 7 + 7 + 7$
   c) Gib zwei Summen an, die man als Produkt $4 \cdot 5$ schreiben kann.

4. Herr Schulz hat für seinen Imbissstand 360 Flaschen Cola bestellt. Sie werden in Kästen zu je 12 Flaschen geliefert. Wie viele Kästen muss er erhalten?

5. a) Es ist $6 \cdot 7 = 42$. Bilde daraus eine Divisionsaufgabe. Wie viele solcher Aufgaben gibt es?
   b) Löse die Gleichungen. Erläutere dein Vorgehen.
   $8 \cdot x = 72, \quad x \cdot 8 = 72, \quad 8 \cdot x = 62$

6. Michael hat zwei Traktoren und dazu drei Anhänger. Er findet mehrere Möglichkeiten jeweils einen Traktor vor einen Anhänger zu spannen.

   ▲ Bild C 13

   Es gibt $2 \cdot 3 = 6$ verschiedene Traktor-Anhänger-Paare.

7. Betrachten wir noch einmal das Bild von Seite 51, auf dem alle möglichen Traktor-Anhänger-Paare dargestellt werden.

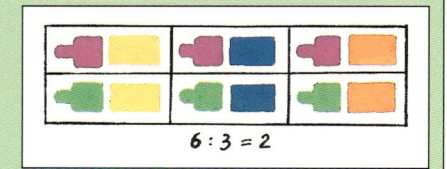

6 : 3 = 2

Wie viele von den 6 verschiedenen Paaren haben jeweils einen Anhänger gleicher Farbe?

Lösung: Da es für die Anhänger drei Farben gibt, rechnen wir 6 : 3 = 2. Es gibt zwei Paare mit gleichfarbigen Anhängern.

Wie viele Paare gibt es mit gleichfarbigen Traktoren?

8. Veranschauliche **a)** $3 \cdot 4 = 12$, **b)** $15 : 5 = 3$ durch Rechtecke mit Kästchen.

Die Division ist die Umkehrung der Multiplikation.

BEISPIEL: $\boxed{8 \cdot x = 72}$

oder   ist gleichbedeutend mit $\boxed{x = 72 : 8}$

$\boxed{x \cdot 8 = 72}$

Wir merken uns die folgenden Bezeichnungen:

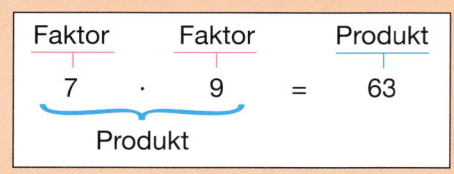

Faktor	Faktor	Produkt
7	· 9	= 63

$\underbrace{7 \cdot 9}_{\text{Produkt}} = 63$

Dividend	Divisor	Quotient
63	: 9	= 7

$\underbrace{63 : 9}_{\text{Quotient}} = 7$

Das Wort „Produkt" hat zwei Bedeutungen. Erkläre.

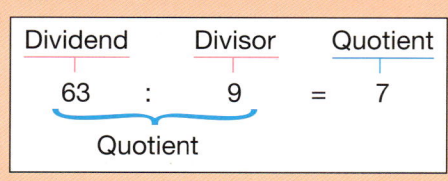

Auch das Wort „Quotient" hat zwei Bedeutungen. Erkläre.

---

9. Erläutere, wie man **a)** $7 \cdot 13$, **b)** $72 : 6$ im Kopf berechnen kann.

10. Multipliziere 9 mit
 a) 6, 8, 20, 50, 300;   **b)** 11, 15, 22, 31, 65.

11. **a)** Dividiere 120 durch 10, 12, 2, 5, 4, 3, 8, 15.
 b) Dividiere 160 durch 10, 8, 20, 16, 40, 32, 2, 5.

12. Schreibe die Zahl als Produkt von zwei Zahlen. Gib möglichst viele Produkte an.
 a) 15   **b)** 24   **c)** 36   **d)** 13   **e)** 1   **f)** 64   **g)** 56

13. **a)** Multipliziere 34 nacheinander mit 10, 100, 1 000.
b) Multipliziere 530 nacheinander mit 10, 100, 1 000.
Erläutere dein Vorgehen.

14. **a)** Dividiere 41 000 nacheinander durch 10, 100, 1 000.
b) Dividiere 99 000 (dann 580 000) durch 10, 100, 1 000.
Erläutere dein Vorgehen.

15.
	a)	b)	c)	d)	e)
	12 · 8	32 · 2	8 · 15	87 · 4	25 · 3
	42 · 4	16 · 3	6 · 18	5 · 94	32 · 7
	24 · 2	5 · 18	24 · 9	7 · 66	6 · 54
	6 · 64	7 · 43	46 · 7	58 · 6	3 · 27

16. Erläutere, wie man **a)** 12 · 30, **b)** 12 · 400 schrittweise im Kopf berechnen kann.

17.
	a)	b)	c)	d)	e)
	12 · 20	15 · 60	240 · 3	550 · 4	26 · 300
	16 · 40	18 · 40	7 · 560	9 · 170	48 · 600
	50 · 26	70 · 14	6 · 320	8 · 130	75 · 400
	45 · 30	50 · 16	9 · 270	430 · 5	92 · 700

18.
	a)	b)	c)	d)	e)
	120 · 7	630 · 7	206 · 4	520 · 7	460 · 4
	270 · 9	750 · 6	307 · 9	630 · 6	207 · 7
	350 · 4	820 · 5	509 · 7	720 · 2	903 · 3
	980 · 5	910 · 9	806 · 8	320 · 4	511 · 6

19.
	a)	b)	c)	d)
	250 · 70	3 200 · 200	360 · 500	530 · 4 000
	330 · 90	4 800 · 500	750 · 300	460 · 7 000
	550 · 60	1 200 · 700	850 · 600	550 · 3 000

20. **a)** 20 · 4; 21 · 4; 19 · 4 **b)** 30 · 7; 31 · 7; 29 · 7
c) 15 · 6; 16 · 6; 14 · 6

21.
	a)	b)	c)	d)	e)
	2 · 13	12 · 8	6 · 7	24 · 8	72 · 4
	4 · 13	12 · 16	12 · 7	12 · 8	36 · 8
	6 · 13	12 · 24	18 · 7	24 · 4	18 · 16
	12 · 13	13 · 24	19 · 7	12 · 4	9 · 32

f)* Betrachte die Aufgabenfolgen und ihre Ergebnisse genau. Was kannst du feststellen?
g)* Wende deine Erkenntnisse auf die Folge
17 · 8; 34 · 4; 68 · 2; 136 · 1 an.
h)* Berechne 16 · 24 wie in Aufgabe g)*.

22.* **a)** Wie verändert sich das Produkt 12 · 8, wenn man den ersten Faktor verdoppelt (vervierfacht, halbiert)?
b) Wie verändert sich das Produkt 12 · 8, wenn man den ersten Faktor verdoppelt und den zweiten Faktor halbiert?

23. Gib drei Möglichkeiten an in die Kästchen Zahlen einzusetzen:
☐ : ☐ = 7. Schreibe deine Vorschläge in dein Heft.

24. a) 46 : 2   b) 44 : 4   c) 98 : 7   d) 60 : 5   e) 72 : 6
         36 : 3   104 : 2   108 : 9   52 : 4   84 : 7

25. a) 720 : 8;   560 : 7;   810 : 9;   480 : 6;   560 : 8
         b) 4900 : 7;   1200 : 3;   1600 : 8;   2400 : 4;   4200 : 6

26. Erläutere, wie man **a)** 5400 : 90,   **b)** 3600 : 300 schrittweise im Kopf berechnen kann.

27. a) 630 : 70   b) 350 : 50   c) 4800 : 80   d) 64000 : 800
         540 : 90   2100 : 30   4500 : 50   48000 : 400
         640 : 80   1800 : 60   5400 : 600   630000 : 700

28. a) 360 : 60   b) 960 : 80   c) 4800 : 20   d) 720 : 9
         e) 700 : 35   f) 300 : 25   g) 804 : 4   h) 609 : 3

29. Übertrage die Tabelle in dein Heft. Ergänze dann die fehlenden Zahlen.

a)
a	15		30		
b		80		83	2
a · b	90	400	600	83	204

b)
x	60		40		1
y		50			97
x · y	240	1000	600	308	97

30. Berechne **a)** 35 · 1;   **b)** 35 : 1;   **c)** 35 · 0;   **d)** 0 : 35;   **e)** 35 : 0.
Bilde selbst drei solche Aufgaben. Was meinst du zu 0 : 0?

Wichtiges über die Zahl Null und über die Zahl 1

12 · 1 = 12 12 : 1 = 12	Multipliziert man eine Zahl mit 1 oder dividiert man sie durch 1, so erhält man die Zahl selbst.	$a \cdot 1 = a$ $a : 1 = a$
12 · 0 = 0 0 · 12 = 0	Multipliziert man eine Zahl mit null, so erhält man null.	$a \cdot 0 = 0$ $0 \cdot a = 0$
̶1̶2̶ ̶:̶ ̶0̶	**Durch null kann man nicht dividieren.**	̶a̶ ̶:̶ ̶0̶
0 : 12 = 0	Dividiert man null durch eine Zahl (ausgenommen durch null), so erhält man null.	$0 : a = 0$ $(a \neq 0)$

---

31. Rechne möglichst vorteilhaft. Erläutere, wie du gerechnet hast.
a) 13 · 5 · 20   **b)** 2 · 9 · 5   **c)** 25 · 12 · 4 · 5

32. In welchem Regal im Bild C 14 befinden sich mehr Fächer für Musikkassetten?

Bild C 14 ▶

Kommutativgesetz der Multiplikation (Vertauschungsgesetz)

$8 \cdot 12 = 12 \cdot 8$ Vertauscht man zwei Faktoren, so verändert sich das Produkt nicht. $a \cdot b = b \cdot a$

Assoziativgesetz der Multiplikation (Verbindungsgesetz)

$3 \cdot 5 \cdot 7 = (3 \cdot 5) \cdot 7 = 3 \cdot (5 \cdot 7)$

Bei drei Faktoren kann man zunächst die ersten beiden multiplizieren und dann das Produkt mit dem dritten Faktor multiplizieren.
Man kann aber auch zuerst die letzten beiden Faktoren multiplizieren und dann das Produkt mit dem ersten Faktor multiplizieren.

$a \cdot b \cdot c = (a \cdot b) \cdot c = a \cdot (b \cdot c)$

In **Produkten mit mehreren Faktoren** kann man beliebig Klammern setzen; man kann auch die Faktoren beliebig vertauschen. Das Ergebnis bleibt stets gleich.
Dies lässt sich für Rechenvorteile nutzen.

BEISPIELE:

33. a) $13 \cdot 5 \cdot 20$
$= 13 \cdot 100$
$= \underline{1300}$

b) $25 \cdot 17 \cdot 4$
$= 100 \cdot 17$
$= \underline{1700}$

---

34. Schreibe mit Klammern. Rechne aus.
Beispiel: Multipliziere das Produkt der Zahlen 7 und 3 mit 8.
$(7 \cdot 3) \cdot 8 = 21 \cdot 8 = 168$
a) Multipliziere das Produkt der Zahlen 9 und 5 mit 7.
b) Multipliziere 50 mit dem Produkt der Zahlen 7 und 10.

35. Rechne vorteilhaft.
   a) 2 · 19 · 50   **b)** 4 · 3 · 25   **c)** 20 · 43 · 5   **d)** 2 · 18 · 5
   e) 125 · 13 · 8   **f)** 23 · 4 · 5   **g)** 25 · 43 · 2 · 4 · 5

36. Berechne **a)** (48 : 12) : 4 und **b)** 48 : (12 : 4).
   Vergleiche die Ergebnisse miteinander. Was stellst du fest?

37.
   a) 15 · 3   **b)** 36 · 0   **c)** 6 · 49   **d)** 53 · 7   **e)** 93 · 10
   17 · 9   37 · 8   0 · 57   33 · 5   87 · 100
   23 · 8   76 · 1   4 · 78   65 · 6   1200 · 1

38. Übertrage die Tabelle in dein Heft und ermittle die fehlenden Zahlen.

a	7	9	6		4	15		12	
b	5	12		7		9	11		8
a · b			54	63	52		99	6	50

39. **a)** Welche Zahl muss man mit 8 multiplizieren um 48 zu erhalten?
   b) Welche Zahl muss man durch 6 dividieren um 7 zu erhalten?
   c) Durch welche Zahl muss man 72 dividieren um 9 zu erhalten?
   d) Mit welcher Zahl muss man 4 multiplizieren um 27 zu erhalten?

40. Löse im Kopf.
   a) $3 \cdot x = 27$ **b)** $17 \cdot x = 1700$ **c)** $30 \cdot x = 0$
   $x \cdot 88 = 40$ $15 \cdot x = 60$ $x \cdot 0 = 0$
   d) $x : 10 = 13$ **e)** $56 : x = 8$ **f)** $0 : x = 22$
   $x : 9 = 20$ $150 : x = 30$ $x : 80 = 0$
   $x : 30 = 500$ $1000 : x = 20$ $480 : x = 24$

41.* Für welche natürlichen Zahlen x gilt die Ungleichung?
   a) $10 \cdot x < 80$ **b)** $3 \cdot x > 10$ **c)** $x \cdot 0 < 3$
   d) $x \cdot 50 < 190$ **e)** $9 \cdot x > 90$ **f)** $5 \cdot x > 15$
   g) $x : 10 < 6$ **h)** $x : 8 < 7$ **i)** $x : 9 < 4$

42. Berechne das Produkt aus der kleinsten und der größten dreistelligen Zahl. Um wie viel ist es kleiner als 1 000 000?

43. Eine Kinokartenverkäuferin hat Eintrittskarten mit den Nummern 730 bis 770 verkauft. Jede Karte kostet 10 DM. Wie viel Geld hat sie eingenommen?

44. In einer Familie sind 6 Söhne. Jeder Sohn hat eine Schwester. Wie viel Kinder sind demnach in dieser Familie?

45. Von einem Ballen mit 50 m Stoff kostet ein Meter 28 DM. Von diesem Stoff wird für insgesamt 756 DM verkauft. Wie viel Meter Stoff sind noch auf dem Ballen?

3 Quadratzahlen und andere Potenzen

1. **a)** Berechne $1 \cdot 1$; $2 \cdot 2$; $3 \cdot 3$; $4 \cdot 4$; $5 \cdot 5$; …; $10 \cdot 10$.
   b) Zähle die Anzahl der Kästchen, die in den gekennzeichneten Quadraten liegen.
   c) Vergleiche deine Ergebnisse aus a) und b) miteinander.

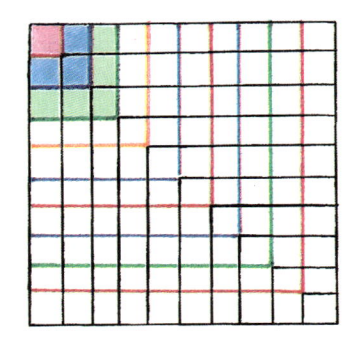

   Bild C 15 ▶

Die Zahlen 1, 4, 9, 16, 25, 36, … heißen **Quadratzahlen**.

---

2. Begründe, warum 25 eine Quadratzahl ist und 48 nicht.

3. Berechne die Quadratzahlen für alle Zahlen zwischen 10 und 25.

4. **a)** Schreibe 10^3, 10^5, 10^9, 5^2, 5^3, 5^5 als Produkte.
   b) Schreibe kürzer: $2 \cdot 2 \cdot 2$; $10 \cdot 10 \cdot 10 \cdot 10 \cdot 10 \cdot 10$; $3 \cdot 3 \cdot 3 \cdot 3$.

5^3 ist eine **Potenz**.   5 ist die **Basis** (Grundzahl).

3 ist der **Exponent** (Hochzahl).

Der Exponent gibt die Anzahl der gleichen Faktoren an.

5. BEISPIEL:
   3^5 ist zu berechnen. $3^5 = 3 \cdot 3 \cdot 3 \cdot 3 \cdot 3$
   $3 \cdot 3 = 9$, $9 \cdot 3 = 27$, $27 \cdot 3 = 81$, $81 \cdot 3 = 243$
   Also: $3^5 = \underline{243}$

---

6. Nenne jeweils die Basis und den Exponenten für die Potenzen in der Aufgabe 4a). Berechne diese Potenzen.

7. Schreibe die folgenden Produkte als Potenzen. Berechne sie.
   a) $5 \cdot 5 \cdot 5 \cdot 5$ **b)** $3 \cdot 3 \cdot 3$ **c)** $1 \cdot 1 \cdot 1$ **d)** $0 \cdot 0 \cdot 0 \cdot 0 \cdot 0$

8. Berechne die folgenden Potenzen.
   a) 2^3; 2^5; 7^3; 3^6; 5^4; 1^{20}; 0^{34}; 10^4
   b) 2^6; 3^7; 6^2; 2^7; 7^2; 2^{10}; 10^3; 10^5

9. Quadratzahlen sind besondere Potenzen. Wie erkennt man das?

10. **a)** Vergleiche 2^4 und 4^2 miteinander. Was vermutest du?
b) Vergleiche 2^3 und 3^2 miteinander. Was stellst du fest?

11. Welche der folgenden Zahlen sind Quadratzahlen? Nenne die Basis der Quadratzahlen.
a) 81   **b)** 83   **c)** 49   **d)** 101   **e)** 64   **f)** 125   **g)** 144   **h)** 8
i) 55   **j)** 36   **k)** 75   **l)** 111   **m)** 121   **n)** 136   **o)** 169   **p)** 150

> Es ist manchmal bequem eine Zahl als Potenz mit dem Exponenten 1 anzusehen. BEISPIELE: $10 = 10^1$; $5 = 5^1$; $7^1 = 7$; $a^1 = a$.

12. Finde x.
a) $10^x = 1000$; $10^x = 10$; $10^x = 100000$; $10^x = 1$
b) $6^x = 36$; $3^x = 27$; $5^x = 25$; $5^x = 5$; $1^x = 1$; $1^x = 3$
c) $x^2 = 49$; $x^3 = 8$; $x^2 = 121$; $x^4 = 16$; $x^1 = 17$; $x^2 = 10$
d)* $x^2 < 25$; $x^2 < 40$; $x^3 < 30$; $2^x < 20$; $3^x < 30$

13. Ordne der Größe nach. Beginne mit der kleinsten Zahl.
a) 3^4; $3 + 4$; $3 \cdot 4$; 3^4 **b)** 2^2; $2 + 2$; $2 \cdot 2$; 2^2; $2 - 2$

14. Vergleiche folgende Zahlen.
a) 3^2 und 2^3 **b)** 100^2 und 10^4 **c)** 25^2 und 5^3 **d)** 2^7 und 4^3
e) 1^5 und 5^1 **f)** 1000 und 2^{10} **g)** 4^4 und 2^8

15.* Schreibe die Zahlen als Potenzen. (Vermeide den Exponenten 1!)
a) 8   **b)** 27   **c)** 64   **d)** 125   **e)** 100000   **f)** 16   **g)** 0

16. Bakterien vermehren sich durch Zellteilung.

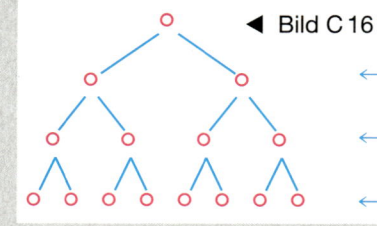

◀ Bild C 16

← Nachkommen der 1 Generation

← Nachkommen der 2 Generation

← Nachkommen der 3. Generation

Ermittle zeichnerisch die Anzahl der Bakterien in der dann folgenden Generation (Nachkommen der 4. Generation). Kannst du rechnerisch die Anzahl der Bakterien in weiteren Generationen ermitteln?

Wir merken uns über Potenzen:

Produkte mit gleichen Faktoren können wir als Potenzen schreiben.	$5 \cdot 5 \cdot 5 = 5^3$ 5^3 ← Exponent ← Basis	$\underbrace{a \cdot a \cdot \ldots \cdot a}_{n \text{ Faktoren}} = a^n$ Beachte! $a^1 = a$

4 Wir multiplizieren und dividieren schriftlich

1. Herr Peters zieht in seiner Baumschule in 124 Reihen jeweils 28 kleine Linden auf.
Wie viele Bäumchen sind das ungefähr?
Wie viele Bäumchen sind es genau?

Bild C 17 ▶

2. Petra hat an der Tafel drei Aufgaben vorgerechnet.

a) 537 · 4 = 2148
  Ü.: 500 · 4 = 2000
  Vgl.: 2148 ≈ 2000

b) 537 · 43
  2148
  1611
  = 23091
  Ü.: 500 · 40 = 20000
  Vgl.: 23091 ≈ 20000

c) 537 · 403
  21480
   1611
  = 216411
  Ü.: 500 · 400 = 200000
  Vgl.: 216411 ≈ 200000

Erläutere, wie Petra gerechnet hat.
Warum schreibt sie bei b) und c) die Teilprodukte versetzt unter die Aufgabe?
(Mit Ü wurde der Überschlag, mit Vgl. der Vergleich von Rechenergebnis und Überschlag bezeichnet.)

3.
- a) 487 · 4
- b) 685 · 7
- c) 964 · 9
- d) 304 · 7
- e) 619 · 8
- f) 5 · 376
- g) 4 · 327
- h) 6 · 697
- i) 9 · 723
- j) 3 · 619

4.
- a) 78 · 82
- b) 56 · 35
- c) 21 · 72
- d) 37 · 37
- e) 24 · 41
- f) 33 · 45
- g) 61 · 57
- h) 67 · 81
- i) 76 · 18
- j) 48 · 32

5. a) 752 · 96 b) 924 · 78 c) 308 · 64 d) 493 · 38
   e) 623 · 67 f) 73 · 146 g) 56 · 432 h) 87 · 509
   i) 96 · 716 j) 26 · 536 k) 350 · 207 l) 305 · 270

6. a) 305 · 207 b) 350 · 270 c) 852 · 805 d) 875 · 640
   e) 462 · 409 f) 340 · 218 g) 909 · 303 h) 270 · 117
   i) 407 · 205 j) 964 · 220 k) 905 · 313 l) 504 · 973

7.* a) 46 · 973 b) 83 · 936 c) 1008 · 50 d) 3006 · 50
    e) 23 · 937 f) 764 · 406 g) 302 · 483 h) 817 · 567

8.* a) 37 · 303 b) 37 · 300 c) 37 · 3030 d) 37 · 3070
    e) 3003 · 41 f) 737 · 33 g) 789 · 407 h) 286 · 96

9. Überschlage die folgenden Produkte.
   a) 39 · 307 b) 861 · 78 c) 358 · 59 d) 89 · 123

10. Welches der Ergebnisse 19551; 14504; 5911; 5244 könnte zu welchem Produkt gehören? Begründe.
    a) 257 · 23 b) 114 · 46 c) 343 · 57 d) 74 · 196

11. Welche Aufgaben wurden falsch gelöst? Begründe.
    a) 169 · 83 = 1427 b) 586 · 37 = 21684
    c) 624 · 28 = 17472 d) 227 · 94 = 21238

12. Ersetze die Sternchen durch die richtigen Ziffern.

    a) 523 · * *   b) 437 · * *   c) 335 · * 9   d)* 6 * 3 · 45
       4 184   3 933   2 345   * 69 *
       2 092   1 311   * * * *   * 36 *
       ─────   ─────   ─────   ─────
       * * * * *   * * * * *   * * * * *   * * * * *

13. Herr Karl braucht für eine Reise spanisches Geld. Für 1 DM erhält er 63 Peseten. Er möchte 670 DM umtauschen.
    Wie viel Peseten erhält er ungefähr?

14. Für ein Popkonzert wurden 1287 Eintrittskarten verkauft. Jede Karte kostete 34 DM.
    Wie hoch war die Einnahme?

15. Die Zuschauertribüne beim Klotzer Fußballklub hat 17 Reihen mit jeweils 217 Sitzplätzen. Wie viele Plätze sind das insgesamt?

16.* Eine Schwalbe füttert ihre Brut etwa zwanzigmal am Tage. Für eine Fütterung bringt sie durchschnittlich 350 kleine Insekten mit.
     Wie viele Insekten fängt eine Schwalbe in den 32 Tagen, in denen sie ihre Nestlinge auffüttert?

17. Herr Paul hat 6832 DM im Lotto gewonnen. Er will das Geld gleichmäßig unter die 7 Familienmitglieder aufteilen.
Wie viel Mark erhält jeder ungefähr? (Wie viel Mark erhält jeder genau?)

18. Kontrolliere den Rechengang für die nachstehende schriftliche Lösung einer Divisionsaufgabe.

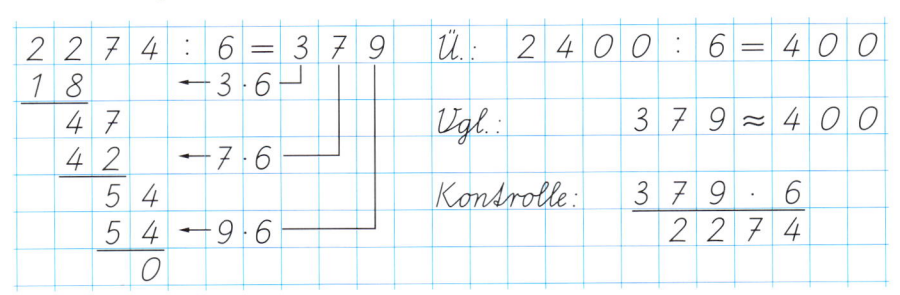

```
2 2 7 4 : 6 = 3 7 9      Ü.:  2 4 0 0 : 6 = 4 0 0
1 8         ← 3·6
  4 7                    Vgl.:      3 7 9 ≈ 4 0 0
  4 2         ← 7·6
    5 4                  Kontrolle: 3 7 9 · 6
    5 4     ← 9·6                   2 2 7 4
      0
```

Überschlage und berechne den Quotienten. Kontrolliere das Ergebnis.

19. a) 824 : 8   b) 912 : 6   c) 7014 : 7   d) 8118 : 9
    e) 9156 : 3   f) 5748 : 4   g) 6175 : 5   h) 1984 : 8

20. a) 6230 : 7   b) 7784 : 7   c) 9875 : 5   d) 2394 : 9
    e) 21468 : 6 f) 60003 : 9 g) 6916 : 7   h) 5872 : 8

21. Kathi bestimmt beim Dividieren von 27402 : 6 die Reste im Kopf. Sie schreibt nur das Ergebnis **4567** auf.
Rechne genauso.

```
2 7 : 6 = 4;   4·6 = 2 4
Bleibt: Rest 3,

3 4 : 6 = 5;   5·6 = 3 0
Rest 4,        ···
```

a) 31424 : 4   b) 5838 : 3
c) 39788 : 7   d) 50616 : 9

22. Welcher Überschlag ist für die Aufgabe nicht geeignet? Begründe.
Berechne den Quotienten.
a) 1986 : 3   Ü.: (1) 2000 : 3, (2) 1900 : 3,
                   (3) 1800 : 3, (4) 1500 : 3
b) 3558 : 6   Ü.: (1) 3500 : 6, (2) 3600 : 6,
                   (3) 4000 : 6, (4) 3000 : 6
c) 4944 : 8   Ü.: (1) 4900 : 8, (2) 5000 : 8,
                   (3) 4800 : 8, (4) 4900 : 7

23. 1260 Apfelsinen sollen in Beuteln zu je 12 Stück verpackt werden.
Wie viele Beutel sind erforderlich?

24. In einer Gärtnerei sollen 4068 Kakteen in Kästen zu je 18 Stück verpackt werden.
Wie viele Kästen werden benötigt?

25. Ina soll 2176 durch 34 dividieren. Sie beginnt mit einem Überschlag. Danach dividiert sie schriftlich.

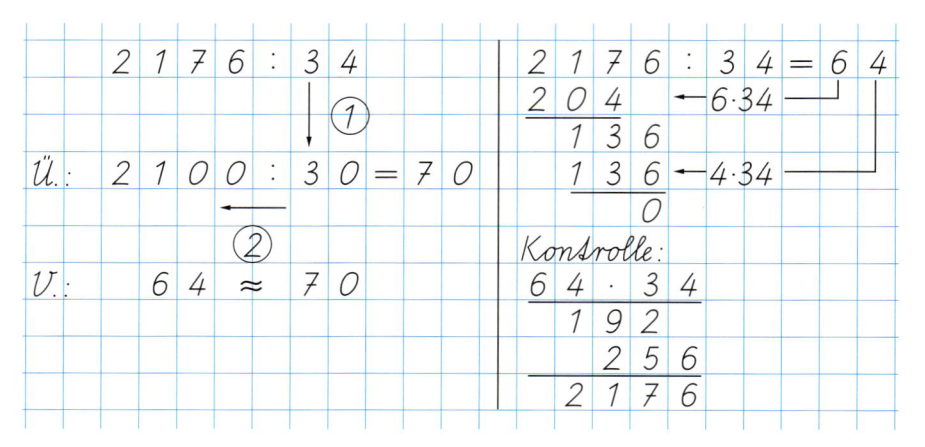

```
      2 1 7 6 : 3 4              2 1 7 6 : 3 4 = 6 4
              ↓ ①                2 0 4    ←6·34
Ü.:   2 1 0 0 : 3 0 = 7 0          1 3 6
                                   1 3 6  ←4·34
              ②                          0
V.:       6 4  ≈  7 0            Kontrolle:
                                   6 4 · 3 4
                                     1 9 2
                                     2 5 6
                                   2 1 7 6
```

a) Warum rundet Ina zuerst 34?
b) Warum rundet sie nicht 2176 auf 2000?
c) Erläutere, wie Ina schriftlich dividiert hat.

26. Überschlage:
a) 136 : 17   **b)** 345 : 23   **c)** 208 : 26   **d)** 216 : 24   **e)** 288 : 32
f) 232 : 29   **g)** 328 : 41   **h)** 364 : 52   **i)** 9396 : 18   **j)** 2530 : 23

Berechne:

27. ↑ **a)** 416 : 13   **b)** 323 : 17   **c)** 780 : 15   **d)** 1080 : 24
e) 1292 : 19   **f)** 3024 : 18   **g)** 736 : 23   **h)** 608 : 32
i) 1305 : 29   **j)** 2226 : 42   **k)** 4085 : 43   **l)** 3584 : 28

28. ↑ **a)** 3906 : 31   **b)** 5670 : 27   **c)** 6120 : 34   **d)** 4500 : 18
e) 8925 : 21   **f)** 6760 : 26   **g)** 3567 : 29   **h)** 4128 : 16
i) 6250 : 25   **j)** 6275 : 25   **k)** 1300 : 25   **l)** 8750 : 35
m)* 10560 : 33   **n)*** 11055 : 33   **o)*** 11271 : 39   **p)*** 13650 : 42

29.* Was hat Lars falsch gemacht? Überprüfe seine Rechnung. Schreibe dann die Aufgaben richtig gelöst in dein Heft.

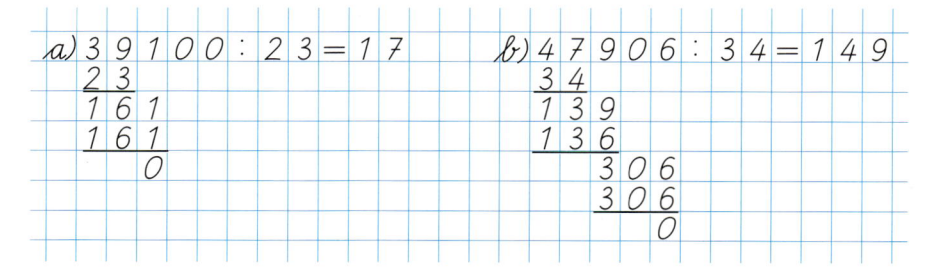

```
a) 3 9 1 0 0 : 2 3 = 1 7       b) 4 7 9 0 6 : 3 4 = 1 4 9
   2 3                            3 4
   1 6 1                          1 3 9
   1 6 1                          1 3 6
         0                            3 0 6
                                      3 0 6
                                          0
```

30.* Überschlage. Vergleiche mit dem genauen Ergebnis.
   a) 6084 : 234   **b)** 5390 : 154   **c)** 8995 : 257   **d)** 9594 : 369

31. Frau Hinz will auf dem Markt 200 Eier verkaufen und sie in Packungen zu je 12 Eiern anbieten.
Wie viele Packungen benötigt sie dafür?

▲ Bild C 18

Manchmal bleibt beim Dividieren ein Rest.

32. BEISPIEL:

```
1254 : 18 = 69 Rest 12          Überschlag:  1200 : 20 = 60
 108                            Vergleich:         69 ≈ 60
 ───                            Kontrolle:   69 · 18      1242
 174                                              69    +   12
 162                                             552      1254
 ───                                            1242
  12
```

Da man den Rest 12 noch durch 18 dividieren müsste, kann man das Ergebnis auch so angeben:

1254 : 18 = 69 + 12 : 18

---

33. **a)** 360 : 13   **b)** 394 : 24   **c)** 417 : 23   **d)** 785 : 25
   e) 345 : 32   **f)** 635 : 42   **g)** 567 : 82   **h)** 780 : 35

34. **a)** 1291 : 26   **b)** 2420 : 18   **c)** 2450 : 47   **d)** 3510 : 71
   e) 2222 : 19   **f)** 3080 : 32   **g)** 3080 : 62   **h)** 6700 : 59

35. **a)** 4420 : 34   **b)** 9030 : 45   **c)** 14300 : 61   **d)** 9680 : 22
   e) 1270 : 24   **f)** 6200 : 28   **g)** 3455 : 25   **h)** 5667 : 11

36. 100 t Koks sollen mit Güterwagen transportiert werden. Jeder Wagen fasst 15 t.
   a) Wie viele volle Wagenladungen ergibt das?
   b) Wie viele Wagen müssen zum Abtransport bereitstehen?

37.* Für einen Anzug benötigt man durchschnittlich 3 m Stoff bei einer Stoffbahnbreite von 140 cm.
Wie viele Anzüge kann man aus 250 m Stoff herstellen?

38. Eine Brauerei soll 1240 Flaschen Bier liefern. Sie hat nur Kästen für je 25 Flaschen. Wie viele Kästen benötigt man für die bestellte Menge?

39. Wie oft kann Herr Rose seine Gießkanne füllen, wenn das Wasserbecken an seinem Gartenhäuschen bis an den Rand gefüllt ist?

40. Die Fußgängerzone einer Stadt hat eine Länge von 700 m. Alle 15 m soll eine Straßenlaterne aufgestellt werden. Wie viele Laternen müssen angeschafft werden?

Bild C 19 ▶

41.* Herr John soll einen Kredit von 3000 DM in 36 Raten zurückzahlen.
a) Wie hoch ist eine Rate?
b) Für Zinsen muss er noch zusätzlich 800 DM bezahlen. Um wie viel DM erhöht sich dadurch jede Rate?

42. Gib die nächstgelegene Zahl unterhalb von **a)** 1000, **b)** 2700, **c)** 5350 an, die bei Division durch 23 keinen Rest lässt.

Übungen

1. Versuche die folgenden Aufgaben zu vervollständigen. Ersetze * durch geeignete Ziffern.

```
a)   4**3      b)   5*6*      c)  13479      d)  ****
   +3456         +  *7*8         -  *4*9        -  ***
   ─────         ──────          ──────         ─────
    *71*           8649           8*9*              1
```

2. Berechne die Summe aller natürlichen Zahlen
a) von 1 bis 10, **b)** von 1 bis 20, **c)** von 20 bis 30.

3. Runde auf Vielfache von 10 (auf Vielfache von 100).
243; 469; 1533; 1601; 555995; 12000; 25; 51

4. **a)** 124 + 9 − 32 + 48   **b)** 93 − 62 + 87 − 12   **c)** 95 − 17 − 37

5. **a)** Subtrahiere von 1000: 457; 189; 3421; 867; 799
b) Subtrahiere von 10000: 6241; 3491; 9003; 705; 101

6. Vervielfache erst mit 5, dann auch mit 9. Rechne vorteilhaft.
7; 8; 40; 50; 300; 18; 24; 34; 55; 67; 88

5 Wir führen verschiedene Rechenoperationen nacheinander aus

1. Frau Müller kauft 4 kg Äpfel, 1 kg Äpfel kostet 2,00 DM. Sie bezahlt mit einem 20-DM-Schein. Wie viel Mark bekommt sie zurück?
Schreibe auf, wie du rechnest.

2. Die Aufgabe lautet 36 + 4 · 3.
Elke rechnet: 36 + 4 = 40;   40 · 3 = 120.
Grit rechnet: 4 · 3 = 12;   36 + 12 = 48.   Was meinst du dazu?

3. Es soll die Aufgabe 5 · (12 + 8) gelöst werden.
Eva rechnet: 5 · 12 = 60;   60 + 8 = 68.
Bert rechnet: 12 + 8 = 20;   5 · 20 = 100.   Wer hat richtig gerechnet?

Sind mehrere Rechenoperationen auszuführen, so muss man Regeln beachten.
- Was in Klammern steht, wird zuerst berechnet.
- Multiplizieren und Dividieren **vor** Addieren und Subtrahieren.
  („Punktrechnung" vor „Strichrechnung")

BEISPIELE:

4. **a)** 12 + 8 · 5   **b)** 30 : (2 + 3)   **c)** 4 · 9 − 42 : 7

   = 12 + 40   = 30 : 5   = 36 − 6
   = 52   = 6   = 30

---

5. Berechne und vergleiche. Wo dürfen Klammern weggelassen werden?
   - **a)** 120 − (80 − 25)   **b)** 300 + (180 − 60)   **c)** (31 + 67) − 14
         120 − 80 − 25   300 + 180 − 60   31 + (67 − 14)
   - **d)** 27 − (15 + 3)   **e)** (24 + 36) : 12   **f)** (33 − 3) · 10
         (27 − 15) + 3   24 + 36 : 12   33 − 3 · 10
   - **g)** (15 + 25) · 8   **h)** 60 : 15 − 3   **i)*** 162 : (9 · 2)
         15 + 25 · 8   60 : (15 − 3)   (162 : 9) · 2

6. Berechne:
   - **a)** 3 · 13 − 3   **b)** 7 · 15 + 5   **c)** 57 − (27 − 3)   **d)** 121 − (41 + 79)
   - **e)** 6 · 19 − 11   **f)** 8 · (7 + 3)   **g)** (16 + 4) · 9   **h)** 213 + 7 · 11
   - **i)** (14 + 7) · 4   **j)** 73 − 3 · 5   **k)** (81 − 27) : 9   **l)** 39 + 21 : 3
   - **m)** 9 · (13 + 37)   **n)** (58 − 15) · 2   **o)** 72 : (45 − 37)   **p)** 68 − 54 : 6
   - **q)*** (24 · 8) : 12   **r)** 316 − 26 · 3   **s)** (316 − 26) · 3   **t)** 77 + 28 : 7

7.* Ermittle von 15 und 5 das Produkt aus Summe und Differenz.

8.* Ermittle von 15 und 5 den Quotienten aus Summe und Differenz.

9. Es soll $4 \cdot 5^2$ berechnet werden.
Paul rechnet: $4 \cdot 5 = 20$; $20^2 = 20 \cdot 20 = 400$
Paula rechnet: $5^2 = 5 \cdot 5 = 25$; $4 \cdot 25 = 100$. Urteile.

Potenzen berechnet man vor dem Multiplizieren und dem Dividieren; natürlich erst recht vor dem Addieren und dem Subtrahieren.

BEISPIELE:

10. a) $2 \cdot 3^2$ **b)** $24 : 2^3$ **c)** $6 + 6^3$
$= 2 \cdot 9$ $= 24 : 8$ $= 6 + 216$
$= \underline{\underline{18}}$ $= \underline{\underline{3}}$ $= \underline{\underline{222}}$

---

11. Berechne:
a) $10 - 2^3$ **b)** $7 + 5^2$ **c)** $5 \cdot 10^4$ **d)** $2^2 \cdot 7$ **e)** $2 + 3^2$
f) $(2 + 3)^2$ **g)** $2 \cdot 3^2$ **h)** $(2 \cdot 3)^2$ **i)** $2^2 \cdot 3$ **j)** $8 - 2^2$

Soll in einer Aufgabe multipliziert und dividiert werden und treten keine Klammern auf, so wird schrittweise von links nach rechts gerechnet.

BEISPIELE:

12. a) $15 \cdot 10 : 25$ **b)** $15 : 5 \cdot 7$ **c)** $120 : 6 : 4$
$= 150 : 25$ $= 3 \cdot 7$ $= 20 : 4$
$= \underline{\underline{6}}$ $= \underline{\underline{21}}$ $= \underline{\underline{5}}$

---

13. Berechne und vergleiche. Wo ändert sich das Ergebnis nicht, wenn Klammern weggelassen werden?
a) $(60 : 3) \cdot 5$ **b)** $(5 \cdot 12) : 3$ **c)** $(8 \cdot 16) : 4$
$60 : 3 \cdot 5$ $5 \cdot (12 : 3)$ $8 \cdot (16 : 4)$
$60 : (3 \cdot 5)$ $5 \cdot 12 : 3$ $8 \cdot 16 : 4$

14. Berechne:
a) $6 \cdot 7 + 4 \cdot 3$ **b)** $3 \cdot 7 + 5$ **c)** $3 \cdot (15 + 7)$ **d)** $23 - 3 \cdot 5$
e) $(35 - 25) : 2$ **f)** $25 : 5 \cdot 6$ **g)** $23 + 7 \cdot 6$ **h)** $36 \cdot 3 : 12$

15. Schreibe möglichst kurz auf:
a) Multipliziere 8 mit der Summe von 6 und 5.
b) Subtrahiere 9 vom Produkt der Zahlen 7 und 3.
c) Dividiere die Summe von 120 und 80 durch 20.
d) Multipliziere 50 und 7 mit 10 und addiere die Produkte.
e) Dividiere 210 und 90 durch 3 und subtrahiere die Quotienten.
f) Zum Produkt von 9 und 10 ist der Quotient von 240 und 30 zu addieren.

16. a) 10 + 5 · 12 − 8 b) 10 + 5 · (12 − 8) c) (10 + 5) · (12 − 8)
 d) (10 + 5) · 12 − 8 e) 240 − 80 : 16 + 4 f) (240 − 80) : (16 + 4)
 g) 9 · (12 + 18) : 6 h) 9 · 12 + 18 : 6 i) 550 : (9 − 4) · 11

17. a) Erläutere, wie du 23 · 7 im Kopf berechnest.
 b) Holger kauft 8 Brötchen zu 25 Pfennig und 8 Hörnchen zu 45 Pfennig. Wie viel muss er bezahlen? Schreibe auf, wie du gerechnet hast.

Distributivgesetz (Verteilungsgesetz)

8 · (10 + 2) = 8 · 10 + 8 · 2 $a \cdot (b + c) = a \cdot b + a \cdot c$

Man kann eine Summe mit einer Zahl multiplizieren, indem man jeden Summanden mit dieser Zahl multipliziert.
Man kann dieses Gesetz auch in umgekehrter Richtung ausnutzen.

BEISPIEL:

18. 5 · 12 + 5 · 18 = 5 · (12 + 18) = 5 · 30 = <u>150</u>

---

19. a) Erläutere, wie du 29 · 3 im Kopf berechnest.
 b) Wie kann man 7 · 24 − 7 · 4 vorteilhaft berechnen?

20. Berechne möglichst vorteilhaft.
 a) 3 · 17 + 3 · 13 b) 14 · 8 + 6 · 8 c) 7 · 26 + 24 · 7
 d) 6 · 36 − 6 · 16 e) 37 · 9 − 27 · 9 f) 6 · 137 − 87 · 6

21. Eine Klasse mit 27 Schülern macht einen Ausflug. Der Lehrer sammelt von jedem Schüler 7 DM für Fahrgeld und 6 DM für einen Mittagsimbiss ein. Ermittle auf zweierlei Weise den Gesamtbetrag.

22.* Für welche Zahlen gilt die Gleichung?
 a) 3 · (z + 7) = 3 · 5 + 3 · 7 b) z · (20 + 9) = 6 · 20 + 6 · 9

23.* In einer Baumschule sollen 80 Setzlinge in vier gleich langen Reihen angepflanzt werden. Der Abstand von Setzling zu Setzling soll 50 cm betragen. Wie lang ist jede Reihe?

24.* Zwei Zahlen unterscheiden sich um 60. Auf dem Zahlenstrahl liegen sie gleich weit von 190 entfernt. Welche Zahlen sind es?

25. Berechne:
 a) 13 + 7 · 5 + 5 b) 120 − 60 : 10 + 50 c)* $3 + 5^2$
 (13 + 7) · 5 + 5 (120 − 60) : 10 + 50 $(3 + 5)^2$
 13 + 7 · (5 + 5) 120 − 60 : (10 + 50) $3 \cdot 5^2$
 (13 + 7) · (5 + 5) (120 − 60) : (10 + 50) $(3 \cdot 5)^2$

Übungen

1. Gib nur den Überschlag an.
   a) 375 · 6   b) 483 · 7   c) 533 · 8
   d) 558 · 9   e) 365 · 8   f) 872 : 4
   g) 3368 : 4   h) 4830 : 7   i) 8226 : 9

2. Dividiere 240 durch 2 (3; 4; 5; 6; 7; 8; 9; 12; 15).

3. Runde die Ergebnisse auf Vielfache von 100.
   a) 27 · 35   b) 72 · 35   c) 29 · 31   d) 93 · 11   e) 39 · 71

4. Wie lange braucht ein Lichtstrahl von der Sonne bis zur Erde (↗ Bild C 20)? Das Licht legt in einer Sekunde 300 000 km zurück.

   Bild C 20 ▶

5.* Herr Fleißig verkaufte am Sonnabend für 245 DM Blumen. Am Sonntag hat er ebenfalls Blumen verkauft. Er hatte an diesem Wochenende eine durchschnittliche Tageseinnahme von 310 DM.
    Für wie viel DM hat Herr Fleißig am Sonntag Blumen verkauft?

6. An einem Teich sitzen 4 Angler. Wie viele Karpfen kann ein Angler fangen, wenn in dem Teich 20 Karpfen sind?

7. Ein Eisenträger ist 180 cm lang. Er wird in Stücke zu je 15 cm Länge zersägt. Wie viele Schnitte sind dafür notwendig?

8. Lars, Udo und Tom haben 17, 18 bzw. 13 Murmeln. Sie wollen zu Beginn des Spiels ihre Murmeln so aufteilen, dass jeder gleich viel hat. Wie viele Murmeln hat dann jeder?

9. Auf einem Regal stehen 90 Bücher, auf einem anderen 60. Es sollen auf beiden Regalen gleich viele Bücher stehen; wie viele stellen wir um?

10. Übertrage die nachfolgenden Bilder in dein Heft. Setze dann in die leeren Felder Zahlen ein. In jedem Feld soll die Summe aus den Zahlen stehen, die sich in den beiden Feldern darunter befinden.

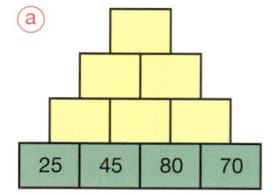

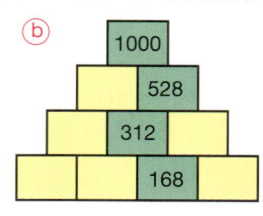

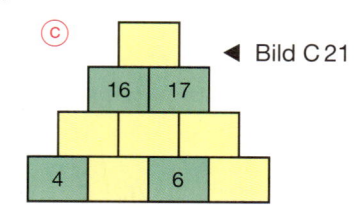

◀ Bild C 21

6 Gleichungen und Ungleichungen

1. Setze für x die Zahlen 3, 7, 10, 1 und 0 ein. Rechne.
   a) $3 \cdot x + 4$ b) $3 \cdot (x + 4)$
   c) $3 \cdot x + 12$

2. Setze für ☐ die Zahlen 13, 15, 3, 0 und 63 ein. Rechne.
   a) ☐ $+ 37$ b) $2 \cdot$ ☐ $- 7$
   c) ☐ $+$ ☐

▲ Bild C 22

3. Setze in die Gleichung
   $7 \cdot a - 8 = 6$
   für a die Zahlen 1, 2, 3, 4 und 5 ein.
   Welche Aussagen sind wahr, welche sind falsch?

4. Setze in die Ungleichung $75 + \bigcirc \cdot 6 < 100$ für $\bigcirc$ die Zahlen 0, 1, 2, 3, 4 und 5 ein und rechne. Entscheide über wahr oder falsch.

In den Aufgaben 1 bis 4 treten x, ☐, a und $\bigcirc$ als **Variable** (Platzhalter) auf. Für Variable (Platzhalter) können Zahlen eingesetzt werden.

BEISPIEL:

5. Wir betrachten die Gleichung $7 \cdot x - 8 = 6$

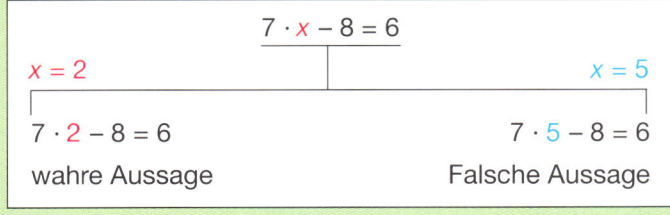

	$7 \cdot x - 8 = 6$	
$x = 2$		$x = 5$
$7 \cdot 2 - 8 = 6$		$7 \cdot 5 - 8 = 6$
wahre Aussage		Falsche Aussage

   2 ist **eine Lösung** der Gleichung. 5 ist **keine Lösung** der Gleichung.
   2 **erfüllt** die Gleichung. 5 **erfüllt nicht** die Gleichung.

---

6. Beantworte für die Gleichungen $a + 13 = 25$, $6 + \triangle = 13$ und $z : 5 = 1$ die folgenden Fragen.
   a) Wie heißt die Variable?
   b) Erfüllt 5 die Gleichung?
   c) Ist 7 eine Lösung der Gleichung?
   d) Welche Zahl erfüllt die Gleichung?
   e) Nenne die Lösung.

7. Überprüfe durch Einsetzen, ob die Zahlen 9, 15, 20, 120 die folgenden Gleichungen erfüllen.
   a) $x + 45 = 60$ b) $6 \cdot a = 54$ c) $100 : \bigcirc = 5$
   d) $3 \cdot x - 320 = 40$ e) $5 \cdot \square - 45 = 0$ f) $4 \cdot x - 25 = 35$

8. Überprüfe, ob 4, 0, 3, 6 die folgenden Gleichungen erfüllen.
   a) $10 \cdot \diamond - 7 = 33$ b) $(t + 4) : 5 = 2$ c) $x \cdot x = 3 \cdot x$

BEISPIELE:

9. Es ist die Gleichung $5 \cdot \bigcirc + 40 = 70$ **mit Probieren** zu lösen.

Probieren mit	Einsetzen, Rechnen	Entscheiden	Lösung?
0	$5 \cdot 0 + 40 = 70$ $40 = 70$	falsch	Wegen $40 < 70$ ist 0 (viel) zu klein.
10	$5 \cdot 10 + 40 = 70$ $90 = 70$	falsch	Wegen $90 > 70$ ist 10 zu groß.
5	$5 \cdot 5 + 40 = 70$ $65 = 70$	falsch	Wegen $65 < 70$ ist 5 (etwas) zu klein.
6	$5 \cdot 6 + 40 = 70$ $70 = 70$	wahr	6 ist Lösung der Gleichung.

10. Es ist die Gleichung $5 \cdot x + 40 = 70$ **ohne Probieren** zu lösen.

    Wir schreiben: Wir überlegen:

    $5 \cdot x + 40 = 70$ ⟶ Es ist $30 + 40 = 70$

                      Also ist $5 \cdot x = 30$.

    $5 \cdot x = 30$ ⟶ Es ist $5 \cdot 6 = 30$.

    $x = 6$ ⟵ Also ist $x = 6$

11. Löse mündlich folgende Gleichungen:
    a) $18 + x = 91$ b) $x - 18 = 37$ c) $33 - x = 17$ d) $12 \cdot x = 84$
    e) $x : 9 = 7$ f) $91 : x = 13$ g) $125 \cdot x = 0$ h) $70 \cdot x = 630$
    i) $7 \cdot x = 76$ j) $120 + x = 20$ k) $50 \cdot x = 30$ l) $12 \cdot x = 12$

12. Löse die folgenden Gleichungen:
    a) $10 \cdot y + 20 = 100$ b) $6 \cdot \square + 1 = 79$ c) $7 \cdot a - 1 = 48$
    d) $95 + 5 \cdot \bigcirc = 120$ e) $3 \cdot x - 40 = 50$ f) $(d - 3) \cdot 4 = 24$

13. Welche Zahlen erfüllen die folgenden Gleichungen?
  a) $11 \cdot a + 1 = 122$
  b) $(x + 8) : 5 = 3$
  c) $7 \cdot \triangle + 64 = 92$
  d) $5 \cdot n + 60 = 90$
  e) $4 \cdot (x - 2) = 12$
  f) $(c + 14) : 6 = 3$
  g) $7 \cdot \square - 85 = 55$
  h) $3 \cdot (d + 4) = 18$
  i) $(7 - y) : 4 = 1$
  j) $6 \cdot (x - 5) = 0$
  k) $20 \cdot (x - 10) = 0$
  l) $5 \cdot (7 + \square) = 0$

14. Entscheide, wie viele Zahlen die folgenden Gleichungen erfüllen.
  a) $5 \cdot x + 40 = 70$
  b) $x \cdot x = 7 \cdot x$
  c) $x + 1 = x$
  d) $x + 1 = 1 + x$

> **Wir merken uns:**
> - Es gibt Gleichungen, die von **genau einer Zahl** erfüllt werden.
> - Es gibt auch Gleichungen, die von **keiner Zahl** erfüllt werden,
> - und es gibt Gleichungen, die von **mehreren Zahlen** erfüllt werden.
>
> Will man eine Gleichung lösen, so muss man **alle Zahlen** finden, die die Gleichung erfüllen.

15.* Löse folgende Gleichungen:
  a) $3 \cdot (x - 5) = 15$
  b) $(x + 7) \cdot 5 = 65$
  c) $x \cdot x = 36$
  d) $\square \cdot \square = 11$
  e) $2 \cdot c = c^2$
  f) $0 \cdot x + 3 = 10$
  g) $3 + x = x + 3$
  h) $x - 1 = x + 1$
  i) $1 + x = 1 - x$

16.* Denke dir zwei Gleichungen aus, die
  a) eine Zahl,
  b) zwei Zahlen,
  c) keine Zahl
  als Lösung haben.

17. Beschreibe durch eine Gleichung. Verwende Platzhalter.
  a) Das Doppelte einer Zahl ist 38.
  b) Die Summe von 12 und einer Zahl ist 84.
  c) Subtrahiert man von einer Zahl 15, so ergibt sich 30.
  d) Der Quotient von 24 und einer Zahl ist 6.
  e) Das Vierfache einer Zahl vermehrt um 6 ergibt 30.
  f) Die Differenz zwischen dem Fünffachen einer Zahl und 17 ist 33.
  g) Der Nachfolger einer Zahl ist 17.
  h)* Die Summe von zwei aufeinander folgenden Zahlen ist 31.

18. Wie heißt die Zahl?
  a) Das Fünffache einer Zahl vermindert um 25 ist 50.
  b) Die Differenz des Siebenfachen einer Zahl und 60 ist 500.
  c) Das Produkt aus einer Zahl und 12 vermehrt um 24 ist 60.

19. Ingo denkt sich eine Zahl. Er subtrahiert von ihr 25, dividiert die Differenz durch 5 und erhält 3. Welche Zahl hat er sich gedacht?

20. Finde die Zahlen aus Aufgabe 17.

21. Formuliere die Gleichungen als Zahlenrätsel. Löse sie.
    a) $x + 45 = 83$ **b)** $x : 40 = 8$ **c)** $(x + 3) \cdot 2 = 40$

22. Denke dir eine Gleichung aus, die **a)** die Zahl 5, **b)** die Zahl 12, **c)*** die Zahl 0, **d)*** die Zahlen 0 und 3, **e)*** keine Zahl als Lösung hat.

23. Lutz kauft drei gleiche Packungen Pralinen. Er zahlt mit einem Fünfzigmarkschein und erhält 38 DM zurück. Wie teuer ist eine Packung?

24. Überprüfe, ob 4, 5 oder 6 die Ungleichung $3 \cdot x + 2 < 19$ erfüllt.

BEISPIELE:

25. Es ist die Ungleichung $5 \cdot x - 10 < 25$ **durch systematisches Probieren** zu lösen.

x	0	1	2	3	4	5	6	7	8	...
$5 \cdot x - 10$	–	–	0	5	10	15	20	25	30	...
$5 \cdot x - 10 < 25$			ja	ja	ja	ja	ja	nein	nein	

    Nur die Zahlen 2, 3, 4, 5, 6 erfüllen die Ungleichung

26. Es ist die Ungleichung $5 \cdot x - 10 < 25$ ohne Probieren zu lösen.

Wir schreiben:	Wir überlegen:
$5 \cdot x - 10 < 25$	I. **$5 \cdot x$ muss mindestens 10 ergeben,** damit $5 \cdot x - 10$ nicht kleiner als 0 wird.
$x = 2$ oder $x > 2$ ←	Also muss x mindestens 2 sein.
	II. **$5 \cdot x$ muss** aber auch **kleiner als 35 sein,** damit $5 \cdot x - 10$ kleiner als 25 ist.
$x = 6$ oder $x < 6$ ←	Also darf x höchstens 6 sein.
Wir fassen nun I und II zusammen: $\underline{x = 2, 3, 4, 5, 6}$	

27. Löse folgende Ungleichungen:
    a) $5 \cdot x + 12 < 25$ **b)** $11 + 2 \cdot a < 21$ **c)** $6 \cdot z - 10 < 35$
    d) $13 + 2 \cdot b < 27$ **e)** $9 \cdot h - 45 < 55$ **f)** $5 \cdot y + 3 < 19$

28. Gib alle natürlichen Zahlen n an, für die man **a)** $5 - n$, **b)** $22 - 2 \cdot n$, **c)** $17 - 3 \cdot n$, **d)** $28 - 4 \cdot n$ berechnen kann.

29. Gib die größte und die kleinste natürliche Zahl x an, die die Ungleichung erfüllt.
    a) $2 \cdot x - 7 < 15$ **b)** $3 \cdot x - 10 < 27$ **c)*** $25 - 4 \cdot x > 10$

30. **a)** Für welche natürlichen Zahlen ist ihr Siebenfaches vermehrt um 15 kleiner als 37?
b) Welches ist die größte natürliche Zahl, für die gilt:
Das Produkt der Zahl mit 8 vermehrt um 12 ist kleiner als 123?
c) Für welche natürlichen Zahlen gilt:
Die Differenz des Vierfachen einer Zahl und der Zahl 23 ist eine natürliche Zahl, die kleiner als 7 ist?

31.* Welche natürlichen Zahlen erfüllen die folgenden Ungleichungen?
a) $3 < x + 4 < 11$ **b)** $1 < x + 2 < 11$ **c)** $33 < 4 \cdot c < 43$

32. Jens kauft Hefte zu je 1,50 DM und 3 Blöcke zu je 3,20 DM. Er bezahlt mit einem Zwanzigmarkschein und erhält Geld zurück. Wie viele Hefte kann er gekauft haben?

33.* Suche für den Platzhalter ☐ Zahlen, sodass die entstehende Ungleichung die Lösungen 0, 1, 2, 3 hat.
a) $x < ☐$ **b)** $7 \cdot x < ☐$ **c)** $3 \cdot x + 5 < ☐$ **d)** $10 - 2 \cdot x > ☐$

34. Das Fünfzehnfache einer Zahl vermehrt um 7 liegt zwischen 100 und 110. Ermittle die Zahl.

35. Formuliere die folgenden Ungleichungen als Zahlenrätsel und löse sie dann.
a) $4 \cdot x - 1 < 23$ **b)** $3 \cdot x + 5 < 20$ **c)** $2 \cdot x - 13 < 28$

36. Gibt es eine Zahl, deren Siebenfaches kleiner als 80 und deren Achtfaches größer als 80 ist?

37. Karla kauft vier Flaschen Apfelsaft und bezahlt mit einem 5-DM-Stück. Sie erhält 37 Pf zurück. Karla sagt: „Das kann nicht stimmen!" Was meinst du dazu?

Übungen

1. Löse die Gleichungen. Überprüfe die Lösungen.
a) $170 + x = 190$ **b)** $x - 30 = 150$ **c)** $x + 85 = 100$
d) $865 + x = 865$ **e)** $x + 120 = 75$ **f)** $230 - x = 120$
g) $180 - x = 200$ **h)** $x - 511 = 0$

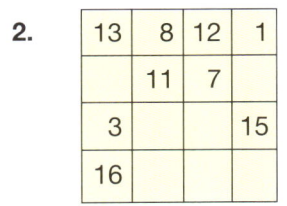

2.

13	8	12	1
	11	7	
3			15
16			

Übertrage die Tabelle in dein Heft. Fülle die leeren Felder aus.

Dabei soll die Summe der Zahlen in jeder Zeile und in jeder Spalte, außerdem von rechts oben nach links unten und von links oben nach rechts unten gleich sein.

3. Von einer Zahl wird 17 subtrahiert. Dann wird diese Differenz verdreifacht. Das Produkt ist 18. Wie heißt diese Zahl?

4. Vermehrt man eine Zahl um 3 und verdoppelt die Summe, so erhält man 150. Wie heißt diese Zahl?

5. Vermindert man das Doppelte einer Zahl um 3, so erhält man 21. Wie heißt diese Zahl?

6.
Tuner	225,– DM
Verstärker	239,– DM
Plattenspieler	189,– DM
Recorder	219,– DM
CD-Spieler	335,– DM

   a) Herr Ludwig kauft eine Stereoanlage mit allen diesen Teilen. Wie viel DM muss er bezahlen?
   b) Herr Lange möchte auch diese Anlage, jedoch ohne den CD-Spieler. Er hat 1000 DM zur Verfügung. Reicht dieses Geld? Wie viel DM behält er übrig?

7. Herr Schmidt kauft sich einen Fotoapparat zu 89,00 DM und zwei Filme zu je 8,75 DM. Er bezahlt mit einem 200-DM-Schein. Wie viel Mark erhält er an der Kasse zurück?

8. Carola wünscht sich zum Weihnachtsfest ein Paar Schlittschuhe. Die Mutter kauft die Schlittschuhe preiswert für 29,50 DM und legt noch ein hübsches Jugendlexikon für 19,80 DM unter den Christbaum. Wie teuer waren die beiden Geschenke zusammen?

9. Herr Müller kauft sich für die Reise in die Berge ein Fernglas zum Preis von 156,75 DM. Am folgenden Tag entdeckt er in einem anderen Geschäft das gleiche Modell zum Preis von 139,00 DM. Wie viel Mark hätte er sparen können?

10. Es ist 10 Minuten nach 8.00 Uhr. In der Klasse sind 12 Mädchen und 11 Jungen. Wie viele Füße sind in der Klasse?

11. Jörn hat 96 Pf im Geldbeutel. Es sind genau 11 Münzen. Welche Münzen und wie viele jeweils könnten es sein?

12. Setze die angefangenen Zahlenfolgen bis zur angegebenen Zahl fort.
    a) 74; 82; 90; ... 154
    b) 111; 124; 137; ... 241
    c) 137; 148; 159; ... 247
    d) 316; 300; 284; ... 156
    e) 712; 688; 664; ... 448

13. a) Beginne eine Zahlenfolge mit 600. Subtrahiere stets 60.
    b) Beginne eine Zahlenfolge mit 400. Dividiere stets durch 2.

7 Rund um die Post und noch mehr

1. Frau Kurz bezahlt für ihren Telefonanschluss monatlich 27 DM Miete. Im Mai hatte sie 25 Gebühreneinheiten zu je 0,23 DM zu bezahlen. Wie hoch ist die Telefonrechnung in diesem Monat?

   Lösungshilfe: Eine Skizze veranschaulicht die Aufgabe.

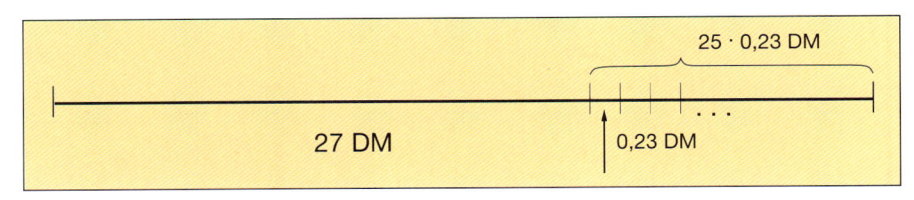

   ▲ Bild C 23

2. Petra soll Briefmarken kaufen: 15 Stück zu 60 Pf, 12 Stück zu 80 Pf und 5 Stück zu 1 DM. Wie viel DM muss sie bezahlen?

   Lösungshilfe: Eine Tabelle sorgt für Übersichtlichkeit.

Briefmarken zu	Anzahl	Preis
60 Pf	15	
80 Pf	12	
1 DM	5	
	insgesamt	

3. Karola hat mit ihrer Freundin Emöke in Ungarn telefoniert. Das Gespräch kostete 24 DM. Wie lange haben die Freundinnen miteinander gesprochen, wenn eine Minute 3 DM kostet?
   Man erhält die Gleichung: $3 \text{ DM} \cdot x = 24 \text{ DM}$.

   Hinweise zum Lösen von Sachaufgaben

   Text aufmerksam lesen!
   Gegebenes? Gesuchtes? Wie hängt Beides zusammen?
   Skizze? Tabelle? Gleichung?
   Ergebnis ermitteln!
   Maßeinheiten?
   Kann das Ergebnis stimmen?
   Antwortsatz

4. Entlang einer geraden Straße stehen Telegrafenstangen in regelmäßigen Abständen. Vom ersten bis zum fünften Mast beträgt die Entfernung 200 m. Wie lang ist die Strecke vom ersten bis zum zehnten Mast?

5. Herr Wagner gibt zwei Postanweisungen am Schalter ab, eine mit einem Betrag von 175 DM, die andere mit 680 DM. Wie hoch sind die Gebühren?

Gebühren für Postanweisungen	
bis 100 DM	6,80 DM
über 100 DM bis 500 DM	9,50 DM
über 500 DM bis 1 000 DM	13,50 DM
über 1 000 DM bis 3 000 DM	15,00 DM

6. Im Inland kostet jedes Wort in einem Telegramm 40 Pf. Ein Schmuckblatt-Telegramm kostet 2 DM extra. Was muss Anke für ein Schmuckblatt-Telegramm mit dem nachstehenden Wortlaut bezahlen?

An Peter Bock Müllerstr. 80 5000 Köln 22 Herzliche Glückwünsche zu deinem Geburtstag stop Anke

▲ Bild C 24

7. Eine Baukolonne soll 6 km Telefonkabel verlegen. Ein Drittel hat sie schon geschafft. Wie lange hat sie noch zu tun, wenn sie jeden Tag 400 m Kabel verlegt?

8. a) Wie teuer ist ein Briefmarkenblatt der nebenstehenden Art?
   b) Wie viele Briefe zu 1 DM (wie viele Postkarten zu 60 Pf) können mit den Marken dieses Blattes frankiert werden?
   c) Auf wie viel verschiedene Weisen kann man eine Postkarte mit diesen Briefmarken frankieren?

▲ Bild C 25

9. Mandy hat für 18,60 DM Briefmarken gekauft: 15 zu 40 Pf, 12 zu 80 Pf und einige zu 60 Pf. Wie viele Marken zu 60 Pf waren dabei?

10. Frau Müller hat sich aufgeschrieben, wie viele Ortsgespräche sie geführt hat. Wie viel Mark muss sie in jedem Monat und wie viel Mark insgesamt im Vierteljahr bezahlen, wenn ihr Notizzettel folgende Eintragungen enthielt: Januar 35; Februar 12; März 40?
    (Beachte! Grundgebühr: 27 DM je Monat; ein Ortsgespräch: 0,23 DM, 10 Ortsgespräche sind frei.)

11. Die Firma Schulz und Söhne will 250 Drucksachen verschicken. Jede Drucksache kostet 80 Pfennig Porto.
  a) Wie viele Bögen mit 80-Pf-Briefmarken müssen gekauft werden?
  b) Wie teuer sind diese Briefmarken insgesamt?

12. Peter hat ein Postsparbuch. Sein Guthaben beträgt am Jahresanfang 500 DM. Er spart jeden Monat 30 DM.
  a) Wie viel Geld ist am Jahresende auf dem Sparbuch?
  b) In welchem Monat hat er erstmals 750 DM auf dem Konto?

13. Uwe und Ralf haben Postsparbücher. Am Jahresende hat Uwe ein Guthaben von 400 DM und Ralf von 300 DM. Im Jahr darauf spart Uwe monatlich 30 DM und Ralf 45 DM. Nach wie vielen Monaten hat Ralf ein größeres Guthaben als Uwe?

Übungen

1. Frau Schmidt pflückte an vier Tagen Erdbeeren und wog sie täglich. Es waren: 16 kg, 7 kg, 12 kg und 9 kg. Ihre Nachbarin, Frau Krause, erntete an 5 Tagen 9 kg, 14 kg, 14 kg, 5 kg und 8 kg Erdbeeren.
  a) Wer hatte das bessere Ergebnis?
  b) Wie viel Kilogramm Erdbeeren erntete Frau Schmidt durchschnittlich an einem Tag, wie viel Kilogramm Frau Krause? Vergleiche die durchschnittlichen Mengen miteinander.
  c) Um wie viel Kilogramm weicht die durchschnittliche Menge von Frau Krause von ihrem niedrigsten und von ihrem höchsten Tagesergebnis ab? Sind die Abweichungen bei Frau Schmidt größer oder kleiner?

2. Jana stand 1 Stunde an einer Straßenkreuzung und hat für jedes Auto notiert, wie viele Personen darin saßen.
  a) Welche Personenzahl kam am häufigsten vor? Welche Zahl liegt genau in der Mitte?
  b) Wie viele Autos hat Jana insgesamt gezählt? Wie viele Personen sind in den Autos insgesamt mitgefahren?
  c) Wie viele Personen kämen ungefähr auf ein Auto, wenn alle Personen gleichmäßig auf die Autos verteilt werden könnten?

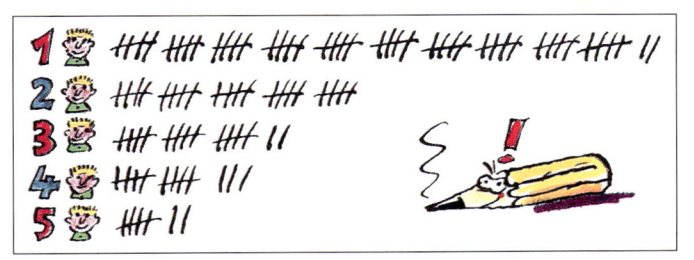

Bild C 26 ▶

Aufgaben zum Knobeln

1. Eine Schnecke kriecht vom Erdboden aus eine 8 m hohe Mauer hinauf. Tagsüber schafft sie 3 m nach oben, nachts rutscht sie wieder 2 m zurück. Am wievielten Tag ist sie oben angelangt?

   Bild C 27 ▶

2. Auf einem Motorschiff fahren 100 Personen. 10 von ihnen sprechen weder deutsch noch englisch. 75 Personen sprechen deutsch und 83 Personen englisch.
   Wie viele Personen sprechen sowohl deutsch als auch englisch?

3. In einem Märchen heißt es: „Vor dem Schlosse stehen sieben Bäume. Jeder Baum hat sieben Äste. Jeder Ast hat sieben Zweige. An jedem Zweig hängen sieben goldene Blätter. Jedes Blatt wiegt sieben Gramm. Wer die Prinzessin befreit, darf alle Blätter herunterschütteln."
   Wie viel Gramm Gold erhält dann der Befreier der Prinzessin?

4. Ein Lagerverwalter hat Nägel in verpackten Kästen zu je 6 kg, 8 kg und 15 kg. Eine Abteilung des Werkes fordert bei ihm 50 kg Nägel an. Muss der Lagerverwalter einen der Kästen öffnen um der Abteilung die bestellten 50 kg Nägel zu liefern?

5. Ein Hotel hat 30 Ein- und Zweibettzimmer mit zusammen 50 Betten. Wie viele Einbettzimmer und wie viele Zweibettzimmer hat das Hotel?

6. Wenn man die Zahl 12 345 679 mit einer bestimmten einstelligen Zahl multipliziert, so erhält man als Produkt eine Zahl, in der nur die Ziffer 1 vorkommt. Wie heißt diese einstellige Zahl?

7. Multipliziere 37 nacheinander mit 3, 6, 9, 12, 15, 18, 21, 24 und mit 27. Was stellst du fest?

8. Rechne. Schreibe dann je drei Beispiele hinzu und rechne wieder.
   a) $1 \cdot 9 + 2$
      $12 \cdot 9 + 3$
      $123 \cdot 9 + 4$
   b) $1 \cdot 9 + 2$
      $21 \cdot 9 + 33$
      $321 \cdot 9 + 444$
   c) $9 \cdot 9 + 7$
      $98 \cdot 9 + 6$
      $987 \cdot 9 + 5$
   d) $11 \cdot 11$
      $111 \cdot 111$
      $1111 \cdot 1111$
   e) $11 \cdot 11$
      $111 \cdot 11111$
      $1111 \cdot 1111111$

8 Vielfache und Teiler

1. Paul möchte 18, Lars möchte 20 Tintenpatronen kaufen. Sie entdecken am Schreibwarenstand ein Sonderangebot: 6 Stück nur 1,35 DM. Können beide die gewünschte Anzahl von Tintenpatronen erhalten?

Bild C 28 ▶

2. In einem Eisenbahnwagen gibt es 11 Abteile; in jedem Abteil sind 6 Sitzplätze. Aus wie vielen Personen kann eine Gruppe bestehen, wenn die Abteile nur jeweils vollständig besetzt werden sollen?

3. Herr Schmidt hat eine rechteckige Fläche im Bad mit 72 Fliesen beklebt. Wie viele Fliesen kann er nebeneinander in einer Reihe geklebt haben?

▲ Bild C 29

4.
$3 \cdot 6 = 18 \qquad 18 : 6 = 3 \qquad 18 : 3 = 6$

18 ist das Sechsfache von 3.	3 ist der sechste Teil von 18.
18 ist das Dreifache von 6.	6 ist der dritte Teil von 18.
18 ist ein Vielfaches von 3.	6 ist ein Teiler von 18.
18 ist ein Vielfaches von 6.	3 ist ein Teiler von 18.

Man schreibt: 6 | 18, 3 | 18
und spricht: 6 teilt 18, 3 teilt 18

5. a) Berechne das Dreifache von 7; 4; 15; 20; 25; 82.
   b) Berechne ein Drittel von 21; 54; 31; 3; 27; 0; 39.
   c) Gib alle Vielfachen von 3 zwischen 19 und 40 an.
   d) Berechne das Siebenfache von 6; 4; 9; 12; 15; 33; 62.
   e) Berechne den siebenten Teil von 35; 56; 77; 140; 700; 777.

6. Ergänze mündlich.
  a) 84 ist das Zweifache von …   b) 7 ist ein Achtel von …
  c) Von … ist 54 die Hälfte.   d) Von … ist 1 ein Achtel.
  e) 376 ist das Einsfache von …   f) Das …fache von 20 ist 100.

7. a) Gib alle Vielfachen von 3 zwischen 47 und 62 an.
  b) Gib alle Vielfachen von 9 zwischen 64 und 69 an.
  c) Gib alle Zahlen zwischen 35 und 47 an, die keine Vielfachen von 3 sind.

BEISPIELE:
8. a) **3** ist ein Teiler von 12 (kürzer: **3 | 12**), **denn** 12 lässt sich als Produkt mit einem Faktor **3** schreiben. $12 = \mathbf{3} \cdot 4$
  b) **1** ist ein Teiler von 12 (kürzer; **1 | 12**), **denn** $12 = \mathbf{1} \cdot 12$.
  c) **12** ist ein Teiler von sich selbst (**12 | 12**), denn $12 = \mathbf{12} \cdot 1$.
  d) **5** ist **kein** Teiler von 12 (kürzer **5 ∤ 12**), **denn** 12 lässt sich **nicht** als Produkt mit einem Faktor 5 schreiben: $12 = \mathbf{5} \cdot \ldots$

---

9. a) Überprüfe, ob *x* ein Vielfaches von *y* ist.

x	56	38	15	21	17	1	24	83
y	7	6	15	3	1	4	8	9

x	7	48	47	55	57
y	49	8	6	11	12

b) Überprüfe, ob *x* ein Teiler von *y* ist.

x	5	7	8	1	13	4	27
y	45	77	66	12	13	84	3

x	7	11	90	9	6
y	50	55	10	80	66

10. Welche der Zahlen 56, 42, 36, 81, 26, 87, 63 sind
  a) Vielfache von 9;   b) nicht Vielfache von 9;
  c) Vielfache von 7;   d) nicht Vielfache von 7;
  e) Vielfache von 7 und 9;   f)* nicht Vielfache von 7 und nicht Vielfache von 9?

11. Welches Zeichen | oder ∤ muss zwischen den Zahlen stehen?
  a) 3 27   b) 6 35   c) 15 5   d) 1 18   e) 7 1   f) 1 1
  g) 15 9   h) 15 15   i) 15 60   j) 60 15   k) 13 69   l) 17 17

12. Kennzeichne und begründe am Zahlenstrahl, dass 24 durch 6 teilbar ist, nicht aber durch 5 teilbar ist.

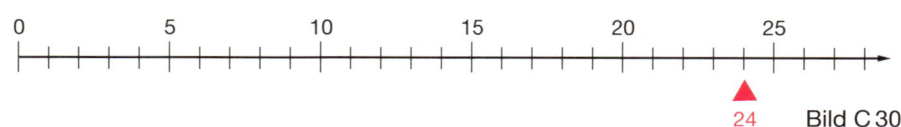

Bild C 30

13. Gib alle Zahlen *b* an, die kleiner als 20 sind und für die 7 | *b* gilt.

9 Teilbarkeitsregeln

1. Gib alle Teiler der Zahl 24 an.

Alle Teiler einer Zahl kann man wie im Bild C 31 schnell und übersichtlich aufschreiben. Es entsteht so ein Zahlenstern.

BEISPIEL:

2. Wir ermitteln alle Teiler von 20, indem wir alle Paare suchen, deren Produkt 20 ist.

Bild C 31 ▶

Alle diese Teiler bilden die **Teilermenge der Zahl 20**. Man kann sie mithilfe geschweifter Klammern aufschreiben oder wie im Bild C 32 darstellen.

Bild C 32 ▶

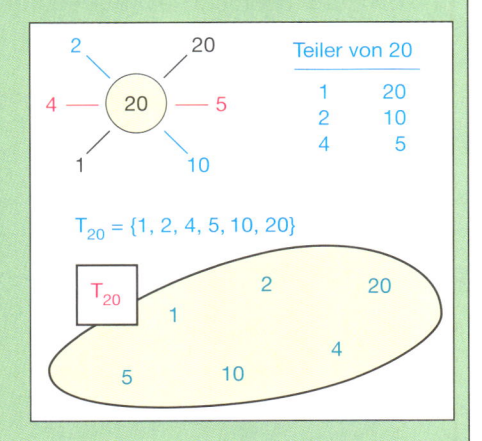

$T_{20} = \{1, 2, 4, 5, 10, 20\}$

---

3. Ermittle alle Teiler von **a)** 54, **b)** 15, **c)** 12, **d)** 49, **e)** 13. Gib jeweils die Teilermengen wie im Bild C 32 an.

4. Schreibe jeweils die Teilermengen **a)** T_{28}, **b)** T_{16}, **c)** T_{56}, **d)** T_{35}, **e)** T_{11}, **f)*** T_{120} mithilfe geschweifter Klammern auf.

5. Suche diejenigen Zahlen heraus, die **a)** durch 4, **b)** durch 5, **c)** durch 6, **d)** durch 7, **e)** durch 8, **f)** durch 9 teilbar sind. Zu prüfen sind die Zahlen:
40, 19, 8, 9, 12, 4, 10, 18, 5, 34, 14, 20, 32, 2, 15.

6. Stelle möglichst schnell fest, welche der folgenden Zahlen **a)** durch 10 teilbar, **b)** durch 5 teilbar, **c)** durch 2 teilbar sind.
230, 345, 518, 431, 670, 736, 915, 1154, 3000, 4105, 9

Jede Zahl, deren letzte Ziffer 0 ist, ist durch 10 teilbar.
Jede Zahl, deren letzte Ziffer 0 oder 5 ist, ist durch 5 teilbar.
Jede Zahl, deren letzte Ziffer 0, 2, 4, 6 oder 8 ist, ist durch 2 teilbar. Durch 2 teilbare Zahlen heißen auch **gerade Zahlen**.

Alle anderen Zahlen sind nicht durch 10, 5 oder 2 teilbar.

7. Welche Zahlen sind **a)** durch 10, **b)** durch 5, **c)** durch 2 teilbar?
   120, 229, 3006, 27600, 75030, 79316, 32689, 32554, 5378

8. Füge an 56738 eine Ziffer an, sodass die dann sechsstellige Zahl
   a) durch 2, **b)** durch 5, **c)** durch 10,
   d) durch 5, aber nicht durch 2, **e)** durch 2, aber nicht durch 5,
   f) durch 10, aber nicht durch 5 teilbar ist.

9. Gib eine vierstellige Zahl an, die die Ziffern 1, 2, 3, 4 enthält und die
   a) durch 2, **b)** nicht durch 2, **c)** durch 5, **d)** nicht durch 5 teilbar ist.

10. Vervollständige die untere Zeile der Tabelle in deinem Heft.

Jede Zahl, die auf	0	2	4	5	6	8	endet,
ist teilbar durch	…	…	…	…	…	…	.

11.* Gib die größte und die kleinste fünfstellige Zahl an, die sich mit den Ziffern 0, 2, 4, 7, 9 schreiben lässt und durch 5 teilbar ist.

Die Regel für 5 kann gut veranschaulicht werden. Hier geschieht das mit den Zahlen 60 und 65:

60 = 6 · 10

10 ist durch 5 teilbar, also auch 6 · 10 = 60.

65 = 60 + 5

60 ist durch 5 teilbar, also auch 60 + 5 = 65.

◄ Bild C 33

---

12. Welche der Zahlen sind durch 4 teilbar? Begründe.
    12, 28, 30, 16, 56, 37, 80, 88, 100, 120, 166, 182, 250, 294
    Überprüfe, ob es für 4 eine Teilbarkeitsregel wie für 2 und 5 gibt.

13. **a)** Schreibe die Zahl 1328 als Summe. Dabei soll ein Summand ein Vielfaches von 100, der andere kleiner als 100 sein.
    b) Schreibe die Zahl 1330 wie im Fall a) als Summe.
    c) Welche dieser beiden Zahlen muss durch 4 teilbar sein? Begründe.

Auch für 4 gibt es eine Teilbarkeitsregel. Sie lässt sich ebenfalls anschaulich begründen, hier am Beispiel für die Zahl 212.

BEISPIEL:

14. 212 = 200 + 12

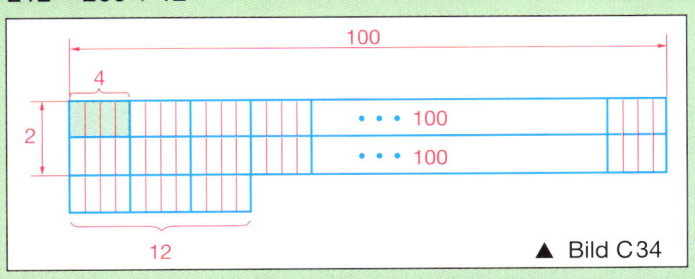

▲ Bild C 34

100 = 25 · **4**
200 = 2 · 25 · **4**

Alle Hunderter sind stets durch 4 teilbar.

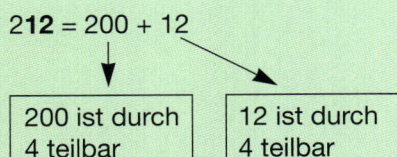

212 = 200 + 12

| 200 ist durch 4 teilbar | 12 ist durch 4 teilbar |

Also ist **212** durch **4** teilbar.

Jede Zahl, deren letzte beiden Ziffern eine durch 4 teilbare Zahl bilden, ist durch 4 teilbar. Alle anderen Zahlen sind nicht durch 4 teilbar.

BEISPIELE:

15. Wir prüfen ohne zu dividieren, ob 52 836 und 73 439 durch 4 teilbar sind:
 a) 4 | 52 **836**, denn 4 | 36, **b)** 4∤73 **439**, denn 4∤39.

16. Welche Zahlen sind durch 4 teilbar? Begründe.
 5 716; 3 120; 9 815; 2 350; 4 980; 25 234; 29 940; 14 478

17. **a)** Gib eine fünfstellige Zahl an, die sich mit den Ziffern 0, 1, 2, 3, 5 schreiben lässt und durch 4 teilbar ist.
 b)* Gib die größte (die kleinste) fünfstellige Zahl an, die sich mit den Ziffern 2, 3, 5, 7, 8 schreiben lässt und durch 4 teilbar ist.

18. Welche Zahlen sind **a)** durch 9, **b)** durch 3 teilbar?
 54; 96; 100; 162; 192; 200; 261; 283
 Überprüfe, ob es auch für die Zahlen 9 und 3 Teilbarkeitsregeln gibt, bei denen die letzte Ziffer oder die letzten beiden Ziffern entscheiden.

19. Man sagt: Die Zahl 318 hat die **Quersumme** 3 + 1 + 8, also 12. Ermittle entsprechend die Quersumme von 54, 100, 162, 261, 283, 3 414.

20. a) Schreibe 234 als Summe von Hundertern, Zehnern und Einern. Zerlege danach die Hunderter und Zehner erneut jeweils in eine Summe, bei der ein Summand ein Vielfaches von 9 und der andere Summand kleiner als 9 ist.
b) Welche Summanden entscheiden über die Teilbarkeit von 234 durch 9?

Für die Teilbarkeit einer Zahl durch 9 oder durch 3 ist die Quersumme der Zahl entscheidend.

BEISPIELE:

21. a) Die Zahl 234 hat die Quersumme 2 + 3 + 4 = 9.
9 ist durch 9 teilbar; also ist 234 durch 9 teilbar.
b) Die Zahl 285 hat die Quersumme 2 + 8 + 5 = 15.
15 ist durch 3 teilbar und nicht durch 9 teilbar.
Also ist 285 durch 3, nicht aber durch 9 teilbar.

Jede Zahl, deren Quersumme durch 9 teilbar ist, ist durch 9 teilbar.
Jede Zahl, deren Quersumme durch 3 teilbar ist, ist durch 3 teilbar.
Alle anderen Zahlen sind nicht durch 3 oder durch 9 teilbar.

Die Regel für die 9 lässt sich am Beispiel der Zahl 234 anschaulich begründen.

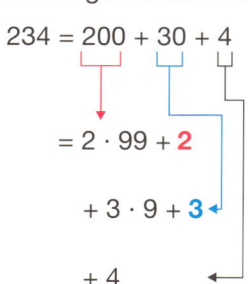

234 = 200 + 30 + 4

= 2 · 99 + **2**

+ 3 · 9 + **3**

+ 4

2 + 3 + 4 = 9 ist durch 9 teilbar, also auch 234.

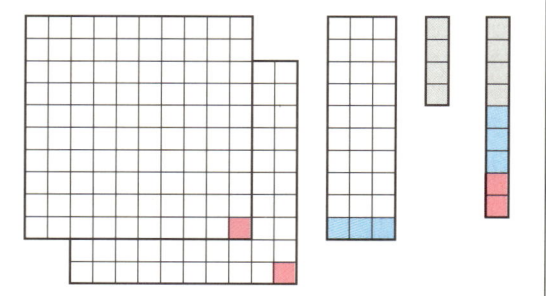

▲ Bild C 35

BEISPIELE:

22. Sind die Zahlen 3546 und 3728 durch 9 oder durch 3 teilbar?

Die Quersumme von 3546 ist 18.	Die Quersumme von 3728 ist 20.
9 ∤ 3546, denn 9 ∤ 18.	9 ∤ 3728, denn 9 ∤ 20.
3 ∤ 3546, denn 3 ∤ 18.	3 ∤ 3728, denn 3 ∤ 20.

23. a) Welche Zahlen sind durch 3 teilbar? 517, 4257, 8721, 24036, 20188, 58761, 1800, 27027, 2727, 7272, 72072, 213421, 5982
b) Welche Zahlen sind durch 9 teilbar? 783, 3481, 99099, 8685, 11201, 26743, 62347, 87444, 48744, 387644, 564291, 300006

24. Welche der folgenden Zahlen sind durch 3, aber nicht durch 9 teilbar?
99, 195, 989, 555, 4257, 8721, 24036, 20188, 58761, 39714

25.* Gib drei fünfstellige Zahlen an, die
    a) durch 3 teilbar sind,   **b)** durch 9 teilbar sind,
    c) nicht durch 3 teilbar sind,   **d)** nicht durch 9 teilbar sind,
    e) durch 3 teilbar, aber nicht durch 9 teilbar sind,
    f) durch 9 teilbar, aber nicht durch 3 teilbar sind.

26.* Welche Zahl ist die kleinste, welche die größte fünfstellige Zahl, die
    a) durch 3 teilbar ist,   **b)** durch 9 teilbar ist?

27.* Übertrage die Tabelle in dein Heft und ergänze sie.

	ist durch 2 teilbar	ist durch 3 teilbar	ist durch 6 teilbar
18			
27			
22			
42			

Für die Zahl 6 gibt es die folgende Teilbarkeitsregel:

> Jede Zahl, die durch 2 und durch 3 teilbar ist, ist durch 6 teilbar.
> Alle anderen Zahlen sind nicht durch 6 teilbar.

28.* **a)** Welche der folgenden Zahlen sind durch 6 teilbar?
    756, 2847, 9462, 5344, 78528, 86421, 88770, 94666
  b) Gib die kleinste und die größte vierstellige Zahl an, die durch 6 teilbar ist.

29.* Formuliere entsprechend zu der Teilbarkeitsregel für 4 eine Teilbarkeitsregel für 25. Überprüfe die Regel an den folgenden Zahlen:
2350, 4980, 14475, 25135, 52300, 63725, 75057

30.* Welche Zahlen sind **a)** durch 6 teilbar, **b)** durch 25 teilbar?
768, 325, 2547, 7300, 9504, 6844, 25650, 75528, 50777

31. Gib an, ob die folgenden Zahlen durch 2, 3, 4, 5, 9 oder 10 teilbar sind.
    a) 3678   **b)** 14586   **c)** 67924   **d)** 23456100   **e)** 4000004
    f) 5925   **g)** 20000   **h)** 72273   **i)** 15656565   **j)** 1111111

32. Gib jeweils an, ob die Aussage wahr oder falsch ist. Begründe.
    a) 2 | 4681   **b)** 9 | 8658   **c)** 3 | 15721   **d)** 5 | 4360
    e) 3 ∤ 4128   **f)** 4 ∤ 6434   **g)** 9 ∤ 17823   **h)** 4 ∤ 24668

33.* Ergänze durch Einfügen von | oder ∤ zu einer wahren Aussage.
  a) 5 45   **b)** 7 56   **c)** 9 79   **d)** 11 77   **e)** 5 47
  f) 6 65   **g)** 6 56   **h)** 4 54   **i)** 8 90   **j)** 3 78

34. Gib jeweils die nächstgrößere Zahl an, die
  a) durch 4,   **b)** durch 3,   **c)** durch 9 teilbar ist.
  526;   718;   937;   1345;   1478;   1997

35.* Auf welche Ziffer kann eine Zahl enden, die teilbar ist
  a) durch 2 und durch 5,   **b)** nicht durch 2 und nicht durch 5,
  c) durch 2, aber nicht durch 5,   **d)** durch 5, aber nicht durch 2?

36. Durch welche Ziffern kann man in der nebenstehenden Tafel die Sternchen ersetzen?

  Bild C 36 ▶

  > 725 * 6 ist durch 4 teilbar.
  > 725 * 6 ist durch 3 teilbar.
  > 725 * 6 ist durch 9 teilbar.
  > 725 * 6 ist durch 5 teilbar.

37.* Schreibe die Teilermengen
  a) T_8 und T_{24},   **b)** T_4 und T_{16},   **c)** T_3 und T_{12},   **d)** T_6 und T_{42}
  auf. Hast du etwas bemerkt?

38.* Zwei Bäuerinnen besitzen zusammen 50 Eier. Die erste sagt: „Die Anzahl meiner Eier ist durch 4 teilbar." Da erwidert die zweite Bäuerin: „Die Anzahl meiner Eier ist durch 9 teilbar."
Wie viele Eier hat die erste Bäuerin in ihrem Korb und wie viele Eier hat die zweite Bäuerin?

39. Peter und Paul verkaufen beim Schulfest Lose. Bei wem würdest du ein Los kaufen, wenn bei Paul die geraden Losnummern und bei Peter die Lose mit einer Primzahl gewinnen?

◀ Bild C 37

40. Jeden Abend gibt es bei Meyers eine lange Diskussion um den Abwasch. Sohn Max schlägt vor zwei Würfel entscheiden zu lassen: Ist die Augensumme durch 3 teilbar, muss Mutter abwaschen. Ist die Augensumme durch 5 oder 7 teilbar, wäscht Max ab. In den anderen Fällen bleibt der Abwasch für den Vater.
Ist diese Regelung gerecht?
Wenn nicht, schlage eine andere Regel vor.

10 Primzahlen

1. Zerlege 18; 20; 6; 7 und 28 in Produkte aus möglichst kleinen Faktoren. (Der Faktor 1 wird dabei ausgeschlossen.)
Verfahre dabei wie in der nebenstehenden Zerlegung von 12. Unterstreiche abschließend diejenigen Faktoren, die sich nicht weiter zerlegen lassen.

▲ Bild C 38

2. Übertrage die nachstehende Tabelle in dein Heft. Vervollständige sie bis 20.

Zahl	Teiler der Zahl	Anzahl der Teiler
1	1	1
2	1, 2	2
3	1, 3	2
4	1, 2, 4	3

Durch welche Zahl ist jede Zahl teilbar?

Außer der Zahl 1 haben alle Zahlen mindestens zwei Teiler.
Es gibt Zahlen, die **genau zwei** Teiler haben, nämlich 1 und sich selbst.
Es gibt Zahlen, die **mehr als zwei** Teiler haben.

Die Zahl 1 hat nur einen Teiler, nämlich 1.
7 hat nur die Teiler 1 und 7.
19 hat nur die Teiler 1 und 19.
15 hat die Teiler: 1, 3, 5, 15.

Zahlen, die nicht zerlegt werden können, nennt man **Primzahlen**. Sie sind größer als 1 und nur durch 1 und durch sich selbst teilbar.
Primzahlen haben also genau zwei Teiler.
Alle übrigen Zahlen sind keine Primzahlen.

Die Primzahlen bis 20: 2, 3, 5, 7, 11, 13, 17, 19

3. Welche Zahlen sind Primzahlen, welche nicht?
   a) 7, 9, 17, 21, 27, 46
   b) 33, 51, 41, 25, 53, 61
   c) 19, 29, 39, 49, 59, 69
   d) 37, 47, 57, 67, 77, 87
   e) 38, 43, 58, 66, 71, 73
   f) 79, 97, 85, 80, 89, 99, 83

4. Ermittle alle Primzahlen von **a)** 15 bis 20, **b)** 20 bis 30, **c)** 30 bis 40, **d)** 100 bis 110, **e)** 210 bis 230.

5.* Wie viele Primzahlen kann es unter 10 aufeinander folgenden zweistelligen Zahlen höchstens geben?

6.* Gib **a)** alle geraden Primzahlen, **b)** alle durch 7 teilbaren Primzahlen, **c)** alle durch 15 teilbaren Primzahlen an.

Man kann nach einem einfachen Verfahren alle Primzahlen bis zu einer beliebigen Zahl „aussieben". Es heißt nach einem griechischen Gelehrten des Altertums „Sieb des Eratosthenes".

Will man zum Beispiel die Primzahlen bis 40 finden, so schreibt man alle Zahlen von 2 bis 40 übersichtlich auf und streicht schrittweise die Zahlen, die keine Primzahlen sein können, durch:

- 2 ist Primzahl; jedes weitere Vielfache von 2 ist keine Primzahl. Also wird jede zweite Zahl danach gestrichen (im Bild rot);
- die nächstgrößere nicht gestrichene Zahl nach 2, also 3, ist Primzahl. Also: jede dritte Zahl danach ist keine Primzahl; auch diese Zahlen werden gestrichen (im Bild grün);
- die nächstgrößere nicht gestrichene Zahl nach 3, also 5, ist Primzahl. Nun wird jede fünfte Zahl gestrichen (im Bild blau) usw.

---

7. **a)** Schreibe alle Zahlen von 2 bis 50 übersichtlich auf. Ermittle mit dem Sieb des Eratosthenes unter diesen Zahlen alle Primzahlen.
b) Ermittle mit dem Sieb des Eratosthenes alle Primzahlen bis 100. Begründe, warum bereits nach dem Streichen der auf 7 folgenden Vielfachen von 7 nur noch Primzahlen stehen bleiben.
c) Was fällt dir über die Abstände zwischen aufeinander folgenden Primzahlen auf?

8. **a)** Gib die kleinste und die größte zweistellige Primzahl an.
   b) Gib die kleinste und die größte dreistellige Primzahl an.

Die Primzahlen sind gleichsam „Bausteine" der natürlichen Zahlen. Jede Zahl, die größer als 1 ist und die keine Primzahl ist, kann als Produkt solcher *Bausteine*, also als Produkt von Primzahlen, geschrieben werden.

BEISPIELE:
Die Primzahlen 3 und 5 sind Bausteine von 15, denn $15 = 3 \cdot 5$.
Die Primzahlen 2, 5, 7 sind Bausteine von 140, denn $140 = 2 \cdot 2 \cdot 5 \cdot 7$.
Man sagt: Die Zahlen 15 und 140 sind in **Primfaktoren zerlegt**.

So kann man eine Zahl in ein Produkt von Primfaktoren zerlegen:

$72 = 9 \cdot 8$	oder	$72 = 2 \cdot 36$
$72 = 3 \cdot 3 \cdot 2 \cdot 4$		$72 = 2 \cdot 2 \cdot 18$
$72 = 3 \cdot 3 \cdot 2 \cdot 2 \cdot 2$		$72 = 2 \cdot 2 \cdot 2 \cdot 9$
		$72 = 2 \cdot 2 \cdot 2 \cdot 3 \cdot 3$

Dieses Produkt nennt man **Primfaktorenzerlegung** von 72.
Es gibt für 72 (bis auf die Reihenfolge der Faktoren) nur eine einzige Primfaktorenzerlegung. Sie ist also **eindeutig**.
Kurzschreibweise unter Verwendung von Potenzen: $72 = 2^3 \cdot 3^2$

9.* Zerlege in Primfaktoren. Versuche es auf verschiedene Weise und vergleiche.
   a) 24   **b)** 44   **c)** 46   **d)** 49   **e)** 42   **f)** 96   **g)** 81   **h)** 144

10.* Zerlege in Primfaktoren. Fasse gleiche Faktoren mithilfe von Potenzen zusammen.
   a) 36   **b)** 60   **c)** 140   **d)** 112   **e)** 125   **f)** 150   **g)** 256
   h) 306   **i)** 400   **j)** 1 200   **k)** 1 024   **l)** 4 500   **m)** 625   **n)** 68 600

11.* Zerlege in Primfaktoren.
   a) 10   **b)** 100   **c)** 1 000   **d)** 10 000   **e)** 100 000

12.* Welches der folgenden Produkte ist eine Primfaktorenzerlegung?
   Falls ein Produkt keine Primfaktorenzerlegung ist, zerlege weiter.
   a) $2 \cdot 2 \cdot 3 \cdot 5$ **b)** $8 \cdot 12$ **c)** $6 \cdot 7 \cdot 8$ **d)** $2 \cdot 35$ **e)** $2 \cdot 11 \cdot 13$

13.* Gib alle Zahlen bis 100 an, in deren Primfaktorzerlegung
   a) nur die Primzahl 2 vorkommt,
   b) nur die Primzahl 3 vorkommt.

Weitere Aufgaben

14.* Zerlege **a)** 56, **b)** 154 in Primfaktoren. Nenne aufgrund der Primfaktorenzerlegung Teiler der Zahl.

15. **a)** Zerlege die Zahlen 42 und 63 in Primfaktoren.
b)* Nenne aufgrund der Primfaktorenzerlegungen Zahlen, die Teiler sowohl von 42 als auch von 63 sind.

16.* Ute hat ein Rechteck gezeichnet. Die Zahlenwerte der Seitenlängen sind natürliche Zahlen.
a) Kann der Umfang ihres Rechtecks eine Primzahl sein?
b) Kann der Flächeninhalt ihres Rechtecks eine Primzahl sein?

17.* Sven behauptet: „Wenn ich zu irgendwelchen Vielfachen von 6 den Vorgänger oder den Nachfolger bilde, erhalte ich stets eine Primzahl." Stimmt das?

18.* Anja behauptet: „Welche Zahl man auch immer für n in $n \cdot n + n + 11$ einsetzt, stets erhält man eine Primzahl."
Überprüfe ihre Behauptung. Übertrage die folgende Tabelle in dein Heft und ergänze.

n	0	1	2	3	4	5	6	7	8	9	10
$n \cdot n + n + 11$											

Hat Anja Recht?

19.* Berechne:
a) $2 \cdot 3 + 1$ **b)** $2 \cdot 3 \cdot 5 + 1$ **c)** $2 \cdot 3 \cdot 5 \cdot 7 + 1$ **d)** $2 \cdot 3 \cdot 5 \cdot 7 \cdot 11 + 1$
Was vermutest du? Überprüfe, welche dieser Summen eine Primzahl ist. Überprüfe deine Vermutung an der Summe $2 \cdot 3 \cdot 5 \cdot 7 \cdot 11 \cdot 13 + 1$.

Übungen

1. In einer Schachtel sind 7 gelbe, 7 rote, 7 grüne und 7 blaue Knöpfe. Du darfst in die Schachtel nicht hineinschauen. Wie viele Knöpfe musst du herausnehmen, damit du sicher zwei Knöpfe gleicher Farbe dabei hast?

2. Rechne im Kopf:

a) 18 + 32 + 72	**b)** 123 − 42 − 52	**c)** 125 − 37 + 24	**d)** 16 · 5
65 + 78 + 135	212 − 92 − 33	287 − 96 + 35	19 · 8
37 + 24 + 53	256 − 72 − 25	174 + 58 − 38	13 · 12
98 + 53 + 29	300 − 76 − 45	152 + 62 − 84	15 · 13
73 + 65 + 15	415 − 96 − 45	126 − 45 + 36	17 · 18

D Geld, Masse, Zeit

1 Betty geht einkaufen

1. a) Welche Scheine und Münzen unserer Währung fehlen auf dem Bild D 1? Ordne die Scheine und Münzen nach ihrem Wert.
   b) Welche Geldsumme ist auf dem Bild abgebildet?

2. a) Wandle in Pfennige um:
   3 DM;   5 DM;   1 DM;
   7 DM;   12 DM;   17 DM
   b) Wandle in DM um:
   200 Pf; 600 Pf; 100 Pf;
   1 000 Pf; 1 300 Pf
   c) Schreibe als DM:
   45 Pf;   56 Pf;   10 Pf;
   8 Pf

▲ Bild D 1

3. BEISPIEL:
Der Fahrschein kostet 2 DM und 50 Pfennig.
Man schreibt dafür auch 2,50 DM.

Bild D 2 ▶

4. a) Wie schreibt man 2 DM und 5 Pfennig?
   b) Wie viel DM und wie viel Pfennig sind 24,35 DM; 17,64 DM; 10,01 DM; 5,04 DM; 1,01 DM; 1,10 DM; 11,01 DM; 10,10 DM?

5. a) Schreibe mit Komma: 6 DM 24 Pf;   28 DM 87 Pf;   8 DM 4 Pf;
   191 DM 40 Pf,   0 DM 23 Pf;   0 DM 3 Pf;   56 DM 70 Pf;   20 DM 2 Pf
   b) Schreibe ohne Komma: 3,20 DM; 25,09 DM; 13,50 DM; 10,01 DM;
   0,67 DM;   0,08 DM

6. Kai geht mit seiner Mutter einkaufen. Sie bezahlt mit einem 50-DM-Schein. Wie viel bekommt sie zurück, wenn sie den folgenden Betrag zu zahlen hat?
 a) 23,56 DM   **b)** 9,79 DM   **c)** 30,18 DM   **d)** 41,07 DM   **e)** 10,01 DM
 f) 20,09 DM   **g)** 49,01 DM   **h)** 29,90 DM   **i)** 49,99 DM   **k)** 6,66 DM

7. Betty geht Obst einkaufen. Vater hat ihr 20 DM mitgegeben. Stelle selbst einige Einkaufskörbe zusammen.

3 kg ANANAS 5,90 DM
MELONEN 500 g -,85 DM
BLUTAPFELSINEN 3 kg 5,20 DM
GURKEN Stück -,98 DM
TOMATEN 500 g 1,49 DM
PFLAUMEN 500 g 1,90 DM

▲ Bild D 3

8. Nina erhält im Monat 15 DM Taschengeld. Sie kauft sich ein Eis für 1,50 DM, zwei Hefte zu je 80 Pf, einen Fahrschein für eine Busfahrt zu 2,70 DM und Faserstifte zu 5,29 DM. Nun möchte sie mit ihrer Freundin ins Kino gehen. Eine Karte kostet 3,50 DM. Kann Nina die Karte noch bezahlen?

9. Dirks Vater geht Getränke für das Wochenende einkaufen. Eine Flasche Limonade kostet 85 Pf, eine Tüte Fruchtsaft 1,19 DM. Wie viel muss Dirks Vater bezahlen, wenn er folgende Mengen kauft?
 a) 6 Flaschen Limonade   **b)** 8 Tüten Saft   **c)** 12 Tüten Saft
 d) 15 Flaschen Limonade   **e)** 4 Flaschen Limonade und 6 Tüten Saft
 f) 8 Flaschen Limonade und 3 Tüten Saft

10. a) Bernd isst mit seinen Eltern in der Gaststätte. Vater wählt Karpfen, Mutter und Bernd entscheiden sich für Kohlrouladen. Sie trinken jeder eine Limonade zu 1,65 DM. Wie viel Mark hat die Familie zu bezahlen?
 b) Bernds Vater gibt dem Wirt einen 100-DM-Schein. Wie viel bekommt er zurück?
 c) Bilde selbst Aufgaben.

Bild D 4 ▶

SPEISEKARTE
PILZSUPPE   3,40 DM
SZEGEDINER GULASCH   8,10 DM
KOHLROULADEN   8,60 DM
WURSTNUDELN   7,90 DM
KARPFEN, BLAU   11,40 DM
SCHNITZEL, MISCHGEMÜSE   10,20 DM

11. Eine Flasche Brause kostet 60 Pf. Kauft man einen ganzen Kasten mit 25 Flaschen braucht man nur 14,49 DM zu bezahlen. Rechne aus, wie viel Mark 25 einzelne Flaschen Brause kosten und vergleiche.

12. René will mit seinen Feunden zum Fußball gehen. Eine Eintrittskarte für Kinder kostet 3,50 DM.
    a) Wie viel DM muss René bezahlen, wenn er für seine Freunde Rico, Istvan und Daniel Karten mitbringt?
    b) Wie viel DM muss René bezahlen, wenn er für acht Freunde Karten mitbringt?
    c) Wie viele Karten könnte René für 20 DM kaufen? Wie viel DM behält er dann übrig?

13. Lisa bezahlt für 14 Hefte 9,66 DM. Wie teuer ist ein Heft?
    Lösung: Wir rechnen den Betrag in Pf um und dividieren ihn durch 14.

    9,66 DM = 966 Pf
    966 : 14 = 69
    84

    126
    126

    0

    Ein Heft kostet 69 Pf!
    Stimmt!

    ▲ Bild D 5

14. Rechne aus, was ein Artikel kostet.
    a) 5 Kohlrabi kosten 4,25 DM.
    b) 8 Kiwi kosten 4,72 DM.
    c) 7 Schokoladenriegel kosten 8,68 DM.
    d) 9 Stücken Kuchen kosten 13,05 DM.
    e) 12 Büchsen kosten 27,48 DM.
    f) 16 Tüten Milch kosten 22,24 DM.

15. Rechne aus, wie viele Artikel gekauft wurden.
    a) Ein Artikel kostet 80 Pf. Es werden 6,40 DM bezahlt.
    b) Es werden 14,40 DM bezahlt. Ein Artikel kostet 1,20 DM.
    c) Ein Artikel kostet 60 Pf, insgesamt werden 10,20 DM bezahlt.
    d) Insgesamt werden 24 DM bezahlt, wobei ein Artikel 1,50 DM kostet.

16. 50 Pfennig können durch eine Münze, aber auch durch 50 Münzen gegeben sein. Um was für Münzen handelt es sich in diesem Fall?
    Nenne weitere Möglichkeiten.
    Zeichne sie auf.

17. Axels Oma hat 100 DM in Scheinen in der Geldbörse. Überlege, was für Scheine das sein können. Schreibe alle Möglichkeiten auf, die du findest.

18. Udo möchte für 2 DM Süßigkeiten kaufen. Ihm schmecken die Riegel zu 40 Pf, die Eisbonbons zu 30 Pf und die gefüllten Bonbons zu 50 Pf. Schreibe auf, was Udo kaufen könnte.

Übungen

Rechne im Kopf und beachte dabei mögliche Rechenvorteile.

1. ↑   a) 14 · 3   b) 48 · 2   c) 2 · (15 + 45)
     d) 52 − 18 + 26   e) 72 : 12   f) 68 : 4
     g) 48 : 2 − 8   h) 48 + 29 + 11   i) 4 · 45
     j) 186 : 3   k) 5 · (7 + 143)   l) 183 + 9 − 43

2. ↑   a) 19 · 13   b) 17 · 16   c) 360 − 45 − 15   d) 43 · 2 · 5
     e) 288 : 12   f) 240 : 16   g) 4 · 7 · 25   h) 15 · 4 · 37
     i) 45 : 9 · 7   j) 60 : 5 : 4   k) 23 · 6 : 2   l) 17 · 12 : 4

3. ↑   a) 25 · 7   b) 14 · 15   c) 47 − (17 + 29)   d) 50 · 19 · 4
     e) 56 : 4   f) 144 : 12   g) 8 · 27 : 3   h) (8 · 27) : 3

4. Warum muss das falsch sein? Begründe ohne nachzurechnen.
     a) 734 · 258 = 389 172   b) 734 · 258 = 89 732
     c) 734 · 258 = 217 389   d) 734 · 258 = 287 391

5. Nenne die Zahl, die in den Kasten gehört.
     a) 52 + ☐ = 99   b) ☐ + 102 = 212   c) 560 − ☐ = 415
     d) 12 · ☐ − 5 = 55   e) 17 · ☐ + 15 = 100   f) 154 : ☐ − 1 = 10
     g) 35 · ☐ − 15 = 90   h) 27 − ☐ · 0 = 27   i) 180 : 12 + 15 = ☐

6. Das richtige Ergebnis ist dabei. Suche es heraus ohne nachzurechnen.
     a) 4464 : 48 = | 92 oder 83 oder 903 oder 93 oder 103
     b) 7790 : 38 = | 310 oder 25 oder 205 oder 207 oder 250
     c) 35 · 17   = | 1000 oder 95 oder 595 oder 377 oder 505
     d) 88 · 88   = | 8888 oder 8800 oder 1004 oder 7744 oder 924

7. Rechne vorteilhaft: a) 35 · 207   b) 102 · 314   c) 2 · 873 · 5

8.   a) $\frac{1}{2}$ von 36 m   b) $\frac{1}{2}$ von 500 cm   c) $\frac{1}{4}$ von 24 Stunden

     a) $\frac{1}{4}$ von 2 DM   b) $\frac{1}{4}$ von 100 m   c) $\frac{1}{2}$ von 14 kg

2 Ist es schwer oder leicht?

1. Was ist schwerer: ein Blatt Papier, ein Mathematikbuch, ein Fahrrad, eine Schulmappe, eine Briefmarke?
   Ordne die Gegenstände. Beginne mit dem schwersten Gegenstand.

2. Das Bild D 7 zeigt einige Gegenstände. In welcher Maßeinheit würdest du die Masse angeben: in Gramm, in Kilogramm oder in einer anderen Einheit?
   Schätze die Masse zuerst. Erkundige dich dann.

▲ Bild D 7

3. Überlege, wo folgende Aufschriften zu finden sind:
   - Höchstbelastung 8 Personen oder 500 kg
   - Zulässiges Gesamtgewicht 1 140 kg
   - Fischeinwaage 120 g
   - Zusammensetzung: Ascorbinsäure 150 mg
     Coffein 25 mg
     ...

Die Masse eines Körpers wird durch Vergleich mit einer Masseneinheit gemessen. Eine Einheit ist das Kilogramm. Es entspricht der Masse von einem Liter Wasser.

Einheiten der Masse

1 Tonne	1 t = 1 000 kg	Ein Straßenbahnwagen wiegt ungefähr 20 t.
1 Kilogramm	1 kg = 1 000 g	1 Liter Milch wiegt ungefähr 1 kg.
1 Gramm	1 g = 1 000 mg	Ein Stück Würfelzucker wiegt ungefähr 3 g.
1 Milligramm	1 mg	Eine Briefmarke wiegt ungefähr 12 mg.

Im Alltag sagt man meistens Gewicht statt Masse.

4. Rechne in die nächstkleinere Einheit um:
   a) 4 kg; 9 kg; 3 kg; 6 kg; 12 kg; 20 kg; 40 kg
   b) 3 g; 1 g; 5 g; 8 g; 14 g; 50 g; 230 g; 2,5 g
   c) $\frac{1}{2}$ kg; $2\frac{1}{2}$ kg; 267 kg; 7 g; 30 g; $\frac{1}{2}$ g; $3\frac{1}{2}$ g
   d) 2 t; 4 t; 11 t; 25 t; 100 t; $1\frac{1}{2}$ t; 60 t

5. Rechne in die nächstgrößere Einheit um:
   a) 5000 g; 3000 g; 18000 g; 1000 g; 500 g; 10000 g
   b) 2000 kg; 8000 kg; 10000 kg; 12000 kg; 500 kg; 1500 kg
   c) 6000 mg; 9000 mg; 1000 mg; 14000 mg; 20000 mg; 900 mg

6. Rechne jeweils in die kleinere Einheit um:
   a) 1 t 420 kg; 12 t 180 kg; 20 t 550 kg; 10 t 60 kg; 3 t 6 kg
   b) 2 kg 500 g; 1 kg 100 g; 7 kg 670 g; 6 kg 80 g; 10 kg 7 g
   c) 3 g 100 mg; 5 g 326 mg; 72 g 290 mg; 120 g 500 mg

7.* Das Bild D 8 zeigt eine alte Apothekerwaage mit dazugehörigen Wägestücken. Ein Wägesatz besteht aus den folgenden Stücken:
   1 × 50 g; 2 × 20 g; 1 × 10 g; 1 × 5 g; 2 × 2 g; 1 × 1 g
   1 × 500 mg; 2 × 200 mg; 1 × 100 mg; 1 × 50 mg; 2 × 20 mg; 1 × 10 mg
   (Im Bild D 8 sind auch 5 mg, 2 × 2 mg und 1 × 1 mg enthalten.)
   Mit welchen Wägestücken kann man 5 g (9 g 800 mg; 9 g) einer Arznei abwiegen? Überlege, ob es mehrere Möglichkeiten gibt.

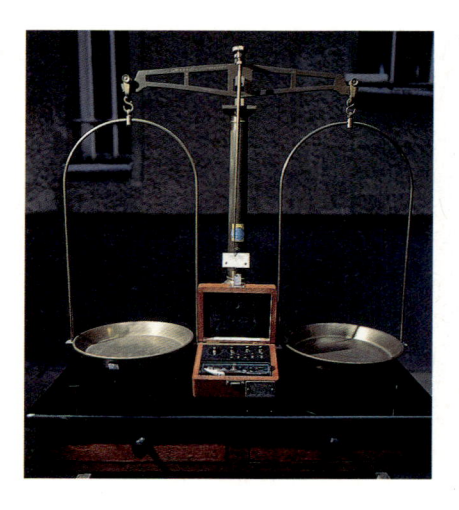

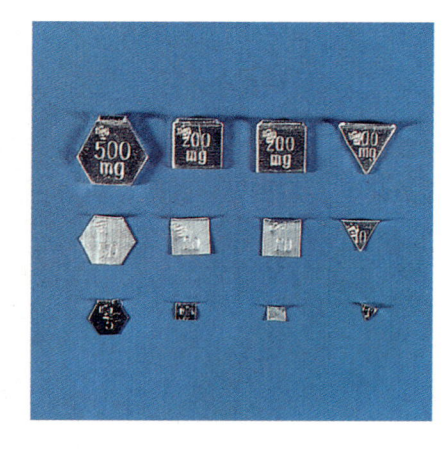

▲ Bild D 8

8.* a) Sieh dir die Tabelle auf der vorherigen Seite an. Überlege, was „Milli" und was „Kilo" bedeuten. Vergleiche mit Kilometer und Millimeter.
   b) Vergleiche Meter und Dezimeter. Was bedeutet der Vorsatz „Dezi"?

9.* Eine Dezitonne (1 dt) ist der zehnte Teil von einer Tonne (1 t). Rechne in Kilogramm um:

a) 1 dt; 3 dt; 5 dt; 12 dt; 25 dt; $\frac{1}{2}$ dt; $5\frac{1}{2}$ dt; 10 dt

b) 1 t 5 dt; 3 t 4 dt; 50 t 8 dt; $2 t \frac{1}{2}$ dt; $\frac{1}{4}$ dt; $3 t \frac{1}{4}$ dt

10. Das zulässige Gesamtgewicht (d. h. die gesamte Masse) eines beladenen Fahrzeugs wird mit höchstens 1 140 kg angegeben. Wie viel kann zugeladen werden, wenn das Eigengewicht des Fahrzeugs **a)** 845 kg, **b)** 710 kg, **c)** 790 kg, **d)** 665 kg beträgt?

11.* Das Bild D 9 zeigt einige Lebensmittel mit der Angabe ihrer Masse. Ina möchte ein Paket aus diesen Waren zusammenstellen. Es soll nicht schwerer als 3 kg und nicht leichter als 2,5 kg sein. Was könnte Ina einpacken?

▲ Bild D 9

12. 20 t Kartoffeln sollen in 5-kg-Portionen abgepackt werden. Wie viele Beutel werden benötigt?

13. Auf einer Baustelle werden 120 t Kies benötigt. Ein LKW mit Hänger befördert bei einer Fahrt 15 t. Wie oft muss der LKW mit Hänger fahren?

14. BEISPIEL:

Was bedeutet die Aufschrift „4,350 kg" auf einer Tüte Blumenerde?

Statt 4 kg 350 g schreibt man auch 4,350 kg.

kg	g		
	H	Z	E
4	3	5	0

15. Frau Sauer hat 1,4 kg Obst für ihre Kinder Angela, Bob, Christina und Diana gekauft. Wie viel bekommt jedes Kind, wenn das Obst von der Mutter gleichmäßig auf die Kinder verteilt wird?

16. Rechne in Gramm um:
1,600 kg;   2,455 kg;   12,050 kg;   10,780 kg;   3,5 kg;   8,007 kg

17. Rechne in Kilogramm um. Schreibe mit Komma:
1450 g;   3920 g;   7500 g;   15 900 g;   24 800 g;   2 030 g;   500 g

18.* Schreibe mit Komma:
$2\frac{1}{2}$ kg; $1\frac{1}{2}$ kg; $\frac{1}{2}$ kg; $\frac{1}{4}$ kg; $3\frac{1}{4}$ kg; $15\frac{1}{2}$ kg; $1\frac{1}{4}$ kg; $10\frac{1}{2}$ kg

19. Rechne in die nächstkleinere Einheit um:
a) 1,537 t;   5,600 t;   7,8 t;   12,5 t;   0,5 t;   0,25 t;   1,5 t
b) 1,375 g;   2,500 g;   9,750 g;   3,5 g;   0,5 g;   0,25 g;   10,5 g

20. Rechne in die nächstgrößere Einheit um. Schreibe mit Komma:
a) 2 500 kg;   8 650 kg;   7 500 kg;   10 600 kg;   500 kg;   250 kg;   750 kg
b) 1 500 mg;   1 980 mg;   10 370 mg;   500 mg;   750 mg;   250 mg;   1 050 mg

21. Bestimmt das Gewicht jedes Schülers eurer Klasse mit einer Personenwaage. Tragt die Ergebnisse in eine Strichliste ein.
a) Welches Gewicht ist am häufigsten?
b) Wie groß ist die Differenz zwischen dem größten und dem kleinsten gemessenen Wert?

22.* Lies aus dem nebenstehenden Streifendiagramm ab, wie schwer die Tiere durchschnittlich werden.
(1) Königstiger   (2) Braunbär
(3) Wildschwein (4) Rothirsch
(5) Rentier

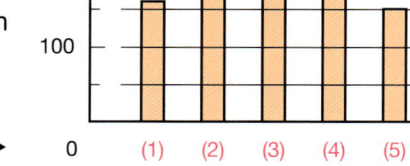

Bild D 10 ▶

Ein Blick in die Geschichte des Wägens

Der Austausch von Waren, der aufkommende Handel, machten schon vor langer Zeit Waagen und Wägestücke erforderlich. Dabei waren die verwendeten Maßeinheiten zunächst sehr unterschiedlich in den einzelnen Ländern und Regionen. So gab es zum Beispiel um das Jahr 1750 allein in Süddeutschland etwa 80 verschiedene Pfunde.

Ein Pfund, das waren in Braunschweig ≈ 498 g, in Frankfurt am Main ≈ 505 g, in Leipzig ≈ 467 g, in Nürnberg ≈ 510 g.

Einheitliche Maßeinheiten waren dringend notwendig um den Handel zu vereinfachen und Betrügereien einzudämmen. In Frankreich wurde aus einem Edelmetall, aus Platin, ein Muster für 1 kg aufbewahrt. Dieses Urkilogramm diente als Muster für alle Länder, die sich diesem System anschlossen, Deutschland tat das im Jahre 1872.

Einige alte Maße: 1 Pfund = 500 g;   1 Zentner = 100 Pfund = 50 Kilogramm
             1 Unze = 2 Lot = 29 g;   1 Karat = 200 mg

3 … Wann und wie lange?

1. Welche Zeiteinheiten würdest du für folgenden Zeitangaben verwenden:
   a) für die Dauer der Sommerferien,
   b) für die Dauer einer Kontrollarbeit,
   c) für die Angabe deines Alters,
   d) für die Zeit zum Lesen dieser Aufgabe,
   e) für die Zeit, in der du 100 m laufen kannst,
   f) für die Zeit, die zum Aufziehen eines Baumes notwendig ist?

2. Entscheide, ob ein Zeitpunkt oder eine Zeitspanne angegeben ist.
   a) Die reine Spielzeit beträgt bei einem Eishockeyspiel 60 Minuten.
   b) Kai wurde am 31. 7. 1982 um 10.21 Uhr geboren.
   c) Der Sonnenuntergang ist heute um 19.36 Uhr.
   d) Die wöchentliche Arbeitszeit beträgt 37 Stunden.
   e) Arbeitsbeginn ist um 7.15 Uhr.
   f) Der Mathematiker Carl Friedrich Gauss wurde am 30. 4. 1777 geboren.
   g) Gauss wurde 77 Jahre alt.

> **Zeitpunkte** geben wir durch den Kalendertag und die Uhrzeit an.
> **Zeitspannen** messen wir in Sekunden, Minuten, Stunden, Tagen, Wochen, Monaten und Jahren.
> Die Einheiten der Zeit sind **nicht** nach dem dekadischen System aufgebaut. Die Umrechnungszahlen sind deshalb keine Vielfache von 10.

Tag	1 d = 24 h	1 Jahr = 12 Monate
Stunde	1 h = 60 min	1 Monat = 30 Tage
Minute	1 min = 60 s	1 Woche = 7 Tage
Sekunde	1 s	

3. Rechne in die nächstkleinere Einheit um:
   a) 4 h; 6 h; $\frac{1}{4}$ h; 2 min; 7 min; $\frac{1}{2}$ min; 3 d; 5 d; $1\frac{1}{2}$ d; $\frac{1}{4}$ d
   b) 3 h; 9 h; $1\frac{1}{2}$ h; 12 h; $3\frac{1}{2}$ h; 5 min; $2\frac{1}{2}$ min; $\frac{1}{4}$ min; $1\frac{1}{2}$ min; 2 d; $2\frac{1}{2}$ d

4. Rechne in die nächstgrößere Einheit um:
   a) 360 s; 120 s; 1200 s; 30 s
   b) 180 s; 540 s; 480 s; 15 s
   c) 120 min; 300 min; 30 min
   d) 240 min; 90 min; 15 min
   e) 72 h; 96 h; 12 h; 6 h; 120 h
   f) 48 h; 24 h; 36 h; 60 h

Im Geschäftsleben wird der Monat mit 30 Tagen gerechnet. In Wirklichkeit haben die Monate 28 bis 31 Tage, das Jahr 365 Tage, das Schaltjahr sogar 366 Tage.

5. a) Schreibe auf, wie viele Tage die einzelnen Monate des Jahres haben.
b) Rechne aus, aus wie vielen Tagen das erste Vierteljahr besteht.
Gib auch an, aus wie vielen Tagen die anderen Vierteljahre bestehen.

> Wir rechnen Zeitspannen aus.
> **6.** BEISPIEL: Wie groß ist die Zeitspanne von 7.40 Uhr bis 11.16 Uhr?
> Lösung: Von 7.40 Uhr bis 8.00 Uhr sind es 20 min.
> Von 8.00 Uhr bis 11.00 Uhr sind es 3 h.
> Von 11.00 Uhr bis 11.16 Uhr sind es 16 min.
> Insgesamt beträgt die Zeitspanne also 3 h 36 min.

7. a) Lies aus dem Bild D 11 die Zeitpunkte A, B, C und D ab.
b) Ermittle die Zeitspannen von A bis B, von A bis C, von A bis D und von B bis D.

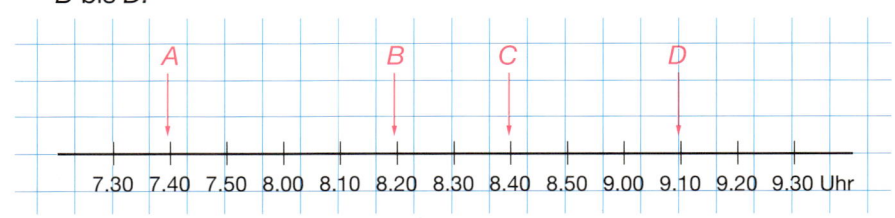

▲ Bild D 11

8. Wie viel Zeit vergeht von
a)   8.16 Uhr bis 9.35 Uhr,   b) 11.21 Uhr bis 15.10 Uhr,
c) 18.36 Uhr bis 0.12 Uhr,   b)   7.58 Uhr bis 10.42 Uhr?

9. Lies folgende Zeitangaben:
13 : 12 min; 1 : 26 : 14 h; 3 : 06 : 04 h; 15 : 07 min; 14 : 56 : 03 h; 23 : 59 : 59 h

10. Rechne in die Einheit um, die in Klammern steht.
a) 5 h (min); 6 min (s); 3 h 15 min (min); 8 min 20 s (s); 6 d (h)
b) 12 h (min); 300 min (h); 48 h (d); 4 h 10 min (min); 150 s (min)

11. Unterrichtsstunden dauern 45 Minuten. An einer Schule sind folgende Pausen in dieser Reihenfolge vorgesehen: 10 min; 15 min; 10 min; 20 min; 25 min. Der Unterricht beginnt um 8.00 Uhr. Wann endet die 6. Stunde?

12. Am 21. April 1991 fand der 11. London-Marathon mit über 24 000 Teilnehmern statt.
Bei den Frauen siegte die Portugiesin Rosa Mota in 2 : 26 : 14 h für die 42,195 km lange Strecke. Die Deutsche Kathrin Dörre wurde Vierte. Sie war 2 min 43 s länger unterwegs als die Siegerin.

13.* Miss mit einer Stoppuhr die Zeit, die ein Pendel für zehn volle Hin- und Herbewegungen benötigt.
Verändere nun die Länge des Pendels und miss erneut die Zeit.

   a) Lege eine Tabelle an.

Länge in cm	Zeit in s

   b) Bei welcher Länge des Pendels beträgt die Zeitdauer für eine Hin- und Herbewegung 1 s? Probiere es aus.

   c) Bei welcher Länge des Pendels beträgt die Zeitdauer für eine Hin- und Herbewegung 2 s?

▲ Bild D 12

14. Suche dir einen Mitschüler aus. Zähle, wie oft er in einer Minute atmet.
   a) Wie oft atmet dein Mitschüler in einer Stunde?
   b) Wie oft atmet dein Mitschüler an einem Tag?
   c) Wenn du die Atemzüge deines Mitschülers über 24 Stunden zählen könntest, würdest du vermutlich eine andere Zahl als die errechnete erhalten. Erkläre.

15. Ermittle, wie oft dein Herz in einer Minute schlägt, und zwar
   a) nach einer Zeichenstunde,
   b) nach einer Mathematikstunde,
   c) nach einer Sportstunde.

16. Fasse die Ergebnisse aller Schüler der Klasse aus Aufgabe 15 getrennt nach a), b) und c) in einer Strichliste zusammen. Vergleicht die Strichlisten. Was stellt ihr fest?

17. **a)** Rechne in Wochen um: 7 d; 21 d; 35 d; 70 d; 105 d
   b) Rechne in Jahre um: 24 Monate; 60 Monate; 36 Monate; 30 Monate
   c) Rechne in Jahre um: 720 d; 360 d; 1 080 d; 900 d; 180 d

18. **a)** Rechne in Tage um: 2 Wochen; 6 Wochen; 8 Wochen; 10 Wochen
   b) Rechne in Monate um: 4 Jahre; 6 Jahre; $1\frac{1}{2}$ Jahre; $3\frac{1}{2}$ Jahre

19. Der erste künstliche Himmelskörper (Sputnik 1) wurde am 4. Oktober 1957 in Kasachstan gestartet und umkreiste die Erde bis zum 3. Januar 1958. Wie viele Tage befand sich Sputnik 1 im Weltall?

20. An einem Sommertag ging die Sonne um 3.36 Uhr auf und um 20.26 Uhr unter. An einem Wintertag war um 8.00 Uhr Sonnenaufgang und bereits um 15.47 Uhr Sonnenuntergang.

Wie lang war jeweils die Zeit zwischen Sonnenaufgang und Sonnenuntergang?

21.
a) Wie viele Stunden hat das Strandbad täglich geöffnet?
b) Wie viele Tage hat das Strandbad im Jahr geöffnet?
c) Wie viele Stunden hat das Strandbad im Juli geöffnet?

Bild D 13 ▶

WALDBAD NASSENFELDE
ÖFFNUNGSZEITEN
1.5. – 31.5.   9 – 19 UHR
1.6. – 31.8.   7 – 20 UHR
1.9. – 30.9.   9 – 18 UHR

22.
a) Wie lange ist der Ausflugsdampfer bei einer Rundfahrt unterwegs?
b) Karin und Eric machen mit ihren Eltern einen Ausflug. Sie fahren um 9.10 Uhr von zu Hause mit dem Fahrrad los. Nach 75 Minuten erreichen sie den Luisenpark. Von dort fahren sie mit dem nächsten Schiff zur Ferieninsel. Dort baden sie und spielen mehr als zwei Stunden. Wann werden sie wieder zu Hause sein?

Seerundfahrt		A	B	C	D
Luisenpark	ab	10.15	12.15	14.00	16.15
Brückenstraße	↓	10.35	12.35	14.20	16.35
Ferieninsel	↓	11.05	13.05	14.55	17.05
Luisenpark	an	11.55	13.55	15.50	17.50

23.
a) Runde auf Minuten:
3 min 25 s;   5 min 53 s;   4 min 7 s;   95 s;   8 min 36 s;   195 s;
12 min 55 s;   375 s;   6 min 31 s;   6 min 29 s

b) Runde auf Stunden:
4 h 9 min;   8 h 50 min;   458 min;   5 h 35 min;   3 h 40 min;
136 min;   2 h 3 min;   12 h 29 min;   12 h 31 min

24. Markus wundert sich. Er rechnet: „Ich habe pro Tag 6 Stunden Unterricht, also 18 Stunden frei. Im Jahr sind das 365 · 18 Stunden, also 6570 Stunden. Das sind rund 270 Tage. Außerdem habe ich jeden Sonnabend und jeden Sonntag frei, das sind zusammen über 100 Tage im Jahr. Dazu kommen aber noch 12 Wochen Ferien, also weitere 84 Tage. Ich habe also im Jahr 474 Tage frei." Ist das nicht merkwürdig?

E Flächeninhalt und Rauminhalt

1 Welche Fläche ist größer?

1. Zeichne folgende Rechtecke auf ein Blatt Papier.
   a) 9 cm lang; 3 cm breit   **b)** 7 cm lang; 4 cm breit
   Schneide die Flächen aus und vergleiche ihre Größen miteinander.

2. Familie Lehmann ist in eine neue Wohnung eingezogen. Das Wohnzimmer und das Kinderzimmer werden mit gleich großen Teppichfliesen ausgelegt.
   Für welches Zimmer benötigt man mehr Fliesen (↗ Bild E 1)?

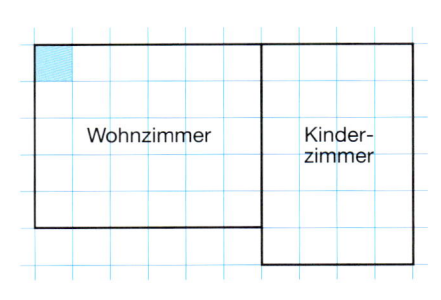

   Bild E 1 ▶

3. Die Flächen A bis H im Bild E 2 sind mit Teppichfliesen ausgelegt. Ordne die Flächen der Größe nach.

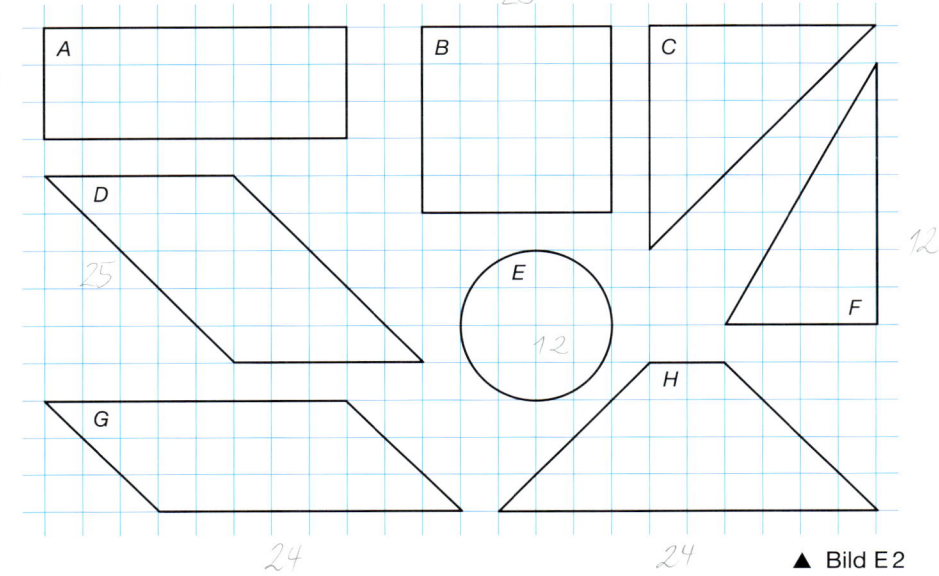

   ▲ Bild E 2

4. Welches Rechteck im Bild E 3 hat den größeren Flächeninhalt? Begründe.

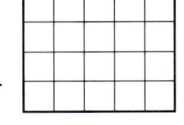

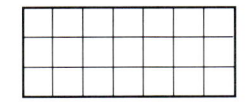

   Bild E 3 ▶

5. **a)** Zeichne Rechtecke auf Kästchenpapier. Alle Rechtecke sollen denselben Umfang haben, zum Beispiel 12 Seitenlängen eines Kästchens. Von wie vielen Kästchen werden die einzelnen Rechtecke ausgefüllt?
b) Zeichne auf Kästchenpapier drei verschiedene Rechtecke, die alle von 12 Kästchen ausgefüllt werden. Wie groß ist jeweils der Umfang der einzelnen Rechtecke?

6. Verschiedene Flächen können denselben Flächeninhalt haben (↗ Bild E 4). Untersuche und begründe, welche der Figuren im Bild E 5 den gleichen Flächeninhalt haben.

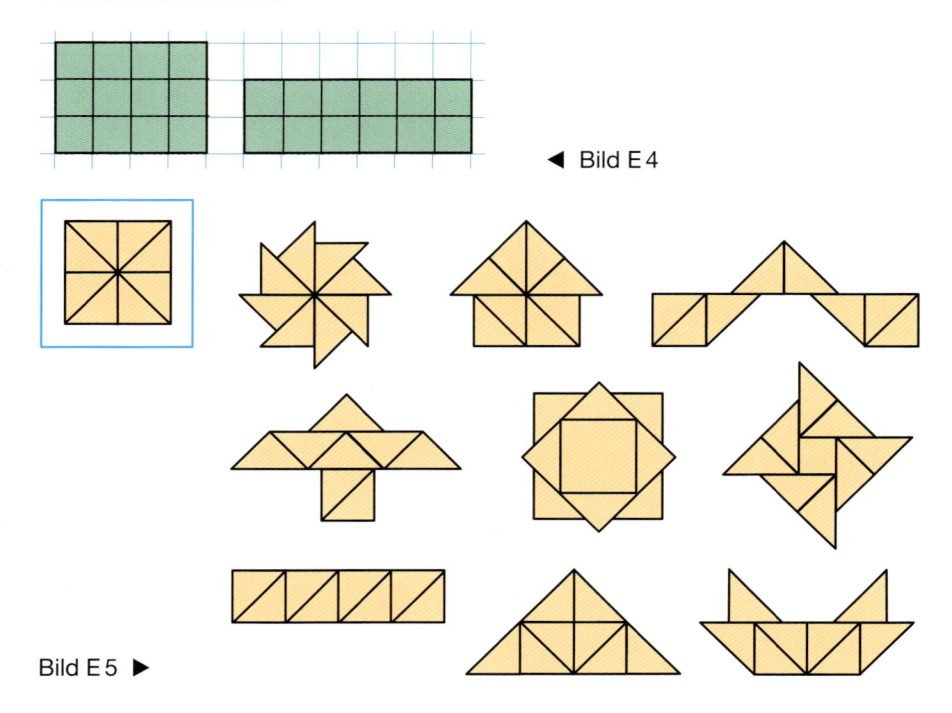

◀ Bild E 4

Bild E 5 ▶

7. Wir wollen ein Legespiel basteln und Figuren wie im Bild E 5 legen. Dazu zeichnen wir zuerst ein Quadrat, zeichnen Linien wie im blau eingerahmten Quadrat ein und zerschneiden das Quadrat in 8 gleich große Dreiecke.

Lege nun die Figuren aus Bild E 5 nach und suche auch nach weiteren Figuren.

8. Ist die Fläche A im Bild E 6 größer als die Fläche B?

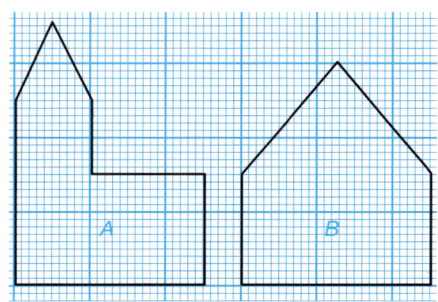

Bild E 6 ▶

2 Wir messen den Flächeninhalt

Den **Flächeninhalt** (*A*) einer Fläche messen wir durch Vergleich mit einer Einheitsfläche (Karo, Kästchen). Als Einheitsfläche eignet sich besonders gut

ein Quadrat mit 1 mm Seitenlänge

oder ein Quadrat mit einer Kästchenlänge

oder ein Quadrat mit 1 cm Seitenlänge.

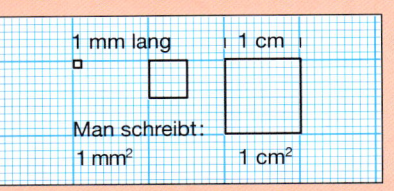

Man schreibt: 1 mm^2 1 cm^2

BEISPIEL:

Jede der nebenstehenden Flächen hat den Flächeninhalt 1 cm^2 (gelesen: 1 Quadratzentimeter).

Das nebenstehende Rechteck wird von sechs Einheitsquadraten ausgefüllt. Die Seitenlänge eines solchen Einheitsquadrates beträgt 1 cm. Also hat das Rechteck einen Flächeninhalt von 6 cm^2.

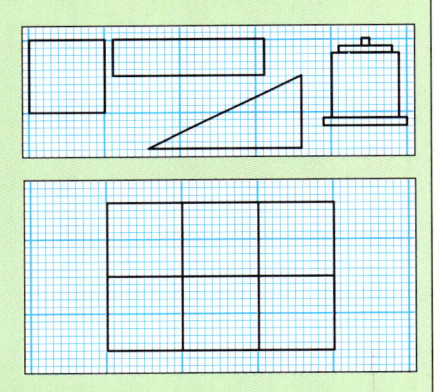

Wir schreiben: $A = \boxed{6\ \text{cm}^2}$

— 6 ist die Maßzahl
— 1 cm^2 ist die Maßeinheit

Übersicht über die Maßeinheiten des Flächeninhalts

Quadratmillimeter	mm^2		Aufschlagfläche eines Nagels
Quadratzentimeter	cm^2	1 cm^2 = 100 mm^2	Eine Briefmarke normaler Größe misst ungefähr 5 cm^2.
Quadratdezimeter	dm^2	$\boxed{1\ \text{dm}^2 = 100\ \text{cm}^2}$	Ein Schreibheftblatt misst ungefähr 3 dm^2.
Quadratmeter	m^2	1 m^2 = 100 dm^2 1 m^2 = 10 000 cm^2	Ein Wohnzimmer hat etwa die Größe von 18 bis 25 m^2.

1. Schneide aus Pappe ein Quadrat mit 1 dm Seitenlänge aus. Miss mit diesem Einheitsquadrat die Tischfläche aus.

2. Erkläre, warum man als Einheitsfläche nicht zum Beispiel einen Kreis mit dem Durchmesser von 1 dm wählt.

3. Im Falle der blau unterlegten Figur im Bild E 7 können wir den Flächeninhalt nur näherungsweise messen. Haben die Einheitsquadrate eine Seitenlänge von 1 cm, so können wir schreiben: $7\,cm^2 < A < 23\,cm^2$.
Gib eine solche Näherung für den Flächeninhalt des Rechtecks im Bild E 8 an.

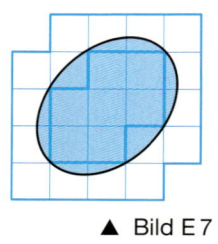

▲ Bild E 7

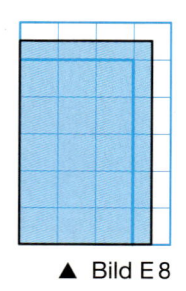

▲ Bild E 8

4. Schätze den Flächeninhalt der folgenden Flächen:
Fläche der Wandtafel, Fläche eines Parkplatzes für einen PKW, Querschnitt eines Streichholzes, Fläche eines Daumennagels, Bildschirmfläche eines Fernsehers, Seite eines Mathematikbuches.

Für große Flächen gibt es weitere Flächeneinheiten: das (den) Ar, das (den) Hektar und den Quadratkilometer.
Ein Quadrat mit der Seitenlänge 10 m hat den Inhalt 1 Ar,
ein Quadrat mit der Seitenlänge 100 m hat den Inhalt 1 Hektar,
ein Quadrat mit der Seitenlänge 1 km hat den Inhalt 1 Quadratkilometer.

Übersicht über weitere Maßeinheiten des Flächeninhalts

Ar	a	$1\,a = 100\,m^2$	Ein Volleyballfeld hat einen Flächeninhalt von etwa 2 a.
Hektar	ha	$1\,ha = 100\,a$ $\boxed{1\,ha = 10\,000\,m^2}$	Ein Fußballfeld hat einen Inhalt von ungefähr 1 ha (genauer $\frac{3}{4}$ ha).
Quadrat-kilometer	km^2	$1\,km^2 = 100\,ha$	Die Insel Rügen hat einen Flächeninhalt von nahezu $1\,000\,km^2$ (genauer $926\,km^2$).

Beim Umrechnen aus einer Maßeinheit des Flächeninhalts in eine andere beachten wir die Umrechnungszahl **100**.

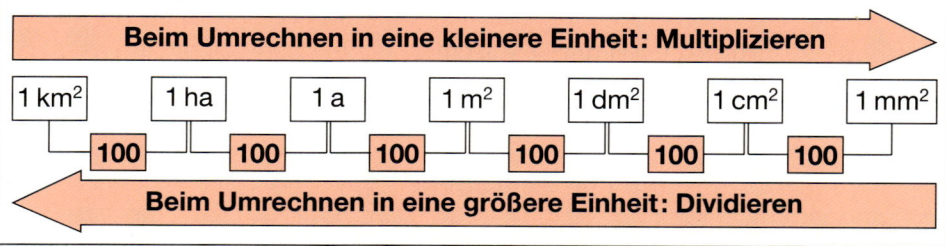

Beim Umrechnen in eine kleinere Einheit: Multiplizieren

$1\,km^2$ — $1\,ha$ — $1\,a$ — $1\,m^2$ — $1\,dm^2$ — $1\,cm^2$ — $1\,mm^2$
  100   100   100   100   100   100

Beim Umrechnen in eine größere Einheit: Dividieren

BEISPIELE für Umrechnungsaufgaben in eine kleinere Einheit
$5\,cm^2 = \boxed{5 \cdot 100}\,mm^2 = 500\,mm^2$ | $3\,ha = \boxed{3 \cdot 100}\,a = 300\,a$
$73\,m^2 = 7300\,dm^2 = 730\,000\,cm^2$ | $3\,km^2 = 300\,ha = 30\,000\,a$

BEISPIELE für Umrechnungsaufgaben in eine größere Einheit
900 cm² = $\boxed{(900 : 100)}$ dm² = 9 dm² | 2700 mm² = $\boxed{(2700 : 100)}$ cm² = 27 cm²
70 000 a = 700 ha = 7 km² | 350 000 cm² = 3 500 dm² = 35 m²

5. Verwandle in die in Klammern angegebenen Maßeinheiten.
   a) 8 km² (ha) **b)** 8 km² (m²) **c)** 4 dm² (cm²) **d)** 3 m² (dm²)
   e) 15 m² (dm²) **f)** 3 m² (cm²) **g)** 12 cm² (mm²) **h)** 7 ha (m²)

6. Verwandle in die in Klammern angegebenen Maßeinheiten.
   a) 90 000 cm² (dm²) **b)** 90 000 cm² (m²) **c)** 60 000 m² (ha)
   d) 60 000 m² (a) **e)** 6 000 000 m² (ha) **f)** 80 000 cm² (dm²)

7. In einer Zeitungsanzeige steht: „Ackerland (40,32 ha) zu verkaufen".
   Diese Schreibweise bedeutet:

   > 40,32 ha = 40 ha + 32 a
   >   = 4 000 a + 32 a = 4 032 a

   Wandle entsprechend in die nächstkleinere Einheit um:
   a) 3,67 cm² **b)** 5,89 dm² **c)** 2,4 ha **d)** 0,03 m² **e)** 0,5 ha

8. 846 mm² sind in die nächstgrößere Einheit umzuwandeln.
   Wir schreiben:

   > 846 mm² = 800 mm² + 46 mm²
   >   = 8 cm² + 46 mm² = 8,46 cm²

   Wandle entsprechend in die nächstgrößere Einheit um:
   a) 1 525 cm² **b)** 678 m² **c)** 709 cm² **d)** 5 005 dm² **e)** 50 ha

Beim Übergang zur nächstkleineren Einheit rückt das Komma zwei Stellen nach rechts.	Beim Übergang zur nächstgrößeren Einheit rückt das Komma zwei Stellen nach links.
2,31 km² = 231 ha	130 mm² = 1,30 cm²
25,04 ha = 2 504 a	805 cm² = 8,05 dm²
6,10 a = 610 m²	9 dm² = **0,09** m²
0,07 m² = 7 dm²	1 400 m² = 14 a
14,3 dm² = 1 43**0** cm²	90 a = **0,9** ha
12,17 cm² = 1 217 mm²	12 ha = **0,12** km²

9. Gib den Flächeninhalt des Rechtecks *ABCD* mit den Seitenlängen 3 cm und 1,5 cm
   a) in Quadratmillimetern,
   b) in Quadratzentimetern
   an.

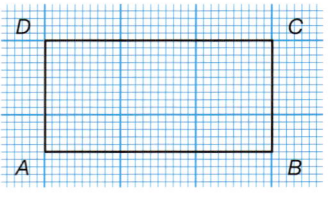

▲ Bild E 9

10. Rechne um
   a) in Quadratmillimeter: 14 cm^2; 1 cm^2; 80 cm^2; 5 cm^2; 3,52 cm^2
   b) in Quadratzentimeter: 5 dm^2; 10 dm^2; 1 dm^2; 80 dm^2; 15,9 dm^2
   c) in Quadratdezimeter: 2 m^2; 20 m^2; 15 m^2; 75 m^2; 7,35 m^2
   d) in Quadratmeter: 200 dm^2; 100 dm^2; 1 000 dm^2; 400 dm^2
   e) in Ar: 500 m^2; 100 m^2; 1 000 m^2; 900 m^2; 125 m^2
   f) in Hektar: 2 km^2; 10 km^2; 1 km^2; 50 km^2; 75 km^2

11. Rechne in die nächstkleinere Einheit um:
   a) 24 cm^2; 9 km^2; 3 dm^2; 4 a; 112 m^2; 26 ha; 34 dm^2
   b)* 0,9 cm^2; 4,7 cm^2; 6,75 dm^2; 0,25 dm^2; 0,2 m^2; 0,9 ha

12. Rechne in die nächstgrößere Einheit um:
   a) 200 dm^2; 8 400 m^2; 1 034 mm^2; 800 a; 340 cm^2
   b) 500 m^2; 1 000 a; 550 cm^2; 290 a; 7 100 ha
   c) 5 800 cm^2; 400 dm^2; 8 ha; 120 000 m^2; 44 000 m^2
   d) 700 m^2; 2 000 cm^2; 4 mm^2; 120 m^2; 502 dm^2

13. Gib mit Komma in der Einheit an, die in Klammern steht.
   a) 12 ha 25 a (ha)   **b)** 1 920 a (ha)   **c)** 225 m^2 (a)
   22 040 m^2 (ha)   2 a 2 m^2 (a)   89 m^2 (a)
   7 cm^2 55 mm^2 (cm^2) 4 m^2 25 dm^2 (m^2)   3 m^2 3 dm^2 (m^2)

14. Vergleiche den Flächeninhalt zweier Flächen. Verwende die Zeichen >, =, <. Wenn die Flächeninhalte in unterschiedlichen Einheiten angegeben werden, ist es mitunter zweckmäßig, die eine Angabe auf die Maßeinheit der anderen Angabe zu bringen.

> BEISPIEL:
> 1,5 ha und 3 000 m^2 sind miteinander zu vergleichen.
> 1,5 ha = 15 000 m^2 Also: 1,5 ha > 3 000 m^2

   a) 15 ha und 18 ha   **b)** 15 ha und 1 500 a   **c)** 6 km^2 und 60 ha
   d) 15 ha und 3,5 km^2 **e)** 12 000 m^2 und 1,2 ha **f)** 12 m^2 und 7a
   g) 13 000 cm^2 und 2 m^2 **h)** 8 500 dm^2 und 3 a   **i)** 3 dm^2 und 250 cm^2

15. Berlin hat eine Gesamtfläche von 883 km^2. Gib die Fläche Berlins in Hektar an.

16. Die Insel Rügen hat eine Gesamtfläche von 92 640 ha. Gib die Fläche, die die Insel Rügen einnimmt, in Quadratkilometern an.

3 Große und kleine Rechtecke

1. Im Garten der Familie Schütze wird ein Bungalow gebaut. Hierzu wurde zuerst ein rechteckiges Flächenstück abgesteckt.
   Die Rechteckseiten wurden mit Schnüren markiert. Zwei der Schnüre sind 15,00 m lang, die anderen beiden je 7,50 m.
   Wenn wir nun die Länge aller vier Schnüre addieren, erhalten wir den Umfang des Rechtecks:
   15,00 m + 15,00 m + 7,50 m + 7,50 m = u

   ▲ Bild E 10

   a) Berechne den Umfang u des Rechtecks.
   b) Der Nachbar von Herrn Schütze weiß einen Weg, wie er die Rechnung verkürzen kann. Kennst auch du diesen Weg?

2. Berechne den Umfang der Rechtecke mit den folgenden Maßen:
   a) 3 cm lang, 2,1 cm breit
   b) 16,50 m lang, 12,00 m breit
   c) 4 dm lang, $2\frac{1}{2}$ dm breit
   d) 23 cm lang, 4 cm breit
   e) 3 cm lang, 9 mm breit
   f) 1,25 m lang, 75 cm breit
   g) 4 cm lang, 4 cm breit
   h) 3,25 m lang, 3,25 m breit

3. a) Wodurch zeichnen sich die Rechtecke aus, deren Umfang wir in den Aufgaben 2 g) und h) berechnet haben?
   b) Suche nach einer Möglichkeit, den Umfang bei dieser Art Rechtecke schneller zu ermitteln, als wenn du die Summe der vier Längen der Seiten berechnest.

Wir berechnen den **Umfang u eines Rechtecks,** indem wir die Summe der Längen seiner vier Seiten ermitteln.
Dabei müssen wir beachten, dass alle Längen in der gleichen Maßeinheit gegeben sind.

BEISPIEL: Der Umfang des Rechtecks beträgt

u = 32 mm + 2 cm + 32 mm + 2 cm
 = 3,2 cm + 2 cm + 3,2 cm + 2 cm
 = 10,4 cm.

Kürzer: u = 2 · 3,2 cm + 2 · 2 cm
 = 6,4 cm + 4 cm = 10,4 cm

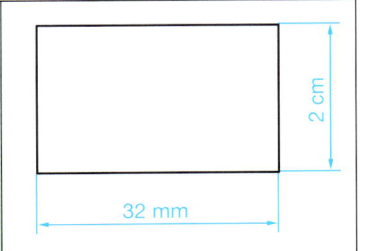

4. Es soll der Umfang des nebenstehenden Quadrats berechnet werden. Wie kann man die Berechnung im Vergleich zu der Berechnung eines Rechtecks mit unterschiedlichen Längen abkürzen?

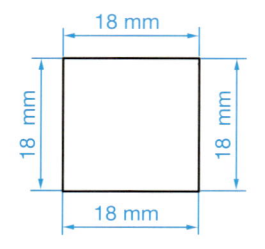

◀ Bild E 12

5. Ein Rechteck hat einen Umfang von 12 cm. Die eine Seite hat eine Länge von 4 cm. Wie lang sind die anderen drei Seiten?

6. Im Garten soll ein rechteckiges Stück für einen Buddelplatz abgesteckt werden. Der Umfang soll 16 m betragen. Nenne drei Möglichkeiten für die Länge und die Breite des Buddelplatzes.

7. Ein Rechteck ist 8 cm lang und 3 cm breit. **a)** Wie groß ist der Umfang des Rechtecks? **b)** Berechne den Umfang, wenn die Länge um 1 cm verlängert und die Breite verdreifacht wird.

8. Till vom Fußballverein „Blau-Weiß" und Sven vom Verein „Rot-Weiß" streiten sich, wessen Fußballplatz größer ist.
Till sagt: „Unser Platz ist 120 m lang und 70 m breit. Euer Platz ist längst nicht so lang."
Sven antwortet: „Der Platz von Rot-Weiß ist zwar nur 105 m lang, dafür aber 80 m breit." Welcher Platz ist nun größer?

Zur Aufgabe 8 müssen wir uns Folgendes überlegen:
Wenn man von der Größe eines Platzes spricht, so meint man weder die Länge noch die Breite, sondern man meint den Flächeninhalt.
Auf der Seite 105 haben wir gelernt, dass man das Rechteck mit Einheitsquadraten auslegen könnte; das würde aber bei einem Fußballplatz schwer werden. Till hat sich etwas einfallen lassen: Er benutzt eine Zeichnung. Jedes Karo soll ein Quadrat von 10 m Seitenlänge darstellen. Von der Tabelle auf Seite 106 her weiß er, dass ein solches Quadrat den Flächeninhalt 1 a hat. Der untere Streifen besteht aus 7 Karos, d. h. es sind 7 a. Es gibt nun 12 dieser Streifen, also: 7 a · 12 = 84 a.
Wie viel Ar misst der Platz von Sven?

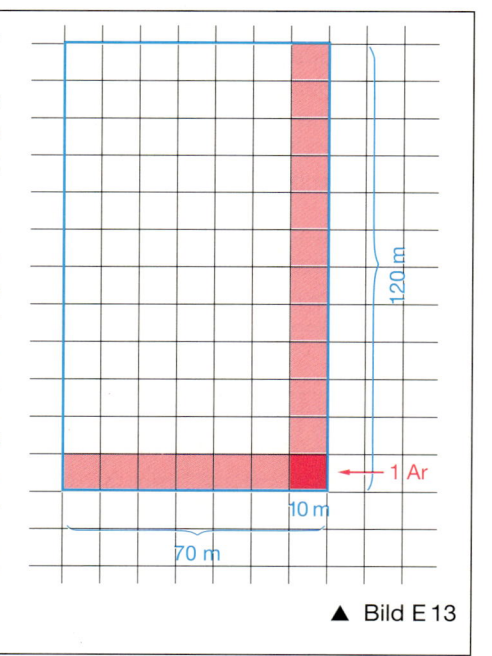

▲ Bild E 13

BEISPIEL:

Der Flächeninhalt eines Rechtecks mit den Seitenlängen 4 cm und 3 cm soll berechnet werden. Wir werden den Flächeninhalt mit A bezeichnen.

1. Möglichkeit:

Ein waagerechter Streifen enthält 4 Einheitsquadrate mit 1 cm Seitenlänge; sein Flächeninhalt beträgt also 4 cm^2.

Das Rechteck besteht aus 3 Streifen mit je 4 cm^2 Flächeninhalt.

Also erhält man:

$A = 4$ cm$^2 \cdot 3 = \underline{12 \text{ cm}^2}$

▲ Bild E 14

2. Möglichkeit:

Ein senkrechter Streifen enthält 3 Einheitsquadrate mit 1 cm Seitenlänge; sein Flächeninhalt beträgt also 3 cm^2.

Das Rechteck besteht aus 4 Streifen mit je 3 cm^2 Flächeninhalt.

Also erhält man:

$A = 3$ cm$^2 \cdot 4 = \underline{12 \text{ cm}^2}$

▲ Bild E 15

9. Berechne den Umfang und den Flächeninhalt der Rechtecke mit den folgenden Seitenlängen.

	a)	b)	c)	d)	e)	f)
Länge	8 cm	13 dm	5 cm	2 m	80 mm	1 dm
Breite	3 cm	8 dm	5 cm	1 m	30 mm	1 dm

10. Berechne den Umfang und den Flächeninhalt der Rechtecke mit den folgenden Maßen.

    Beachte dabei die folgenden Hinweise:
    - Tritt ein Komma auf, wandle in die nächstkleinere Einheit um.
    - Bei unterschiedlichen Maßeinheiten gib Länge und Breite zuerst in gleichen Einheiten an. Dann rechne.

    a) 12 cm lang; 4 cm breit
    b) 17 cm lang; 1,5 dm breit
    c) 3 dm lang; 12 cm breit
    d) 4 cm lang; 20 mm breit
    e) 530 cm lang; 2,5 m breit
    f) 5,7 m lang; 0,6 m breit
    g) 2,9 dm lang; 29 cm breit
    h) 1,80 m lang; 25 cm breit

11. a) Zeichne zwei Rechtecke mit jeweils unterschiedlichen Seitenlängen, die beide einen Flächeninhalt von 16 cm^2 haben.
    b) Zeichne ein Quadrat mit diesem Flächeninhalt.
    c) Berechne für alle drei Figuren den Umfang.

Beim **Berechnen des Flächeninhalts A eines Rechtecks** ermitteln wir das Produkt: **Flächeninhalt eines Streifens · Anzahl der Streifen.**

Dabei müssen wir beachten:
1. Die Längenangaben müssen alle **in derselben Maßeinheit** angegeben sein. Ist das nicht der Fall, wandelt man eine Maßangabe um.
2. Die Maßzahlen müssen **natürliche Zahlen** sein. Treten Maßzahlen mit einem Komma auf, so wandeln wir die betreffende Maßangabe in eine kleinere Einheit um.
3. Dann multiplizieren wir die Maßzahlen miteinander und schreiben die entsprechende Einheit des Flächeninhalts hinter das Produkt.

BEISPIELE: Berechne den Flächeninhalt der Rechtecke mit den Maßen

(1) Länge: 5,60 m; Breite: 3,25 m
Meter in Zentimeter umwandeln
5,60 m = 560 cm
3,25 m = 325 cm
$A = 560 \cdot 325 \text{ cm}^2$ 560 · 325
                                      1680
                                      1120
                                      2800
                                   182000

$\underline{A = 182000 \text{ cm}^2}$ oder
$\underline{A = 18,2 \text{ m}^2}$

(2) Länge: 3 dm; Breite: 23 cm
Dezimeter in Zentimeter umwandeln
3 dm = 30 cm
$A = 30 \cdot 23 \text{ cm}^2$ 30 · 23
                                  60
                                  90
                                690

$\underline{A = 690 \text{ cm}^2}$ oder
$\underline{A = 6,9 \text{ dm}^2}$

12. Berechne den Flächeninhalt der Rechtecke, von denen die Seitenlängen in der folgenden Tabelle angegeben werden.

	a)	b)	c)	d)	e)
Länge	15 cm	3,60 m	5 m	6,2 dm	79,3 m
Breite	5 cm	2,35 m	3,20 m	56 cm	56,7 m

13. Eine Klinkerfliese misst 24 cm in der Länge und 12 cm in der Breite. Welche Fläche kann mit 100 Fliesen gefliest werden?

14. Eine rechteckige Rasenfläche soll 8,5 m lang und 5,5 m breit werden. Eine Tüte Rasensamen reicht für 12 m² Neuansaat.
    a) Wie viele Tüten Rasensamen werden benötigt und wie teuer wird die Ansaat, wenn eine Tüte Rasensamen 7,95 DM kostet?
    b) Ein anderer Händler bietet Rasensamen für 10 m² je Tüte zum Preis von 6,75 DM an. Wie teuer ist die Rasenansaat mit dieser Sorte?
    c) Berechne die Differenz und gib an, welches Angebot günstiger ist.

15. Familie Meyer ist in eine neue Wohnung eingezogen. Da gibt es so mancherlei Ausgaben.

a) Das Wohnzimmer soll mit Teppichboden ausgelegt werden. Das Zimmer ist 6,25 m lang und 4,30 m breit. 1 m² Auslegeware kostet 23,50 DM. Wie viel DM muss Familie Meyer bezahlen?

b) Das Schlafzimmer ist im Vergleich zum Wohnzimmer in der Länge 1,50 m kürzer, aber genauso breit. Meyers kaufen einen Teppichboden zu 25,90 DM je m². Ist das Auslegen im Schlafzimmer billiger als im Wohnzimmer?

▲ Bild E 16

c) In einem Zimmer sind 48 m² zu tapezieren. Die Tapetenrollen, die Herr Meyer auswählt, sind 53 cm breit und 10 m lang. Wie viel Quadratmeter kann man mit einer Rolle tapezieren (wenn man nicht auf das Muster achten muss)? Wie viele Rollen sind ungefähr erforderlich?

16. Ein Parkplatz ist 72 m lang und 15 m breit. Wie viele Autos können parken, wenn ein Auto einen 3 m breiten und 5 m langen Platz braucht und in der Mitte des Platzes – gleichlaufend zur längeren Seite – ein 5 m breiter Streifen für die Zu- und Abfahrt freibleiben soll (↗ Bild E 17)?

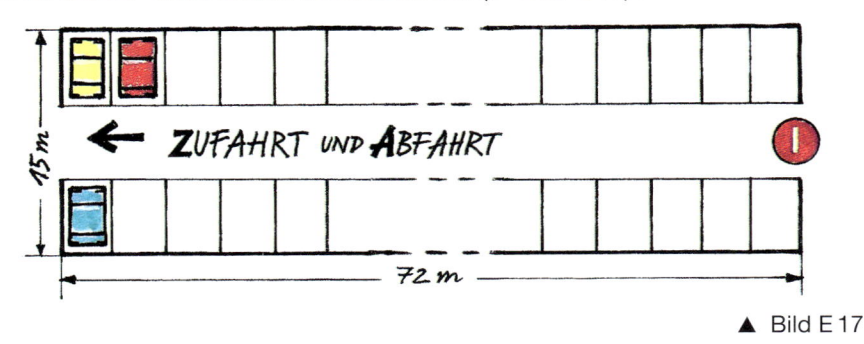

▲ Bild E 17

17. Ein Grundstücksmakler bietet zum Verkauf an:
a) ein Baugrundstück, 800 m² groß, zum Preis von 30 400 DM
b) ein Waldgrundstück, 1 800 m² groß, zum Preis von 61 200 DM
c) ein Wassergrundstück am See, 2 200 m² groß, zum Preis von 61 600 DM
Errechne jeweils den Quadratmeterpreis.

18. Wie viel Minuten brauchst du, um ein Quadrat mit einem Flächeninhalt von **a)** 1 km², **b)** 1 ha, **c)** 1 a zu umwandern, wenn du in einer Stunde 4 km zurücklegst?

19. Berechne den Flächeninhalt der folgenden rechteckigen Waldstücke und gib das Ergebnis in Hektar an.

	a)	b)	c)	d)	e)
Länge	760 m	2 km	1 km	1 200 m	9 km
Breite	540 m	750 m	1 km	800 m	6,750 km

20. Berechne die fehlenden Stücke der Rechtecke und trage die Resultate in eine Tabelle in deinem Heft ein.

	a)	b)	c)	d)	e)
Länge	7 dm		3,1 dm		65 cm
Breite		35 mm	27 cm	1 cm	
Flächeninhalt	35 dm²	1 470 mm²		250 cm²	1,3 dm²

21. Ein Rechteck hat den Flächeninhalt von 48 cm². Wie groß ist die Breite des Rechtecks, wenn die Länge 8 cm beträgt?

22. Das Bild E 18 zeigt den Grundriss einer Wohnung. Berechne die Größe der einzelnen Räume. (Dabei wird die Mauerstärke der Wände außer Acht gelassen.)

Bild E 18 ▶

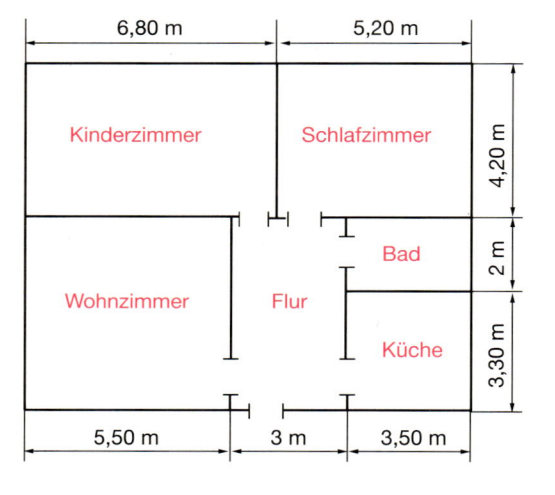

23. Die Flächen in den Bildern E 19 a und b sind aus Rechtecken zusammengesetzt. Miss die Seitenlängen mit Millimetergenauigkeit und berechne jeweils den Flächeninhalt der gesamten Figur.

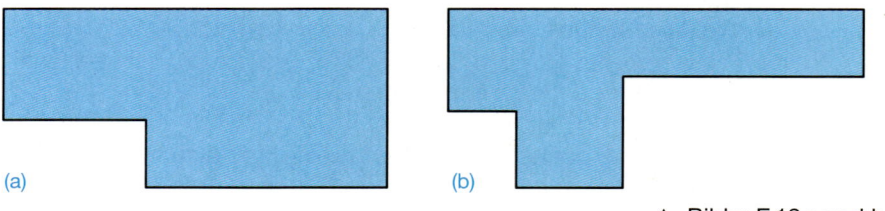

(a)   (b)

▲ Bilder E 19 a und b

4 Wir messen den Rauminhalt

1. In welche Kiste passt mehr hinein?

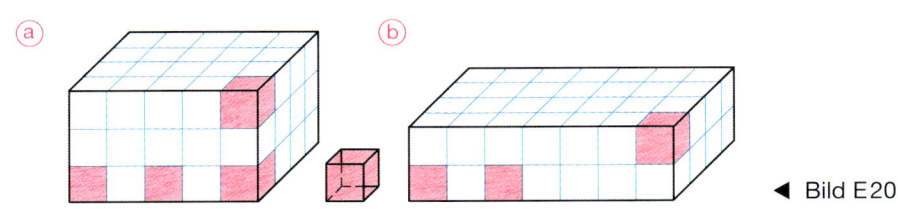

◀ Bild E 20

2. Maria sagt: „Die drei Quader im Bild E 21 sind gleich groß." – Was meinst du dazu? Begründe.

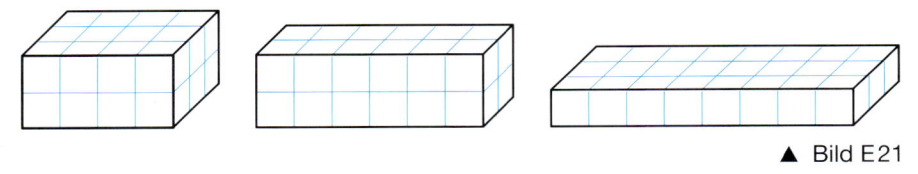

▲ Bild E 21

3. Baue aus Einheitswürfeln mit 1 cm Kantenlänge einen Quader, der 5 cm lang, 3 cm breit und 2 cm hoch ist. Wie viele Würfel benötigst du?

4. Baue einen Quader aus 36 Einheitswürfeln. Geht das nur auf eine Weise?

5. Durch wie viele Einheitswürfel der Kantenlänge 1 cm wird ein Würfel
   a) mit der Kantenlänge 10 cm, b) mit der Kantenlänge 100 cm
   ausgefüllt?
   Wie viele Einheitswürfel mit der Kantenlänge 1 dm benötigt man zur Bewältigung dieser Aufgabe?

Den **Rauminhalt eines Quaders** messen wir durch Vergleich mit einem Einheitswürfel, zum Beispiel mit einem Würfel von 1 cm Kantenlänge. Sein Rauminhalt beträgt 1 cm³. Anstelle von „Rauminhalt eines Körpers" sagt man auch **Volumen eines Körpers**. (Mehrzahl von Volumen: Volumina)

Übersicht über die Maßeinheiten des Rauminhalts

Kubikmillimeter	mm³		Wir denken an einen dicken Stecknadelkopf.
Kubikzentimeter	cm³	1 cm³ = 1 000 mm³	1 Stück Würfelzucker hat ungefähr 3 bis 4 cm³ Inhalt.
Kubikdezimeter	dm³	1 dm³ = 1 000 cm³	Wir denken an einen Würfel mit 10 cm Kantenlänge.
Kubikmeter	m³	1 m³ = 1 000 dm³	1 m³ = 1 000 000 cm³

6. In welcher Maßeinheit würdest du
  a) den Rauminhalt eines Schwimmbeckens,
  b) den Rauminhalt eines Müllcontainers,
  c) den Rauminhalt eines Benzinkanisters,
  d) den Rauminhalt eines Eiswürfels aus dem Kühlschrank,
  e) den Rauminhalt eines Regentropfens angeben?

Beim Umrechnen aus einer Maßeinheit des Rauminhalts in eine andere beachten wir die Umrechnungszahl **1 000**.

Beim Umrechnen in eine kleinere Einheit: Multiplizieren

$1\,m^3$ — $1\,dm^3$ — $1\,cm^3$ — $1\,mm^3$

1 000   1 000   1 000

Beim Umrechnen in eine größere Einheit: Dividieren

BEISPIELE für Umrechnungsaufgaben in eine kleinere Einheit

$4\,cm^3 = \boxed{4 \cdot 1\,000}\,mm^3 = 4\,000\,mm^3$ | $5\,dm^3 = \boxed{5 \cdot 1\,000}\,cm^3 = 5\,000\,cm^3$
$3\,m^3 = \boxed{3 \cdot 1\,000}\,dm^3 = 3\,000\,dm^3$ | $3\,m^3 = \boxed{3 \cdot 1\,000\,000}\,cm^3 = 3\,000\,000\,cm^3$

BEISPIELE für Umrechnungsaufgaben in eine größere Einheit

$9\,000\,cm^3 = \boxed{(9\,000 : 1\,000)}\,dm^3 = 9\,dm^3$
$5\,000\,000\,cm^3 = \boxed{(5\,000\,000 : 1\,000\,000)}\,m^3 = 5\,m^3$

---

7. Verwandle in die in Klammern angegebenen Maßeinheiten:
  a) $3\,m^3$ (dm^3) **b)** $3\,m^3$ (cm^3) **c)** $6\,cm^3$ (mm^3) **d)** $7\,dm^3$ (cm^3)
  e) $3\,dm^3$ (cm^3) **f)** $7\,dm^3$ (mm^3) **g)** $10\,m^3$ (dm^3) **h)** $10\,m^3$ (cm^3)
  i) $6\,000\,cm^3$ (dm^3) **j)** $3\,000\,dm^3$ (m^3) **k)** $9\,000\,000\,cm^3$ (m^3)

8. $5{,}070\,dm^3$ sollen in die nächstkleinere Einheit umgewandelt werden.

> $5{,}070\,dm^3 = 5\,dm^3 + 70\,cm^3$
> $= 5\,000\,cm^3 + 70\,cm^3 = 5\,070\,cm^3$

Wandle entsprechend in die nächstkleinere Einheit um:
  a) $3{,}450\,cm^3$ **b)** $81{,}900\,dm^3$ **c)** $0{,}658\,dm^3$ **d)** $4{,}005\,m^3$
  e) $0{,}29\,cm^3$ **f)** $0{,}006\,cm^3$ **g)** $0{,}9\,dm^3$ **h)** $81{,}5\,m^3$

9. Rechne in Kubikmillimeter um:
  $4\,cm^3$; $12\,cm^3$; $5{,}725\,cm^3$; $18{,}36\,cm^3$; $0{,}602\,cm^3$; $7{,}5\,cm^3$

10. 5 606 dm³ sollen in die nächstgrößere Einheit umgewandelt werden.
Wir schreiben:

> 5 606 dm³ = 5 000 dm³ + 606 dm³
> = 5 m³ + 606 dm³ = 5,606 m³

Wandle entsprechend in die nächstgrößere Einheit um:
- **a)** 3 550 dm³
- **b)** 6 750 cm³
- **c)** 890 dm³
- **d)** 2 005 cm³
- **e)** 2 500 cm³
- **f)** 70 mm³
- **g)** 6 cm³
- **h)** 5 001 dm³

Beim Übergang zur nächst-kleineren Einheit rückt das Komma um 3 Stellen nach rechts	Beim Übergang zur nächst-größeren Einheit rückt das Komma um 3 Stellen nach links
5,842 m³ = 5 842 dm³	1 200 mm³ = 1,200 cm³ = 1,2 cm³
71,050 dm³ = 71 050 cm³	401 cm³ = **0**,401 dm³
3,1 cm³ = 3 **1**00 mm³	25 dm³ = **0**,025 m³
0,05 m³ = 50 dm³	10 cm³ = 0,010 dm³ = **0**,01 dm³

11. Rechne in Kubikzentimeter um:
- **a)** 9 dm³; 12 dm³; 17 200 mm³; 3 m³; 1 860 mm³; 7 005 mm³
- **b)** 4,635 dm³; 5 380 mm³; 5,083 dm³; 0,060 dm³; 935 mm³
- **c)** 0,87 dm³; 2,03 dm³; 64 mm³; 9 mm³; 10,6 dm³; 8,5 dm³

12. Rechne in Kubikdezimeter um:
- **a)** 7 m³; 7 300 cm³; 8 120 cm³; 7,777 m³; 350 cm³; 690 cm³
- **b)** 6,218 m³; 4,56 m³; 95 cm³; 0,75 m³; 60 cm³; 0,9 m³
- **c)** 5 cm³; 3,7 m³; 6,05 m³; 7 000 dm³ 160 cm³; 3 dm³ 3 cm³

13. Rechne in die in Klammern angegebene Einheit um:
- **a)** 84 000 000 mm³ (cm³)
- **b)** 8 400 000 mm³ (dm³)
- **c)** 7 m³ (cm³)
- **d)** 4 600 dm³ (m³)
- **e)** 4 600 dm³ (cm³)
- **f)** 2,08 dm³ (cm³)
- **g)** 3 920 cm³ (dm³)
- **h)** 3,920 cm³ (mm³)
- **i)** 2,9 m³ (dm³)

14. Vergleiche die folgenden Volumina miteinander und schreibe
… < … bzw. … > … bzw. … = … .
- **a)** 20 cm³ und 7 300 mm³
- **b)** 3,8 m³ und 8 300 dm³
- **c)** 201 dm³ und 2 010 cm³
- **d)** 6,5 dm³ und 690 cm³
- **e)** 1,1 dm³ und 1 100 cm³
- **f)** 0,37 m³ und 37 dm³

15. Der Greifer eines Baggers fasst durchschnittlich 750 dm³ Erdreich.
- **a)** Wie viel Kubikmeter Erdreich hebt der Bagger aus, wenn er 27-mal zupackt?
- **b)** Wie oft muss der Bagger zugreifen um 21 m³ auszuheben?
- **c)*** Schafft der Bagger 80 m³ in 3 Std., wenn er 35-mal stündlich zupackt?

16. Schreibe mit Komma:
   a) 15 m³ 300 dm³   **b)** 4 dm³ 605 cm³   **c)** 2 dm³ 656 cm³
   d) 5 dm³ 120 cm³   **e)** 15 dm³ 120 cm³   **f)** 5 dm³ 12 cm³
   g) 2 dm³ 6 cm³   **h)** 3 m³ 80 dm³   **i)*** 27 m³ 270 cm³

17. Ein Eimerkettenbagger ist mit einer Kette, bestehend aus 14 Eimern, ausgestattet. Jeder Eimer fasst 230 dm³ Sand. Wie viel Kubikmeter Sand fördert das Gerät bei einem Umlauf der Kette?

18. Wie viel Kubikmeter Beton sind notwendig um 250 Betonklötze zu je 15 dm³ zu gießen? Ein halber Kubikmeter soll für Verluste hinzugerechnet werden.

19. Ordne nach wachsendem Volumen:
   a) 45 m³;   510 dm³;   806 000 cm³;   81 000 dm³;   44 900 dm³
   b) 5,300 m³;   6 000 000 cm³;   750 dm³;   8 350 cm³;   5 600 dm³

Übungen

1. **a)** Subtrahiere von 1 000:   657, 289, 3 412, 666.
   b) Subtrahiere von 10 000:   5 789, 6 999, 9 003, 705.

2. **a)** Beginne eine Zahlenfolge mit 600. Subtrahiere stets 60.
   b) Beginne eine Zahlenfolge mit 400. Dividiere stets durch 2.

3. Berechne:
   a) 480 − 214 + 89 − 123   **b)** 13 − 12 − 1   **c)** 3674 − 618 + 578 − 606

4. Rechne möglichst vorteilhaft im Kopf:
   a) 7 · 23 + 3 · 23   **b)** 12 · 18 + 8 · 18   **c)** 82 · 6 − 82 · 5
   d) 9 · 57 − 57 · 6   **e)** 32 · 9 + 9 · 48   **f)** 46 + 46 · 19

5. Gib für die folgenden Zahlen je fünf Zerlegungen in zwei Faktoren an, die natürliche Zahlen sind.
   a) 36   **b)** 64   **c)** 240   **d)** 300   **e)** 80   **f)** 72

6. Gib für die nachstehenden Zahlen alle Zerlegungen in zwei Faktoren an, die natürliche Zahlen sind.
   a) 19   **b)** 41   **c)** 205   **d)** 127   **e)** 100   **f)** 39   **g)** 38

7. ○ ist der Preis für einen Zeichenblock, □ der Preis für ein Heft. Was bedeuten dann
   a) 3 · ○,   **b)** 5 · □,   **c)** 3 · ○ + 4 · □,   **d)*** ○ = 5 · □?

8. Berechne:
   a) 2^2; 20^2; 200^2 **b)** 2^3; 20^3; 200^3
   c) 3^3; 7^2; 15^2; 5^3; 4^3 **d)** 2^4; 12^2; 8^3; 13^2; 1^3

5 Große und kleine Quader

1. Wir wollen einen Quader mit farbigem Papier bekleben (↗ Bild E 22).
   a) Wie viele Flächen sind insgesamt zu bekleben?
   b) Um was für Flächen handelt es sich dabei?
   c) Gibt es unter den Flächen solche, die gleich groß sind?

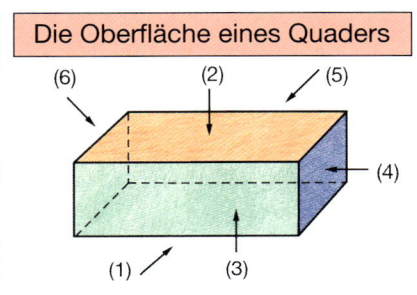

Die Oberfläche eines Quaders

In dieser Lage ist (1) die Grundfläche, (2) die Deckfläche und (3) bis (6) bilden die Seitenflächen

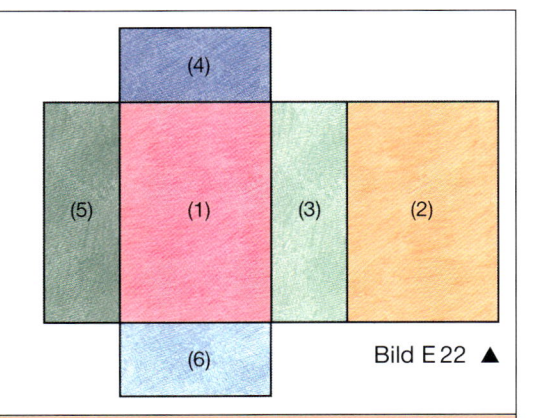

Bild E 22 ▲

Alle sechs Flächen eines Quaders bilden zusammen seine **Oberfläche.**
Die Fläche, auf der der Quader steht, nennt man seine **Grundfläche.**
Da der Quader auch anders aufgestellt werden kann, ist auch jede der anderen Flächen als Grundfläche denkbar.
Der **Oberflächeninhalt eines Quaders** ist gleich der Summe der Flächeninhalte aller 6 Rechtecke des Quadernetzes.

2. Ein Quader sei 6 cm lang, 4 cm breit und 2 cm hoch. Gib den Flächeninhalt jeder einzelnen Fläche an und berechne den Oberflächeninhalt.

3. Berechne den Oberflächeninhalt eines Quaders mit den Kantenlängen 30 cm, 9 cm und 80 cm.

4. Die Kantenlängen des Quaders werden häufig mit den Buchstaben a, b und c bezeichnet, der Oberflächeninhalt mit dem Buchstaben A. Berechne den Oberflächeninhalt der Quader mit den folgenden Kantenlängen:
   a) $a = 12$ cm; $b = 5$ cm; $c = 10$ cm
   b) $a = 3$ m; $b = 1$ m; $c = 90$ cm
   c) $a = 2$ m; $b = 120$ cm; $c = 17$ dm
   d) $a = 14$ mm; $b = 2,8$ cm; $c = 0,3$ dm
   e) $a = 7,5$ cm; $b = 56$ mm; $c = 3$ cm

   Beachte! Wenn die Längen in unterschiedlichen Maßeinheiten angegeben sind, so bringe zuerst alle Längen auf die gleiche Maßeinheit. Tritt ein Komma auf, so wandle in die nächstkleinere Maßeinheit um.

5. Berechne den Oberflächeninhalt eines Würfels mit der Kantenlänge 13 cm.

6. Ermittle jeweils die dritte Kantenlänge eines Quaders, wenn Folgendes bekannt ist:
a) $a = 6$ cm; $b = 4$ cm; $A = 68$ cm² b) $b = 3$ dm; $c = 5$ dm; $A = 54$ dm²
c) $a = 4$ cm; $b = 4$ cm; $A = 96$ cm² d)* $a = 10$ cm; $b = 2{,}5$ dm; $A = 19$ dm²

7. Ein Würfel hat einen Oberflächeninhalt von a) 150 cm², b)* 8,64 dm².
Wie groß ist die Kantenlänge des Würfels?

8. Wir wollen das **Volumen** von Kerstins Aquarium ermitteln.
Das Aquarium ist 4 dm breit, 2 dm tief und 3 dm hoch. (Handwerker geben die Abmessungen von quaderförmigen Gegenständen häufig mit Breite × Tiefe × Höhe an und meinen Länge mal Breite mal Höhe.)

Wir wissen, dass man den Quader mit Einheitswürfeln vergleicht um das Volumen anzugeben. Das können wir schnell erledigen:

1. Möglichkeit (↗ Bild E 23 a)

Die untere Schicht besteht aus 4 · 2 Einheitswürfeln mit 1 dm Kantenlänge. Das Volumen dieser Schicht beträgt also 8 dm³.
Der Quader besteht aus drei solcher Schichten, also beträgt sein Volumen:
$V = 3 \cdot 8$ dm³ $= 24$ dm³

2. Möglichkeit (↗ Bild E 23 b)

Die linke Schicht besteht aus 2 · 3 Einheitswürfeln mit 1 dm Kantenlänge. Das Volumen dieser Schicht beträgt also 6 dm³.
Der Quader besteht aus vier solcher Schichten, also beträgt sein Volumen:
$V = 4 \cdot 6$ dm³ $= 24$ dm³

3. Möglichkeit (↗ Bild E 23 c)

Mit der hinteren und der vorderen Schicht erhält man entsprechend:
$V = 2 \cdot 12$ dm³ $= 24$ dm³

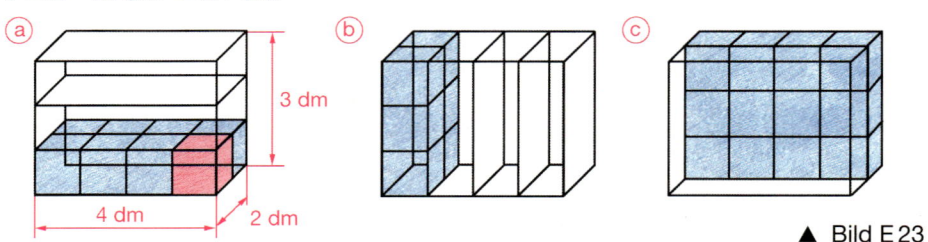

▲ Bild E 23

Ergebnis: Wir ermitteln das Volumen eines Quaders, indem wir ihn schichtenweise mit Einheitswürfeln ausfüllen:
$V = 3 \cdot 4 \cdot 2$ dm³ $= 24$ dm³

---

9. Zeichne ein Netz eines Quaders mit den Kantenlängen 2,0 cm; 3,0 cm und 5,0 cm.
Berechne den Oberflächeninhalt A und das Volumen V dieses Quaders.

10. Wie groß ist das Volumen eines Würfels mit den folgenden Kantenlängen:
a) 4 cm, **b)** 3,5 cm, **c)** 1,2 dm?

11. Eine offene quaderförmige Schachtel hat die Maße 5 cm × 4 cm × 3 cm. Wir legen sie in Gedanken mit Einheitswürfeln der Kantenlänge 1 cm aus.
a) Aus wie vielen Einheitswürfeln besteht die blau gezeichnete Stange?
b) Wie viele Stangen bilden die rot gezeichnete Schicht?
c) Aus wie vielen Einheitswürfeln besteht die rot gezeichnete Schicht?
d) Wie viele solcher Schichten füllen die Schachtel aus?
e) Mit wie vielen Einheitswürfeln lässt sich die gesamte Schachtel füllen?

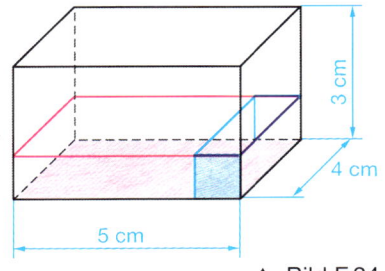

▲ Bild E 24

Beim Berechnen des **Volumens V eines Quaders** ermitteln wir zuerst den Rauminhalt einer Schicht von Einheitswürfeln. Dann bilden wir das Produkt **Rauminhalt einer Schicht · Anzahl der Schichten.**
Dabei müssen wir beachten:
1. Die Längenangaben müssen alle **in derselben Maßeinheit** angegeben sein. Ist das nicht der Fall, wandelt man Maßangaben um.
2. Die Maßzahlen müssen **natürliche Zahlen** sein. Treten Maßzahlen mit einem Komma auf, so wandeln wir die betreffenden Maßangaben in kleinere Einheiten um.
3. Dann multiplizieren wir die Maßzahlen miteinander und schreiben die entsprechende Einheit des Volumens hinter das Produkt.

BEISPIEL: Berechne den Rauminhalt des Quaders mit den Maßen Länge 5,2 dm; Breite 37 cm; Höhe 2,5 dm.
Dezimeter in Zentimeter umwandeln: 5,2 dm = 52 cm; 2,5 dm = 25 cm

$V = 52 \cdot 37 \cdot 25 \text{ cm}^3$

```
  52 · 37           1924 · 25
  _____            _____
   156               3848
   364               9620
  ____              _____
  1924              48100
```

$\underline{V = 48\,100 \text{ cm}^3}$ oder $\underline{V = 48,1 \text{ dm}^3}$

---

12. Berechne den Oberflächeninhalt und das Volumen der Quader mit den folgenden Kantenlängen.

	a)	b)	c)	d)	e)
Länge	5 m	3 cm	3 dm	4 m	2,50 m
Breite	7 m	6 cm	15 cm	17 dm	85 cm
Höhe	9 m	12 cm	7 cm	6 dm	7 dm

6 Milliliter, Liter, Hektoliter – die Hohlmaße

Bei Flüssigkeiten und Hohlkörpern gibt man das Volumen häufig auch mit der Einheit Liter oder einer von dieser abgewandelten Einheit an.

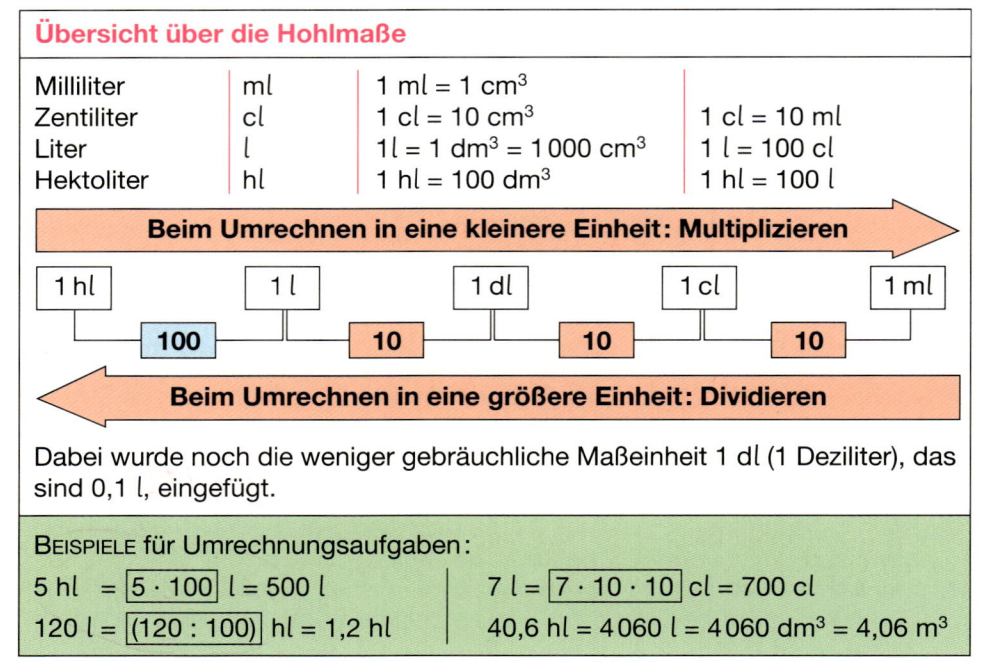

Übersicht über die Hohlmaße

Milliliter	ml	1 ml = 1 cm^3	
Zentiliter	cl	1 cl = 10 cm^3	1 cl = 10 ml
Liter	l	1 l = 1 dm^3 = 1000 cm^3	1 l = 100 cl
Hektoliter	hl	1 hl = 100 dm^3	1 hl = 100 l

Beim Umrechnen in eine kleinere Einheit: Multiplizieren

1 hl — 100 — 1 l — 10 — 1 dl — 10 — 1 cl — 10 — 1 ml

Beim Umrechnen in eine größere Einheit: Dividieren

Dabei wurde noch die weniger gebräuchliche Maßeinheit 1 dl (1 Deziliter), das sind 0,1 l, eingefügt.

BEISPIELE für Umrechnungsaufgaben:

5 hl = $\boxed{5 \cdot 100}$ l = 500 l 　　 7 l = $\boxed{7 \cdot 10 \cdot 10}$ cl = 700 cl

120 l = $\boxed{(120 : 100)}$ hl = 1,2 hl 　　 40,6 hl = 4060 l = 4060 dm^3 = 4,06 m^3

1. Rechne in die in Klammern gegebene Einheit um:
 a) 1 l (cm^3); 　5 ml (cm^3); 　0,7 l (cm^3); 　6,3 l (cl); 　1 m^3 (hl)
 b) 60 hl (m^3); 　500 ml (l); 　500 cm^3 (cl); 　30 dm^3 (l); 　6 cl (ml)
 c) 3000 l (hl); 　2000 l (ml); 　5000 m^3 (l); 　500 l (hl)
 d) 11 hl (l); 　20000 l (m^3); 　2000 l (hl); 　15000 dm^3 (l)

2. Wie viele Flaschen können mit 750 hl Saft gefüllt werden, wenn eine Flasche 0,75 l aufnehmen kann?

3. Eine quaderförmige Milchpackung hat die Abmessungen 9,5 cm × 6,4 cm × 16,5 cm. Handelt es sich um eine 0,5-l-Packung, eine 1-l-Packung oder eine 2-l-Packung? Begründe deine Antwort.

4. In einer Molkerei werden stündlich 900 1-l-Packungen Milch abgefüllt. Die Abfüllanlage arbeitet acht Stunden am Tag.
 a) Wie viel Liter Milch werden jeden Tag abgefüllt?
 b) Wie viel Kartons zu je 12 1-l-Packungen werden täglich versandt?

5.* Das menschliche Herz drückt bei jedem Zusammenziehen 70 cm^3 Blut in die Blutbahn. Es schlägt in der Minute ungefähr 70-mal. Wie viel Liter Blut drückt das Herz jeden Tag (in einem Jahr) in die Blutbahn?

F Brüche und gebrochene Zahlen

1 Teile vom Ganzen

1. Wir wollen eine Geburtstagstorte in 12 gleiche Teile schneiden. Wie können wir das anfangen?
   Kannst du einen Vorschlag machen, wie man recht gut nach Augenmaß vorgeht?

   Bild F 1 ▶

2. Jens schlägt für das Aufschneiden eines Pflaumenkuchens auf dem Kuchenblech die folgende Teilung vor:

   ▲ Bild F 2

3. In wie viele Stücke wurde die im Bild F 3 dargestellte Torte geteilt? Wie viele Stücke kann jeder der 8 Geburtstagsgäste essen, wenn gleichmäßig geteilt wird?

   ▲ Bild F 3

4. Anja hat bereits 8 Stückchen der Tafel Vollmilchschokolade gegessen. Welcher Anteil der Schokolade ist noch übrig?

   Bild F 4 ▶

BEISPIELE:

5. Das Rechteck im nebenstehenden Bild ist in 12 Teile geteilt worden. 5 Teile davon sind hellbraun gefärbt. Das sind $\frac{5}{12}$ des Rechtecks.

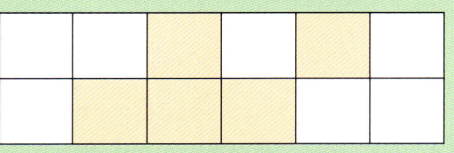

   ▲ Bild F 5

6. Zeichne vier solche Rechtecke und markiere $\frac{1}{12}$; $\frac{7}{12}$; $\frac{6}{12}$; $\frac{9}{12}$.

Teile vom Ganzen werden durch Brüche angegeben.

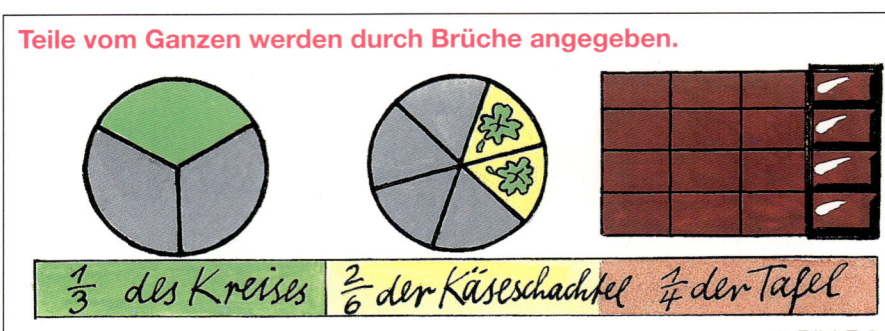

$\frac{1}{3}$ des Kreises $\frac{2}{6}$ der Käseschachtel $\frac{1}{4}$ der Tafel

▲ Bild F 6

Auch beim Würfeln kann man die Chance, eine bestimmte Zahl zu würfeln, durch Brüche beschreiben.
BEISPIEL: Wie groß ist die Chance, beim „Mensch ärgere dich nicht" eine 6 zu würfeln? Bei einem „ehrlichen" Würfel ist dafür die Chance $\frac{1}{6}$.

7. Beschreibe die Chancen durch Brüche.
  a) Beim Werfen einer Münze soll ein Wappen erscheinen.
  b) Beim Würfeln möchte man eine gerade Augenzahl, also eine 2, eine 4 oder eine 6 würfeln.
  c) Beim Würfeln möchte man eine 5 oder eine 6 würfeln. Wie groß ist die Chance hierfür?

8. Beim nebenstehenden Glücksrad mit vier Farben hat jede der vier Farben die gleiche Chance nach dem Drehen als Gewinn angezeigt zu werden, nämlich $\frac{1}{4}$. Nehmen wir an, ein anderes Glücksrad hat 8 Felder mit 8 verschiedenen Farben. Wie groß ist in diesem Fall die Chance, dass eine bestimmte Farbe als Gewinn angezeigt wird?

▲ Bild F 7

9. In einem kleinen Lotteriespiel sind 3 der 20 Lose Gewinnlose. Die Chance, ein Gewinnlos zu ziehen, ist dabei $\frac{3}{20}$.
Wie groß ist die Chance eine Niete zu ziehen?

10.* In deiner Klasse soll eine Kinokarte durch Los vergeben werden. Es werden so viel Lose angefertigt, wie Schüler und Schülerinnen in der Klasse sind. Auf einem Los wird ein Kreuz gemacht. Wie groß ist die Chance, dass ein Mädchen die Karte erhält? (Hinweis: Überlege zuerst, wie viele Jungen und wie viele Mädchen in deine Klasse gehen.)

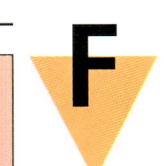

Wir merken uns:

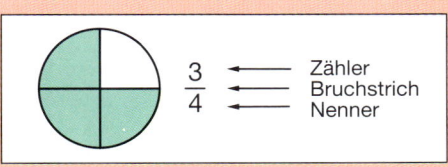

$\frac{3}{4}$ ← Zähler / Bruchstrich / Nenner

◄ Bild F 8 a

**Der Nenner gibt an, in wie viele Teile ein Ganzes zerlegt werden soll.
Der Zähler gibt an, wie viele solcher Teile zu nehmen sind.**

$\frac{4}{4}$ sind **ein Ganzes**.

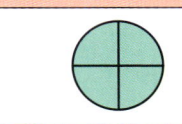

◄ Bild F 8 b

11. Im Bild F 9 wurden $\frac{3}{8}$ des Rechtecks gefärbt.

    a) Aus wie vielen gleich großen Teilen besteht das Rechteck?
    b) Welcher Teil des Rechtecks ist weiß geblieben?

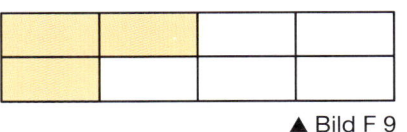

▲ Bild F 9

12. Im Bild F 10 wird gezeigt, wie man zu einem gegebenen Rechteck ein zweites zeichnen kann, das $\frac{3}{8}$ der Größe des ersten Rechtecks hat. Beschreibe die einzelnen Schritte.

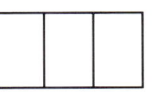

:8   ·3

◄ Bild F 10

13. Im Bild F 11 wurden wie in Aufgabe 12 Bruchteile von Rechtecken gebildet und farbig hervorgehoben. Nenne jeweils die Bruchteile und gib an, welcher Rest bleibt.

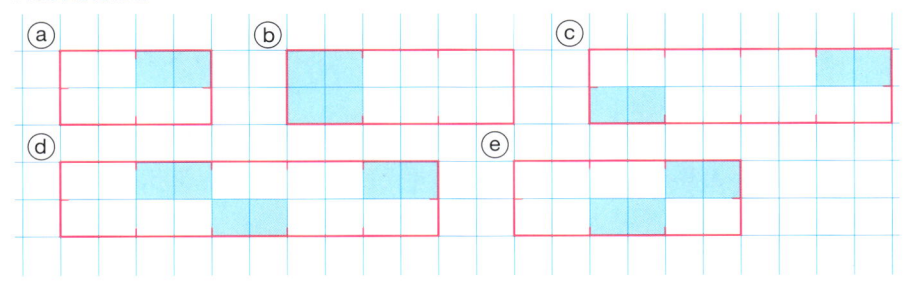

▲ Bild F 11

14. Zeichne auf Kästchenpapier ein Rechteck mit 24 Kästchen. Decke die folgenden Teile dieser Fläche ab: $\frac{1}{2}$, $\frac{1}{3}$, $\frac{1}{6}$, $\frac{1}{4}$, $\frac{3}{4}$, $\frac{3}{3}$

15. Im Bild F 12 wurden drei verschiedene geometrische Gebilde gezeichnet, die jedes für sich **ein Ganzes** darstellen.
Welche Bruchteile der dargestellten Ganzen wurden farbig hervorgehoben?

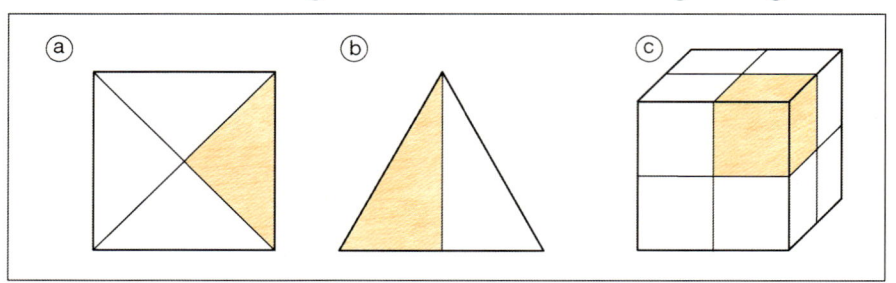

▲ Bild F 12

16. Schreibe jeweils einen Bruch mit den folgenden Eigenschaften auf:
  a) Sein Zähler ist 3, sein Nenner ist 7.
  b) Sein Nenner ist 5, sein Zähler ist 2.
  c) Sein Zähler ist um 7 kleiner als sein Nenner.

17. Schneide ein Quadrat mit 4 cm Seitenlänge aus. Falte es dann so, dass 4 gleich große Teile entstehen.

18. Welcher Teil der im Bild F 13 dargestellten Quadrate ist jeweils farbig?

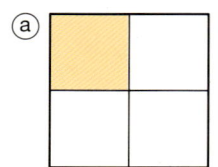

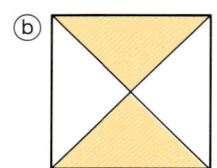

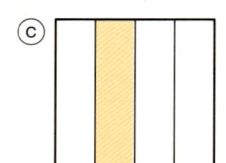

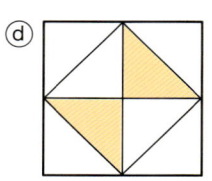

▲ Bild F 13

Übungen

1. Mit welchen der folgenden Einheiten gibt man
  a) Längen an,
  b) Geldbeträge an,
  c) Zeitspannen an,
  d) Rauminhalte an?
  e) Was kann man mit den verbleibenden Einheiten angeben?
   1 m, 1 DM, 1 g, 1 min, 1 km, 1 l, 1 h, 1 cm, 1 kg, 1 mm, 1 s, 1 t, 1 mm^3, 1 ha, 1 cm^2

2. **a)** Gib in kg an: 3 t; 7 t; 4 dt; 2 dt; 6000 g; 2,700 t
  b) Gib in m an: 5 km; 9 km; 90 dm; 300 cm; 1,5 km; 90 cm
  c) Gib in cm an: 5 m; 60 mm; 2,5 m; 3 dm; 9 mm; 1,05 m; 1 km
  d) Schreibe mit Komma: 8 t 670 kg; 4 t 75 kg; 1 t 9 kg
  e) Schreibe ohne Komma: 7,35 m; 7,05 m; 7,3 cm; 0,675 g

2 Anteile von Größen; Brüche als Maßzahlen

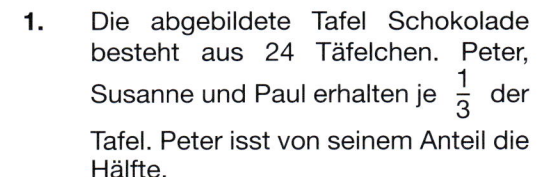

1. Die abgebildete Tafel Schokolade besteht aus 24 Täfelchen. Peter, Susanne und Paul erhalten je $\frac{1}{3}$ der Tafel. Peter isst von seinem Anteil die Hälfte.

Bild F 14 ▶

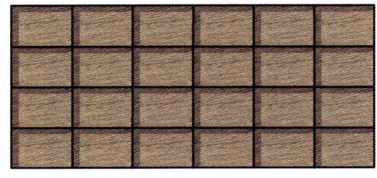

Peter hat 4 Täfelchen Schokolade gegessen.

2. Rechne um:

a) $\frac{1}{2}$ kg in Gramm   b) $\frac{3}{4}$ kg in Gramm   c) 125 g in Kilogramm

d) $\frac{1}{4}$ h in Minuten   e) $\frac{1}{6}$ h in Minuten   f) 20 min in Stunden

3. Wie schwer ist eine Büchse Lackfarbe, wenn auf der Waage 10 Dosen Farbe 8 Kilogrammwägestücken das Gleichgewicht halten?

4. In der Klasse 5 c sind 24 Schüler anwesend. Bei der Wahl des Schülersprechers ergab sich die folgende Stimmenverteilung:

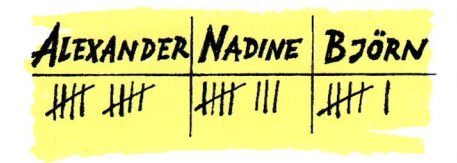

a) Welchen Anteil der Stimmen erhielt jeder der 3 Kandidaten?
b) Kannst du die Brüche mit kleinerem Nenner angeben?

◀ Bild F 15

5. Bei der letzten Mathematikarbeit hat $\frac{1}{4}$ der Schüler der Klasse 5 c eine 1 geschrieben, $\frac{1}{3}$ eine 2, $\frac{1}{3}$ eine 3 und $\frac{1}{12}$ eine 4. Gab es Schüler, die eine schlechtere Note erhielten?

6. Felix hat von seinem Taschengeld 15,00 DM bereits ausgegeben. Das ist die Hälfte seines monatlichen Taschengeldes. Wie viel Taschengeld erhält Felix monatlich?

BEISPIELE: **Teile vom Ganzen werden durch Brüche angegeben.**

7. Peter hat 45 DM gespart. Davon gibt er $\frac{2}{3}$ für ein neues Computerspiel aus. Wie teuer ist dieses Spiel?
Die Lösung erhalten wir folgendermaßen:

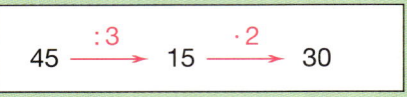

$$45 \xrightarrow{:3} 15 \xrightarrow{\cdot 2} 30$$

$\frac{1}{3}$ von 45 DM sind 15 DM.

$\frac{2}{3}$ von 45 DM sind 30 DM.

Antwort: Peter gab 30 DM aus.

8. 4 m Stoff sollen in 5 gleich lange Teile geteilt werden. Wie lang ist jedes Stück?

$$4 \text{ m} \xrightarrow{:5} ?$$

Hier können wir keine natürliche Zahl als Maßzahl finden.

Das Ergebnis dieser Division geben wir als Bruch an: $\frac{4}{5}$ m

Wir können die 4 m auch in Zentimeter umrechnen und dann dividieren.
4 m = 400 cm
400 cm : 5 = 80 cm
Antwort:
Jedes Stück Stoff wird 80 cm lang.

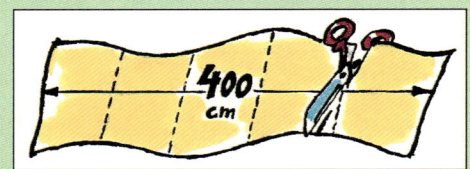

9. Familie Krause hat $\frac{2}{3}$ ihres Heizölvorrates bereits verbraucht, das sind 4000 l.
Wie viel Liter Heizöl hatte Familie Krause zu Beginn des Winters?

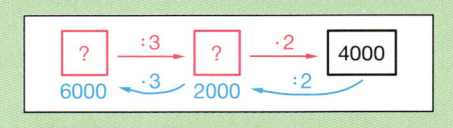

$$? \xrightarrow{:3} ? \xrightarrow{\cdot 2} 4000$$
$$6000 \xleftarrow{\cdot 3} 2000 \xleftarrow{:2}$$

$\frac{1}{3}$ des Vorrats 2000 l, der ganze Vorrat 6000 l
Antwort: Zu Beginn des Winters waren es 6000 l Öl.

10. Eine Klasse will an ihrem Wandertag eine Strecke von 12 km zurücklegen. Bis zur ersten Rast soll ein Viertel der Gesamtstrecke geschafft sein, bis zur Mittagspause wollen die Schüler ein Drittel der restlichen Strecke zurücklegen. Wie viel Kilometer bleiben für den Nachmittag?

11. a) Klaus hat in seinem Briefmarkenalbum 150 Marken. $\frac{1}{5}$ davon sind ausländische Marken. Wie viele sind das?

    b) Inge liest ein Buch. Es hat 120 Seiten. Jetzt hat sie $\frac{2}{3}$ des Buches gelesen. Wie viele Seiten des Buches hat Inge noch zu lesen?

12. Was ist mehr: $\frac{1}{9}$ von 72 l **oder** $\frac{1}{8}$ von 64 l?

13. Gib in Minuten an:
  a) $\frac{1}{2}$ h, $\frac{1}{4}$ h, $\frac{1}{3}$ h
  b) $\frac{1}{6}$ h, $\frac{1}{12}$ h, $\frac{1}{10}$ h
  c) $\frac{3}{4}$ h, $\frac{2}{3}$ h, $\frac{5}{6}$ h, $\frac{7}{12}$ h

14. Gib in Zentimeter an:
  a) $\frac{1}{4}$ m, $\frac{1}{2}$ m, $\frac{1}{8}$ m, $\frac{1}{5}$ m, $\frac{1}{10}$ m
  b) $\frac{3}{4}$ m, $\frac{3}{8}$ m, $\frac{7}{8}$ m, $\frac{3}{5}$ m, $\frac{4}{5}$ m

15. Berechne nacheinander die Hälfte, ein Viertel, drei Viertel, ein Zehntel, fünf Zehntel von
  a) 60 cm,   b) 100 m,   c) 1 000 kg,   d) 240 t,   e) 20 cm.

16. Was ist mehr:
  a) $\frac{1}{4}$ von 56 DM **oder** $\frac{1}{7}$ von 98 DM,
  b) $\frac{1}{3}$ von 45 m **oder** $\frac{2}{3}$ von 30 m,
  c) $\frac{2}{5}$ von 105 l **oder** $\frac{3}{4}$ von 28 l,
  d) $\frac{1}{2}$ von 56 kg **oder** $\frac{1}{4}$ von 108 kg?

17. Berechne:
  a) $\frac{1}{5}$ von 10 kg, 100 m, 20 min, 3 h, 15 l, 6 km
  b) $\frac{1}{4}$ von 20 m, 10 km, 32 t, 1 h, 60 Pf, 14 cm

18. Gib jeweils das Ganze an:
  a) $\frac{1}{5}$ sind 20 DM   b) $\frac{1}{4}$ sind 30 m   c) $\frac{1}{6}$ sind 10 min   d) $\frac{1}{3}$ sind 2 t
  e) $\frac{2}{3}$ sind 24 cm   f) $\frac{3}{4}$ sind 9 m   g)* $\frac{5}{6}$ sind 24 DM   h) $\frac{2}{5}$ sind 10 l

19. Gib für die Waren im Bild F 18 die alten Preise an.

20. 3 l Saft werden auf 4 Flaschen gleichmäßig verteilt. Wie viel Liter kommen in jede Flasche?

▲ Bild F 18   ▲ Bild F 19

21. In der Klasse 5b gibt es 30 Schüler. Beim Kinobesuch am Nachmittag nahmen 24 Schüler teil. Der wievielte Teil der Schüler fehlte?

22. Beim Schulsportfest warf Tim den Schlagball 30 m weit. Sebastian übertraf ihn um $\frac{1}{10}$ und Steffen um $\frac{1}{6}$. Wie weit warfen Sebastian und Steffen den Ball?

23. Familie Meier hat ein monatliches Einkommen von 3200 DM. Davon geben sie $\frac{1}{4}$ für die Miete und $\frac{1}{32}$ für Strom aus. $\frac{1}{5}$ wird gespart.
    a) Wie viel DM werden für die einzelnen Posten ausgegeben?
    b) Wie viel Haushaltsgeld bleibt übrig, wenn man noch 60 DM für Fernsehgebühren und Zeitungen abzieht?

24. Familie Lehmann hat ein monatliches Nettoeinkommen von 3000 DM. Davon werden $\frac{1}{5}$ für die Miete, $\frac{1}{30}$ für Strom und $\frac{1}{6}$ zur Abzahlung eines Krediextes verwendet.
    a) Wie viel DM werden für die einzelnen Posten ausgegeben?
    b) Wie viel DM Haushaltsgeld bleibt übrig, wenn man sich das Ziel setzt monatlich 350 DM für die nächste Urlaubsreise zu sparen?

25. Wirf 600-mal einen Spielwürfel. Zähle, wie oft die einzelnen Augenzahlen auftreten.
    Wie groß ist der Anteil der Würfe mit der Augenzahl 1, der Augenzahl 2 usw. an allen Würfen? Gib Brüche hierfür an.

26. Holger warf eine verbogene Münze 500-mal. Er erhielt bei $\frac{1}{4}$ aller Würfe „Wappen". Wie oft warf Holger Wappen?
    Würdest du diese Münze verwenden um eine faire Entscheidung zwischen dir und deinem Freund herbeizuführen?

27. Ermittle die Schuhgröße für jeden Schüler deiner Klasse. Fertige eine Strichliste wie im Bild F 15 (↗ Seite 127) für die einzelnen Schuhgrößen an. Gib dann jeweils den Anteil der Schüler mit der Schuhgröße 34, 35, 36... durch einen Bruch an.

28. Der Wagen von Herrn Schulze hat noch $\frac{2}{5}$ seines Neuwertes; der Neupreis betrug 20000,- DM. Für wie viel DM kann Herr Schulze sein Auto verkaufen?

29. Frau Werner verkauft ihren Gebrauchtwagen für 4000,- DM. Der Neupreis betrug 16000,- DM. Den wievielten Teil des Neuwertes hatte das Auto noch beim Verkauf?

3   Vergleich von Anteilen; Erweitern von Brüchen

1. Wir betrachten zwei gleich große Kreise, mit denen die Brüche $\frac{2}{4}$ und $\frac{3}{4}$ veranschaulicht werden. Welcher Teil ist kleiner?

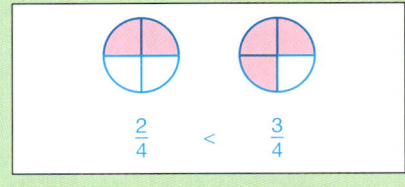

   ▲ Bild F 20

2. Peter bekommt $\frac{1}{4}$, Susanne $\frac{1}{3}$ und Ferdinand $\frac{1}{6}$ von der Tafel Schokolade. Wer bekommt am meisten?

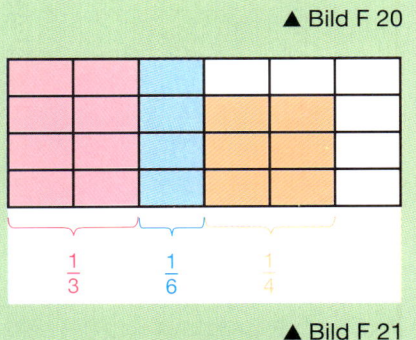

   ▲ Bild F 21

3. Mutter teilt die Geburtstagstorte in 12 Stücke.
   Horst isst 2 Stücke, Susanne isst 3 Stücke, Mutter isst 1 Stück und Vater isst 4 Stücke.
   Gib jeweils den Anteil an und vergleiche.

   ◀ Bild F 22

4. Gib im Bild F 23 jeweils den gefärbten Anteil an und vergleiche.

   Bild F 23 ▶

5. Ordne die folgenden Glücksräder nach der Chance für ROT. Beschreibe den Anteil von ROT an der Gesamtfläche jeweils durch einen Bruch.

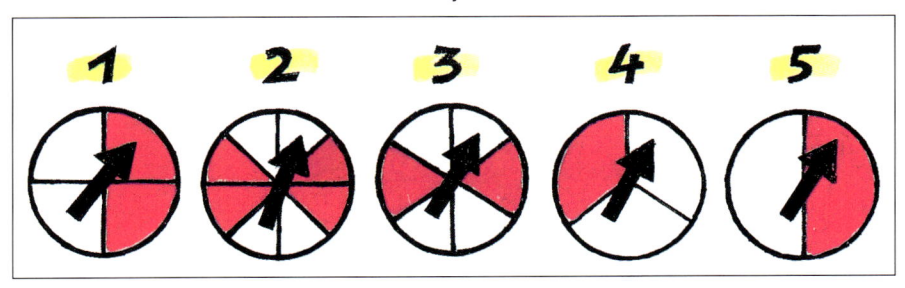

   ▲ Bild F 24

Wir wollen Brüche vergleichen.
Hierzu können wir sie grafisch darstellen und die Flächen vergleichen.

6. Zeichne jeweils vier Rechtecke in der Größe 2 cm × 8 cm.
Stelle die folgenden Bruchteile dar und vergleiche sie.

a) $\frac{1}{8}, \frac{4}{8}, \frac{7}{8}, \frac{5}{8}$ b) $\frac{1}{4}, \frac{3}{4}, \frac{2}{4}, \frac{4}{4}$

c) $\frac{1}{16}, \frac{7}{16}, \frac{4}{16}, \frac{2}{16}$ d) $\frac{9}{16}, \frac{15}{16}, \frac{3}{16}, \frac{10}{16}$

7. Gib die im Bild F 25 dargestellten Anteile an und vergleiche sie.

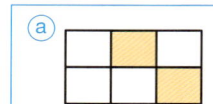

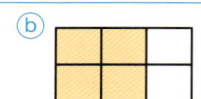

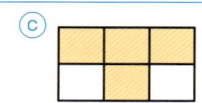

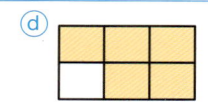

▲ Bild F 25

Brüche mit gleichem Nenner heißen **gleichnamige Brüche**.
Brüche mit verschiedenen Nennern heißen **ungleichnamige Brüche**.
Gleichnamige Brüche vergleicht man, indem man die Zähler miteinander vergleicht.

BEISPIELE: $\frac{1}{6} < \frac{2}{6}$, denn 1 < 2; $\frac{5}{8} > \frac{3}{8}$, denn 5 > 3.

8. Ordne der Größe nach. Beginne mit dem kleinsten Bruch.

$\frac{4}{7}, \frac{3}{7}, \frac{5}{7}, \frac{2}{7}, \frac{1}{7}, \frac{6}{7}$

Du kannst hierzu auch eine Zeichnung anfertigen, zum Beispiel eine Serie von Rechtecken mit den Maßen 7 cm × 1 cm.

9. Welches der Zeichen = oder < oder > gehört zwischen die Brüche?

a) $\frac{3}{5} \; \frac{4}{5}$ b) $\frac{4}{7} \; \frac{3}{7}$ c) $\frac{3}{6} \; \frac{5}{6}$ d) $\frac{9}{11} \; \frac{6}{11}$

e) $\frac{1}{2} \; \frac{2}{4}$ f) $\frac{8}{9} \; \frac{8}{9}$ g) $\frac{3}{12} \; \frac{8}{12}$ h) $\frac{9}{10} \; \frac{4}{5}$

10. Ordne der Größe nach.
Beginne mit dem größten Bruch.   a) $\frac{5}{8}, \frac{3}{8}, \frac{4}{8}, \frac{2}{8}, \frac{1}{8}, \frac{7}{8}, \frac{8}{8}$

b) $\frac{1}{10}, \frac{9}{10}, \frac{5}{10}, \frac{7}{10}, \frac{3}{10}, \frac{4}{10}, \frac{2}{10}, \frac{8}{10}$ c) $\frac{5}{16}, \frac{7}{16}, \frac{1}{16}, \frac{14}{16}, \frac{4}{16}, \frac{1}{2}, \frac{3}{4}, \frac{11}{16}$

11. Im Bild F 26 wurde derselbe Anteil eines Kreises auf zweierlei Art dargestellt:
zuerst als $\frac{3}{4}$, dann als $\frac{6}{8}$.

Der Bruch $\frac{3}{4}$ wird in den Bruch $\frac{6}{8}$ umgewandelt, indem man Zähler und Nenner jeweils mit 2 multipliziert.

Man sagt: $\frac{3}{4}$ wird mit 2 **erweitert**.

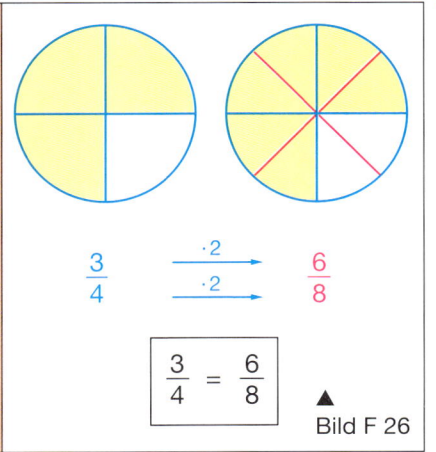

$$\frac{3}{4} \xrightarrow{\cdot 2} \frac{6}{8}$$

$$\frac{3}{4} = \frac{6}{8}$$

▲ Bild F 26

12. Gib für die im Bild F 26 dargestellten Flächenteile weitere Brüche an.

13. Im Bild F 27 werden vier Rechtecke abgebildet. Jedes von ihnen ist in gleich große Teile geteilt.

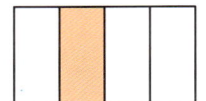

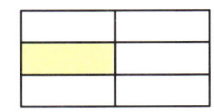

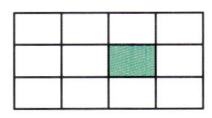

▲ Bild F 27

a) Welcher Bruchteil ist jeweils farbig gekennzeichnet?
b) Übertrage in dein Heft und ergänze:
$\frac{1}{4} = \frac{}{12}$, $\frac{1}{3} = \frac{}{12}$, $\frac{1}{6} = \frac{}{12}$, $\frac{1}{2} = \frac{}{12}$, $\frac{2}{3} = \frac{}{12}$

14. Übertrage in dein Heft und ergänze:

a) $\frac{2}{3} = \frac{}{6}$ b) $\frac{1}{9} = \frac{}{18}$ c) $\frac{1}{2} = \frac{}{8}$ d) $\frac{3}{9} = \frac{}{27}$ e) $\frac{3}{4} = \frac{}{12}$

f) $\frac{3}{8} = \frac{}{16}$ g) $\frac{2}{5} = \frac{}{10}$ h) $\frac{2}{5} = \frac{4}{}$ i) $\frac{3}{15} = \frac{9}{}$ j) $\frac{3}{10} = \frac{12}{}$

15. Erweitere die folgenden Brüche mit 2:

a) $\frac{2}{3}, \frac{7}{8}, \frac{1}{2}, \frac{2}{4}, \frac{3}{7}$ b) $\frac{1}{4}, \frac{3}{3}, \frac{5}{7}, \frac{2}{10}, \frac{5}{6}, \frac{7}{7}$

16. Erweitere die folgenden Brüche mit 3:

a) $\frac{1}{2}, \frac{1}{3}, \frac{2}{4}, \frac{3}{7}, \frac{4}{9}$ b) $\frac{2}{3}, \frac{5}{6}, \frac{9}{10}, \frac{2}{7}, \frac{3}{4}, \frac{7}{7}$

17. Mit welcher Zahl wurde erweitert?   a) $\frac{3}{4} = \frac{9}{12}$ b) $\frac{1}{2} = \frac{5}{10}$

Im Bild F 28 wurde derselbe Anteil eines Kreises auf zweierlei Art dargestellt:
zuerst als $\frac{9}{12}$, dann als $\frac{3}{4}$.

Der Bruch $\frac{9}{12}$ wird in den Bruch $\frac{3}{4}$ umgewandelt, indem man Zähler und Nenner jeweils durch 3 dividiert.

Man sagt: $\frac{9}{12}$ wird mit 3 **gekürzt**.

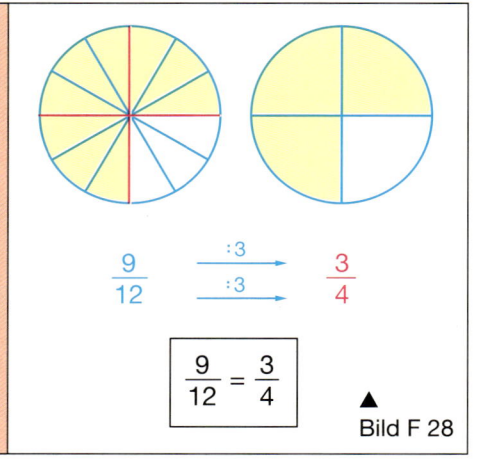

$$\frac{9}{12} \xrightarrow{:3} \frac{3}{4}$$

$$\frac{9}{12} = \frac{3}{4}$$

▲ Bild F 28

18. Berechne $\frac{4}{6}$ von 12 kg und $\frac{2}{3}$ von 12 kg. Vergleiche.

19. Kürze die folgenden Brüche mit 3:

a) $\frac{3}{9}, \frac{6}{15}, \frac{3}{6}, \frac{27}{30}, \frac{21}{19}, \frac{15}{18}$ b) $\frac{9}{12}, \frac{8}{15}, \frac{12}{27}, \frac{33}{42}, \frac{60}{90}, \frac{30}{30}$

BEISPIELE zum Kürzen von Brüchen:

a) $\frac{24}{27}$ soll so weit wie möglich gekürzt werden.

Wir wissen, dass sowohl 24 als auch 27 durch 3 teilbar sind.
Deshalb rechnen wir:
$\frac{24}{27} = \frac{24:3}{27:3} = \frac{8}{9}$

b) $\frac{12}{36}$ soll so weit wie möglich gekürzt werden.

Wir wissen, dass sowohl 12 als auch 36 durch 4 teilbar sind.

$\frac{12}{36} = \frac{12:4}{36:4} = \frac{3}{9}$ Wir können weiter kürzen: $\frac{3}{9} = \frac{3:3}{9:3} = \frac{1}{3}$.

Dieses Ergebnis hätten wir auch schneller finden können:

$\frac{12}{36} = \frac{12:12}{36:12} = \frac{1}{3}$

c) $\frac{7}{8}$ soll so weit wie möglich gekürzt werden.

Wir können außer 1 keine Zahl finden, durch die sowohl 7 als auch 8 teilbar ist, 7 und 8 sind **teilerfremd.**
Das bedeutet, dass $\frac{7}{8}$ nicht gekürzt werden kann.

20. Kürze die folgenden Brüche auf den angegebenen Nenner.

a) $\frac{6}{8} = \frac{}{4}$ b) $\frac{4}{6} = \frac{}{3}$ c) $\frac{8}{16} = \frac{}{2}$ d) $\frac{15}{25} = \frac{}{5}$ e) $\frac{9}{24} = \frac{}{8}$

21. Kürze die folgenden Brüche mit 2:

a) $\frac{3}{6}, \frac{6}{8}, \frac{2}{4}, \frac{4}{8}, \frac{6}{16}, \frac{12}{20}$ b) $\frac{4}{12}, \frac{6}{18}, \frac{8}{10}, \frac{12}{14}, \frac{7}{8}, \frac{20}{30}$

22. Gib die dargestellten Anteile im Bild F 29 an und vergleiche. Gib möglichst einfache Brüche an.

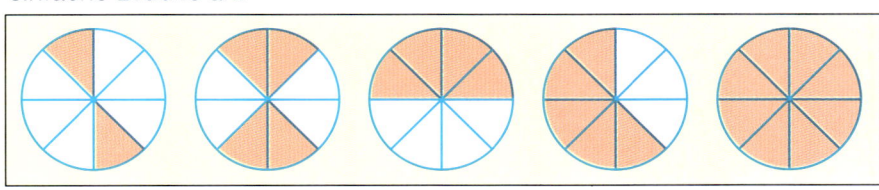

▲ Bild F 29

23. Gib die im Bild F 30 dargestellten Anteile mit möglichst einfachen Brüchen an. Vergleiche die Brüche.

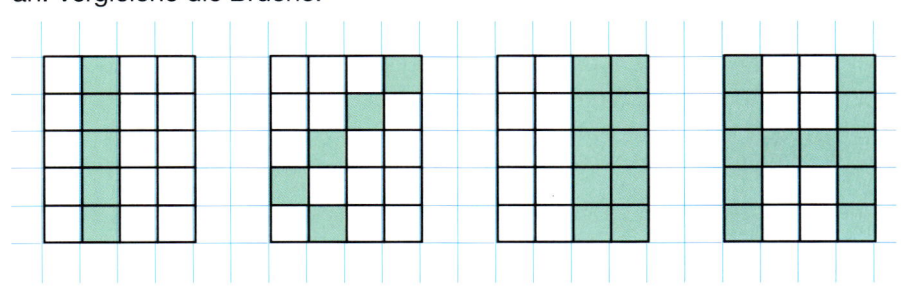

▲ Bild F 30

24. Versuche Brüche zu finden, die so groß sind wie

a) $\frac{2}{5}$,   b) $\frac{1}{4}$,   c) $\frac{10}{20}$,   d) $\frac{3}{10}$.

25. Vergleiche

a) $\frac{1}{9}$ von 72 l **mit** $\frac{4}{9}$ von 72 l,   b) $\frac{3}{10}$ von 1 m **mit** $\frac{7}{10}$ von 1 m,

c) $\frac{7}{8}$ von 240 kg **mit** $\frac{8}{8}$ von 240 kg,   d)* $\frac{10}{12}$ von 1 min **mit** $\frac{10}{12}$ von 1 h.

26. Was ist mehr

a) $\frac{3}{8}$ von 24 m **oder** $\frac{1}{4}$ von 24 m,   b) $\frac{4}{7}$ von 77 kg **oder** $\frac{3}{7}$ von 77 kg,

c)* $\frac{1}{2}$ von 5 l **oder** $\frac{2}{4}$ von 6 l,

d)* $\frac{2}{3}$ von einer Unterrichtsstunde **oder** $\frac{2}{3}$ von 1 h?

27. Welcher der in den Bildern F 31 a und b dargestellten Bruchteile ist größer? Gib die Brüche an.

a)

b)

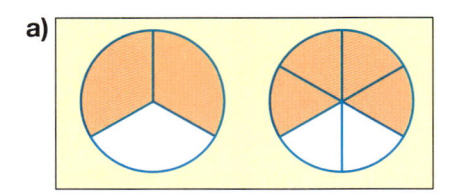

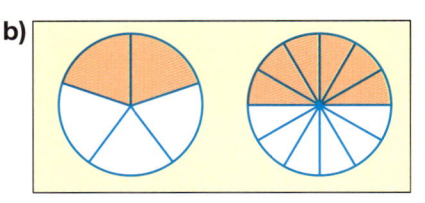

▲ Bilder F 31 a und b

28. Vergleiche folgende Brüche. Erweitere einen Bruch dazu.

a) $\frac{1}{3}$ und $\frac{4}{9}$ b) $\frac{3}{8}$ und $\frac{1}{2}$ c) $\frac{3}{4}$ und $\frac{7}{8}$ d) $\frac{2}{3}$ und $\frac{5}{9}$

e) $\frac{1}{2}$ und $\frac{5}{6}$ f) $\frac{7}{12}$ und $\frac{1}{2}$ g) $\frac{5}{15}$ und $\frac{1}{3}$ h) $\frac{6}{18}$ und $\frac{1}{3}$

Wir haben nun schon tüchtig mit Brüchen gerechnet. Da ergibt sich die Frage, ob man heute noch Brüche im täglichen Leben antrifft. Früher gab es Brüche sogar auf Geldstücken und auf Briefmarken. Heute kommen diese sogenannten gemeinen Brüche (im Unterschied zu den Dezimalbrüchen) nur selten vor. Zum Beispiel beim Fotografieren gibt es die gemeinen Brüche noch, falls man nicht eine automatische Kamera benutzt. So stellt man am Fotoapparat je nach Helligkeit die Belichtungszeit $\frac{1}{30}$ s oder $\frac{1}{125}$ s ein oder auch ein andere Zeit, die man nach Erfahrung oder mithilfe eines Belichtungsmessers auswählt. Mit gemeinen Brüchen wird auch der Durchmesser von Rohren angegeben, zum Beispiel: eine Röhre mit dem Durchmesser $\frac{3}{4}$″, das bedeutet $\frac{3}{4}$ Zoll.

▲ Bild F 32
Silbermünze
aus dem
Jahre 1869

▲ Bild F 33 Briefmarken, die im Jahre 1868 für den Norddeutschen Postbezirk ausgegeben wurden

4 Echte und unechte Brüche; Brüche am Zahlenstrahl

1. Tante Erika verteilt drei Äpfel gleichmäßig an Sabine und Steffen. Wie viel erhält jeder?

◀ Bild F 34

Jedes Kind erhält $\frac{3}{2}$ Äpfel.

2. Die rote Strecke im Bild F 35 wurde in 10 gleiche Teile geteilt. Dann ist die Strecke

$\overline{AD}$ gleich $\frac{1}{10}$ von $\overline{AB}$ und

$\overline{AE}$ gleich $\frac{7}{10}$ von $\overline{AB}$.

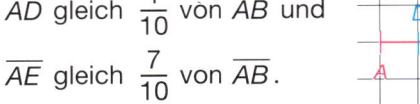

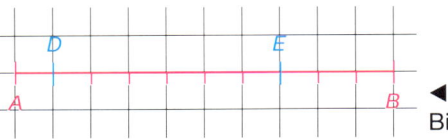

◀ Bild F 35

Wir verlängern nun die Strecke $\overline{AB}$ um den grünen Teil $\overline{BC}$, der genauso lang ist wie $\overline{AB}$ und genauso unterteilt wird.

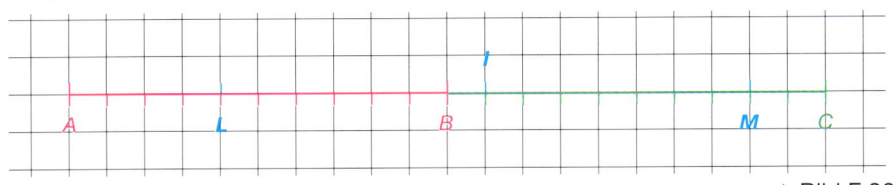

▲ Bild F 36

Dann besteht die Strecke $\overline{AI}$ aus 11 solchen Teilen und es ist die Strecke $\overline{AI}$ gleich $\frac{11}{10}$ von $\overline{AB}$.

Gib an, welche Bruchteile von $\overline{AB}$ die Strecken $\overline{AL}$ und $\overline{AM}$ im Bild F 36 darstellen.

Brüche, bei denen der Zähler kleiner als der Nenner ist, heißen **echte Brüche**.	$\frac{1}{4}, \frac{7}{8}, \frac{14}{15}, \ldots$
Brüche, bei denen der Zähler größer als der Nenner oder genauso groß wie der Nenner ist, heißen **unechte Brüche**.	$\frac{4}{3}, \frac{5}{4}, \frac{7}{2}, \frac{5}{5}, \ldots$

3. Suche aus den folgenden Brüchen die unechten Brüche heraus:
$\frac{3}{4}, \frac{5}{4}, \frac{12}{13}, \frac{4}{7}, \frac{17}{15}, \frac{20}{30}, \frac{30}{20}, \frac{16}{16}, \frac{9}{10}$

4. Übertrage die folgenden Aufgaben in dein Heft und setze das richtige Zeichen < oder = oder >.

a) $\frac{3}{2} \square 1$ b) $\frac{3}{4} \square 1$ c) $\frac{14}{15} \square 1$ d) $\frac{6}{6} \square 1$ e) $\frac{27}{26} \square 1$

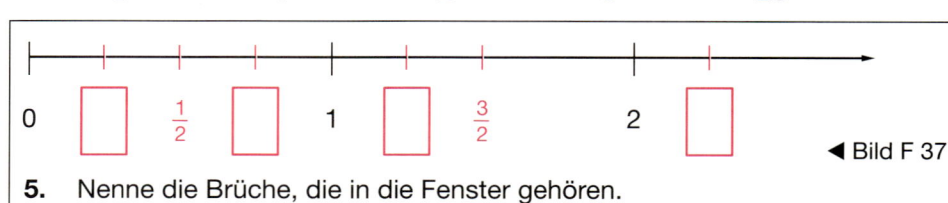

◀ Bild F 37

5. Nenne die Brüche, die in die Fenster gehören.

6. Welche Brüche gehören zu den blau markierten Punkten
a) im Bild F 38 a,   b) im Bild F 38 b?

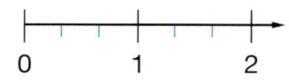

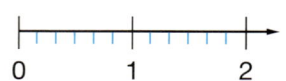

◀ Bild F 38

7. Zeichne einen Zahlenstrahl. Der Abstand zwischen 0 und 1 soll 3 cm betragen. Trage dann Punkte für 2 und für 3 ein.

a) Unterteile die Abschnitte von 0 bis 3 in Drittel und benenne die Punkte:
$\frac{1}{3}, \frac{0}{3}, \frac{3}{3}, \frac{5}{3}, \frac{6}{3}, \frac{8}{3}, \frac{9}{3}$

b) Zeichne einen weiteren Strahl und lege eine Einteilung in Sechstel fest. Kennzeichne dann:
$\frac{4}{6}, \frac{2}{6}, \frac{6}{6}, \frac{7}{6}, \frac{9}{6}, \frac{10}{6}, \frac{12}{6}, \frac{15}{6}$

Am Zahlenstrahl erkennen wir:

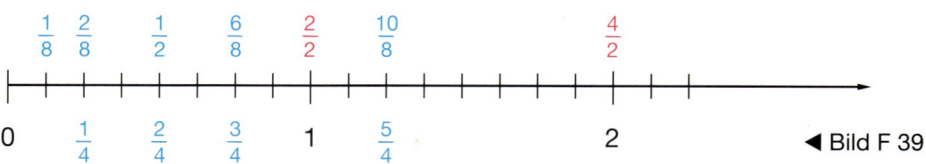

◀ Bild F 39

- Brüche, bei denen Zähler und Nenner gleich sind, bezeichnen die natürliche Zahl 1.
- Brüche, die durch Erweitern oder Kürzen auseinander hervorgehen, werden bei dem gleichen Punkt eingetragen. Sie stellen ein und dieselbe gebrochene Zahl dar.
- Echte Brüche sind kleiner als 1. Sie liegen links von der 1.
- Unechte Brüche sind größer oder gleich 1. Sie liegen rechts von der 1 oder auf 1.

5 Addition und Subtraktion von Brüchen

1. Von Janas Geburtstagstorte werden zum Frühstück vom Vater $\frac{2}{12}$ und von Jana $\frac{1}{12}$ gegessen. Wie viel ist das zusammen?
Wie viel bleibt noch für die Geburtstagsfeier am Nachmittag?

Bild F 40 ▶

2. Von dem Rechteck im Bild F 41 sind $\frac{5}{9}$ braun und $\frac{2}{9}$ blau gefärbt.
Welcher Anteil ist insgesamt gefärbt?
Welcher Anteil wurde nicht gefärbt?

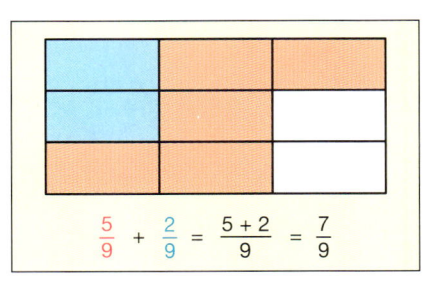

$$\frac{5}{9} + \frac{2}{9} = \frac{5+2}{9} = \frac{7}{9}$$

Bild F 41 ▶

3. Für ein Mixgetränk sind $\frac{1}{8}$ l Saft und $\frac{3}{8}$ l Milch zu mischen. Wie viel Liter Fruchtmilch erhält man auf diese Weise?

> Gleichnamige Brüche werden addiert, indem man die Zähler addiert. Der Nenner wird beibehalten.

4. Addiere:

a) $\frac{2}{5} + \frac{1}{5}$ b) $\frac{3}{6} + \frac{2}{6}$ c) $\frac{3}{7} + \frac{3}{7}$ d) $\frac{5}{8} + \frac{3}{8}$

e) $\frac{7}{16} + \frac{5}{16}$ f) $\frac{13}{24} + \frac{8}{24}$ g) $\frac{5}{14} + \frac{13}{14}$ h) $\frac{9}{20} + \frac{7}{20}$

5. Für einen Kuchen werden erst $\frac{1}{4}$ l Milch und dann noch $\frac{1}{2}$ l Milch benötigt.
Wie viel Liter Milch benötigt man insgesamt?

Man braucht insgesamt $\frac{3}{4}$ l Milch.

$$\frac{1}{4} l + \frac{1}{2} l = \frac{3}{4} l$$

Bild F 42 ▶

6. Um $\frac{3}{4}$ l Fruchtmilch zu erhalten nimmt man $\frac{1}{4}$ l Saft.

Wie viel Liter Milch muss man noch hinzufügen?

$\frac{1}{4} + \square = \frac{3}{4}$

Bild F 43 ▶

$\frac{3}{4} - \frac{1}{4} = \frac{3-1}{4} = \frac{2}{4}$

7. Von Janas Torte sind noch $\frac{9}{12}$ übrig.

Am Nachmittag werden $\frac{7}{12}$ gegessen.

Wie groß ist der Rest?

Bild F 44 ▶

$\frac{9}{12} - \frac{7}{12} =$

8. Von einer Tafel Schokolade mit 24 kleinen Täfelchen ist noch ein Anteil von $\frac{21}{24}$ vorhanden. Jana nimmt noch $\frac{4}{24}$. Wie groß ist der Rest?

Wir rechnen: $\frac{21}{24} - \frac{4}{24} = \frac{21-4}{24} = \frac{17}{24}$. Es bleiben 17 Täfelchen.

> Gleichnamige Brüche werden subtrahiert, indem die Zähler subtrahiert werden. Der Nenner wird beibehalten.

9. Berechne:

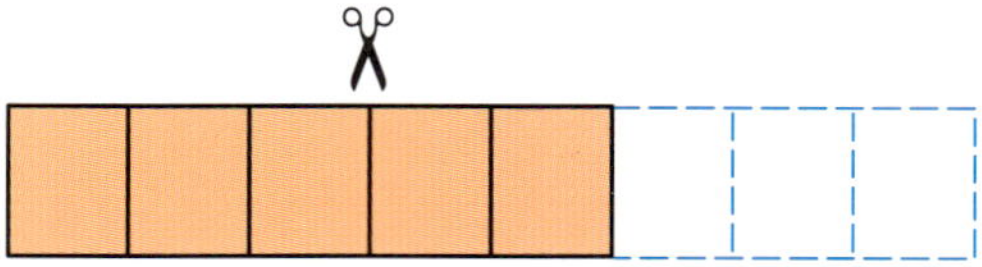

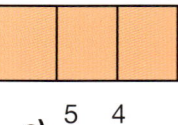

a) $\frac{5}{8} - \frac{2}{8}$

◀ Bild F 45

b) $\frac{7}{8} - \frac{3}{8}$ c) $\frac{5}{8} - \frac{4}{8}$ d) $\frac{8}{8} - \frac{5}{8}$ e) $\frac{7}{8} - \frac{1}{8}$

f) $\frac{7}{11} - \frac{3}{11}$ g) $\frac{9}{11} - \frac{5}{11}$ h) $\frac{9}{11} - \frac{3}{11}$ i) $\frac{11}{11} - \frac{10}{11}$

10. Berechne:

a) $\frac{3}{4} - \frac{2}{4}$ b) $\frac{9}{5} + \frac{3}{5}$ c) $\frac{1}{6} + \frac{2}{6}$ d) $\frac{4}{6} + \frac{1}{6}$

e) $\frac{3}{5} - \frac{2}{5}$ f) $\frac{5}{12} - \frac{7}{12}$ g) $\frac{7}{10} + \frac{2}{10}$ h) $\frac{7}{12} - \frac{5}{12}$

11. Von dem Rechteck im Bild F 46 sind $\frac{7}{8}$ rotbraun gefärbt.

Die Hälfte des Rechtecks hat neben der rotbraunen Färbung noch schwarze Punkte.

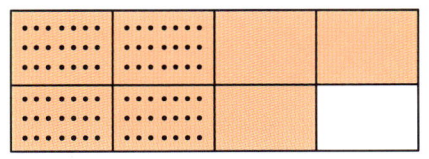

▲ Bild F 46

Welcher Teil des Rechtecks ist rotbraun gefärbt und hat keine schwarzen Punkte?

Am Bild erkennen wir: $\frac{7}{8} - \frac{1}{2} = \frac{3}{8}$

Die Hälfte des Rechtecks ist das Gleiche wie $\frac{4}{8}$ des Rechtecks. Wir können also auch schreiben: $\frac{7}{8} - \frac{4}{8} = \frac{3}{8}$

12. Welcher Anteil des Rechtecks in den Bildern F 47 a–c ist jeweils grün gefärbt, welcher gelb? Welcher Anteil ist insgesamt gefärbt?

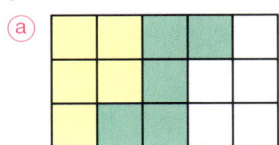

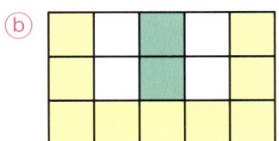

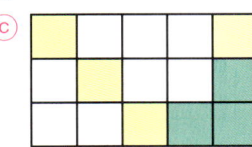

▲ Bild F 47

13. Welcher Anteil der Figuren in den Bildern F 48 a–c ist grün gefärbt? Welcher Anteil ist jeweils gepunktet? Berechne den Anteil jeder Figur, der grün gefärbt, aber nicht gepunktet ist.

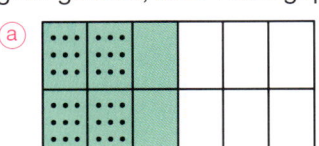

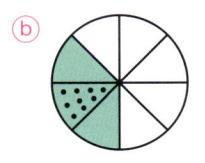

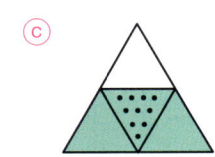

▲ Bild F 48

14. Bernd hatte zwei Additionsaufgaben und eine Stubtraktionsaufgabe mit gleichnamigen Brüchen zu lösen. Er fertigte zu jeder Aufgabe eine Skizze an (↗ Bild F 49).

Versuche herauszufinden, welche Aufgaben das waren, und löse sie.

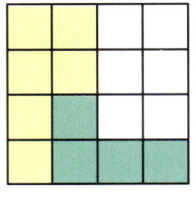

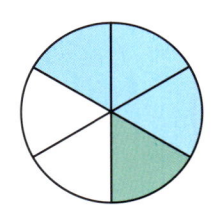

Bild F 49 ▶

15. Zeichne jeweils Rechtecke mit 12 Teilen und veranschauliche damit die folgenden Aufgaben:

a) $\frac{1}{12} + \frac{1}{2}$ b) $\frac{1}{6} + \frac{2}{3}$ c) $\frac{7}{12} - \frac{1}{3}$ d) $\frac{5}{6} - \frac{5}{12}$

16. Bei dem nebenstehenden Glücksrad soll „Rot" einen großen Gewinn und „Blau" einen kleinen Gewinn erhalten.
Welcher Teil gewinnt insgesamt? Gib die Chance als Bruch an.

▲ Bild F 50

17. Berechne:

a) $\frac{4}{12} + \frac{7}{12}$ b) $\frac{7}{15} + \frac{8}{15}$ c) $\frac{2}{17} + \frac{8}{17}$ d) $\frac{7}{20} + \frac{13}{20}$

e) $\frac{7}{20} + \frac{22}{20}$ f) $\frac{11}{12} + \frac{3}{12}$ g) $\frac{14}{15} + \frac{3}{15}$ h) $\frac{24}{48} + \frac{8}{48}$

i) $\frac{10}{17} - \frac{2}{17}$ j) $\frac{11}{12} - \frac{7}{12}$ k) $\frac{21}{24} - \frac{6}{24}$ l) $\frac{15}{15} - \frac{8}{15}$

18. Wir bauen Rechenmauern. Schreibe die Brüche für die unterste Reihe, die zweite Reihe von unten usw. wie in den Bildern in dein Heft.
Es soll die Summe der Brüche auf zwei nebeneinander liegenden Steinen jeweils die Zahl auf dem darüber liegenden Stein ergeben.

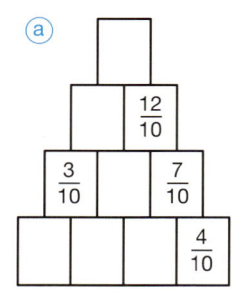

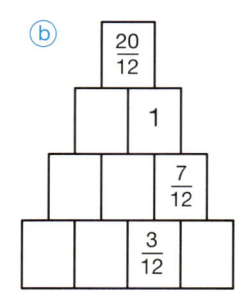

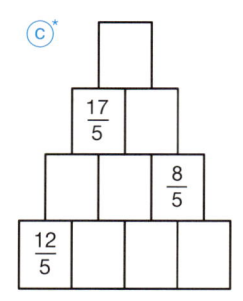

a) Reihe 3: $\frac{12}{10}$; Reihe 2: $\frac{3}{10}$, $\frac{7}{10}$; Reihe 1: —, —, $\frac{4}{10}$

b) Reihe 4: $\frac{20}{12}$; Reihe 3: 1; Reihe 2: —, $\frac{7}{12}$; Reihe 1: —, $\frac{3}{12}$, —

c)* Reihe 4: $\frac{17}{5}$; Reihe 3: —, $\frac{8}{5}$; Reihe 2: $\frac{12}{5}$, —, —

▲ Bild F 51

19. Baue selbst solche Rechenmauern.

20. Für einen Kuchen werden $\frac{3}{8}$ l Milch benötigt. $\frac{1}{8}$ l Milch ist schon im Messbecher. Wie viel Liter Milch fehlen noch?

21. Die Waage soll im Gleichgewicht bleiben. Gib das fehlende Gewicht an.

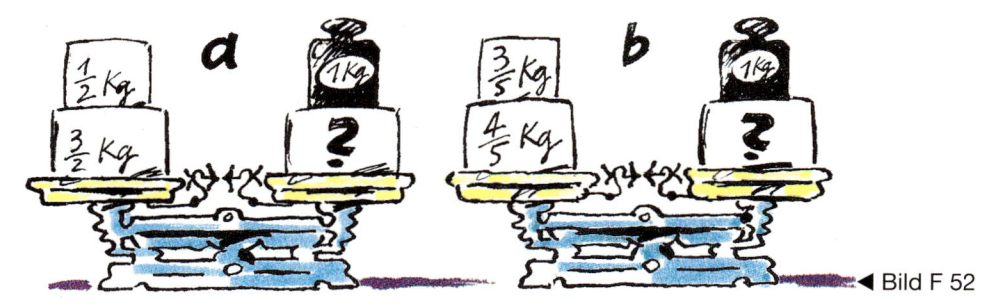

a) $\frac{1}{2}$ kg, $\frac{3}{2}$ kg ↔ 1 kg, ?

b) $\frac{3}{5}$ kg, $\frac{4}{5}$ kg ↔ 1 kg, ?

◀ Bild F 52

22. Subtrahiere jeweils den kleineren Bruch vom größeren:
  a) $\frac{3}{8}, \frac{7}{8}$ b) $\frac{11}{13}, \frac{4}{13}$ c) $\frac{11}{15}, \frac{14}{15}$ d) $\frac{17}{17}, 1$ e) $\frac{5}{9}, \frac{3}{9}$

23. Um wie viel ist $\frac{17}{10}$ größer als a) $\frac{7}{10}$, b) $\frac{3}{10}$, c) $\frac{5}{10}$, d) 1?

24. Berechne:
  a) $\frac{1}{2}$ km + $\frac{3}{2}$ km   b) $\frac{3}{4}$ h + $\frac{5}{4}$ h   c) $\frac{3}{8}$ l + $\frac{7}{8}$ l
  d) $\frac{3}{4}$ km + $\frac{7}{4}$ km   e) $\frac{1}{2}$ h + $\frac{5}{2}$ h   f) $\frac{7}{8}$ l + $\frac{9}{8}$ l

25.* Susanne verteilt eine Tafel Schokolade. Sabine erhält $\frac{1}{4}$, Peter erhält $\frac{1}{6}$, Sonja erhält auch $\frac{1}{4}$.
Welcher Anteil bleibt übrig?

▲ Bild F 53

26*. Der Tank eines Schiffsmodells fasst 2 l Treibstoff. Davon werden $\frac{2}{8}$ l verbraucht. Wie viel Liter sind noch im Tank?

27. Alexander erhält 30 DM Taschengeld. Davon gibt er $\frac{1}{5}$ für Schulmaterialien aus. $\frac{1}{10}$ seines Taschengeldes verbraucht er für Eis.
Welcher Anteil seines Taschengeldes bleibt übrig?

28. Petra hat noch 20 DM. Davon gibt sie $\frac{1}{5}$ für Süßigkeiten und $\frac{1}{10}$ für Cola aus. Welcher Anteil ihres Geldes bleibt übrig?

29. Löse die folgenden Aufgaben. Wähle selbst eine Veranschaulichung.
  a) $\frac{3}{8} + \frac{1}{4}$ b) $\frac{7}{8} - \frac{1}{4}$ c) $\frac{5}{8} - \frac{1}{2}$ d) $\frac{1}{2} + \frac{3}{8}$ e) $\frac{3}{5} - \frac{1}{10}$

Kannst du die folgenden Aufgaben ohne Zeichnung lösen?
  f)* $\frac{9}{10} + \frac{1}{5}$ g)* $\frac{4}{5} - \frac{2}{10}$ h)* $\frac{4}{5} + \frac{1}{10}$ i)* $\frac{7}{10} + \frac{2}{5}$ k)* $\frac{1}{5} - \frac{1}{10}$

30. Von den 32 Schülern einer Klasse haben sich $\frac{5}{8}$ für einen Ausflug zum Schiffshebewerk Niederfinow entschieden. $\frac{2}{8}$ wollen lieber das alte Kloster Chorin besichtigen. Der Rest der Klasse weiß noch nicht, wofür er sich entscheiden soll. Wie viele Schüler sind das?

31*. Suche zwei Brüche. Ihre Differenz soll $\frac{1}{5}$ und ihre Summe 1 sein.

32*. Mike behauptet: $\frac{1}{6} + \frac{1}{3} = \frac{1}{2}$. Stimmt das?

33*. Raffael meint: Wenn ich einen Würfel werfe, so ist die Chance für eine gerade Augenzahl $\frac{3}{6}$. Weiterhin ist die Chance dafür, dass der Wurf eine Augenzahl liefert, die größer als 2 ist, $\frac{4}{6}$. Also – so meint er – ist die Chance für eine Augenzahl, die gerade ist oder größer als 2 ist: $\frac{3}{6} + \frac{4}{3} = \frac{7}{6}$. Was meinst du dazu?

Übungen

1. Schreibe die folgenden Zahlen als Summen von Vielfachen von 10, 100, 1 000, ... usw.
   BEISPIEL: $5920 = 5 \cdot 1000 + 9 \cdot 100 + 2 \cdot 10 + 0$
   a) 4504 **b)** 3777 **c)** 9054 **d)** 12879 **e)** 138955
   f) Trage die 5 Zahlen in eine Stellentafel ein.

2. Schreibe die in der Stellentafel erfassten Zahlen als Summen von Vielfachen von 10, 100, 1 000, ...
   Drücke danach jede dieser Zahlen als Zahlwort aus.

   a)

			Tausend		
H	Z	E	H	Z	E
			5	3	4
	1	2	0	3	0
4	5	1	9	9	9
9	0	0	0	0	1

   b)

			Million			Tausend		
H	Z	E	H	Z	E	H	Z	E
				3	6	0	0	4	5	0
	1	2	2	2	2	2	2	2
		8	0	0	0	0	3	4
1	0	0	1	0	0	1	0	0

3. Schreibe als Ziffer und lies:
   a) $2 \cdot 10^3 + 3 \cdot 10^2 + 8 \cdot 10 + 6$
   b) $3 \cdot 10^5 + 4 \cdot 10^4 + 6 \cdot 10^3 + 6$
   c) $5 \cdot 10^3 + 6 \cdot 10 + 7$
   d) $8 \cdot 10^4 + 1 \cdot 10^3 + 5 \cdot 10 + 7$
   e) $4 \cdot 10^7 + 3 \cdot 10^6 + 1 \cdot 10^5 + 1 \cdot 10^4 + 4 \cdot 10^3 + 2 \cdot 10^2 + 6 \cdot 10 + 8$

4. Bringe die Brüche durch Erweitern oder durch Kürzen auf den gewünschten Nenner:
   a) $\frac{2}{5} = \frac{}{10}$ **b)** $\frac{1}{2} = \frac{}{10}$ **c)** $\frac{15}{20} = \frac{}{10}$ **d)** $\frac{3}{5} = \frac{}{10}$
   e) $\frac{3}{2} = \frac{}{10}$ **f)** $\frac{15}{20} = \frac{}{100}$ **g)** $\frac{9}{25} = \frac{}{100}$ **h)** $\frac{84}{400} = \frac{}{100}$

6 Dezimalbrüche

1. Erkläre die Aufschriften auf den Gegenständen!

▲ Bild F 54

2. Beim Schulsportfest wurden im Weitsprung von den Jungen der Klasse 5 c die nebenstehenden Weiten erreicht. Wer ist Sieger? Wer belegte die weiteren Plätze?

Jörg	3,21 m
Guido	3,39 m
Thomas	3,17 m
Olaf	3,41 m
Ingo	3,09 m
Sebastian	3,50 m

Wir erweitern die uns bekannte Stellentafel nach rechts:
Zehntel (z), Hundertstel (h), Tausendstel (t)
In eine derart erweiterte Stellentafel können **Zehnerbrüche** eingetragen werden.
Zehnerbrüche sind Brüche, bei denen im Nenner 10, 100, 1 000, … steht.

In die nebenstehenden Zahlentafel werden eingetragen: $\frac{3}{10}$, $\frac{7}{100}$, $\frac{4}{1000}$	T|H|Z|E ‖ z|h|t	Schreibe: 0,3 0,07 0,004

3. Fertige dir eine Stellentafel an und trage dann die folgenden Zehnerbrüche ein:

a) $\frac{1}{10}$ b) $\frac{9}{100}$ c) $\frac{3}{1000}$ d)* $\frac{11}{10}$

BEISPIELE: Trage in eine Stellentafel ein: $\frac{23}{100}$ und $\frac{529}{100}$

4.
a) $\frac{23}{100} = \frac{20}{100} + \frac{3}{100}$
$= \frac{2}{10} + \frac{3}{100}$

b) $\frac{529}{100} = \frac{500}{100} + \frac{20}{100} + \frac{9}{100}$
$= 5 + \frac{2}{10} + \frac{9}{100}$

T	H	Z	E	z	h	t
				2	3	
			5	2	9	

Man schreibt dafür:

0,23
5,29

und spricht: 0 Komma 2 3
bzw: 5 Komma 2 9

Zahlen wie 0,23 und 5,29 heißen **Dezimalbrüche**. Zehnerbrüche kann man als Dezimalbrüche schreiben.

BEISPIEL:

5.

Bruch	T	H	Z	E	z	h	t	Dezimalbruch
$\frac{42}{100}$					4	2		0,42
$\frac{1235}{100}$			1	2	3	5		12,35
$\frac{107}{100}$				1	0	7		1,07
$\frac{204}{1000}$					2	0	4	0,204

6. Schreibe die in die nebenstehende Stellentafel eingetragenen Brüche als Dezimalbrüche und als Zehnerbrüche.

T	H	Z	E	z	h	t
				2	3	
		4	5			
			7	1		
	4	0	2	3		
					2	7

7. Trage in eine Stellentafel ein und schreibe als Dezimalbruch:

a) $\frac{7}{10}$ b) $\frac{7}{100}$ c) $\frac{70}{10}$ d) $\frac{21}{10}$ e) $\frac{201}{10}$ f) $\frac{45}{1000}$

g) $\frac{16}{100}$ h) $\frac{18}{10}$ i) $\frac{347}{1000}$ j) $\frac{9}{100}$ k) $\frac{347}{100}$ l) $\frac{347}{10}$

8. Trage in eine Stellentafel ein und schreibe als Zehnerbruch:

a) 0,8 b) 0,51 c) 1,02 d) 162 e) 0,162 f) 3,45

9. Trage in eine Stellentafel ein und schreibe als Zehnerbruch:
 a) 0,6; 0,27; 0,09; 0,303; 1,7; 17,1; 16,35
 b) 0,4; 0,61; 0,08; 0,707; 2,5; 25,6; 71,47
 c) 0,25; 0,077; 1,41; 5,071; 121; 4,91; 6,038

10. Schreibe als Dezimalbruch:
 a) $\frac{314}{10}$ b) $\frac{29}{100}$ c) $\frac{171}{1000}$ d) $\frac{4}{100}$ e) $\frac{47}{100}$ f) $\frac{413}{10}$ g) $\frac{92}{100}$

11. Versuche die folgenden Brüche in Zehnerbrüche umzuwandeln. Wenn es dir gelingt, schreibe sie als Dezimalbruch.
 a) $\frac{1}{2}$ b) $\frac{1}{5}$ c) $\frac{2}{5}$ d) $\frac{1}{3}$ e) $\frac{1}{4}$ f) $\frac{1}{25}$

Viele Brüche lassen sich in Zehnerbrüche umwandeln und deshalb auch als Dezimalbrüche schreiben.

$\frac{1}{2} = 0{,}5$ $\frac{1}{4} = 0{,}25$ 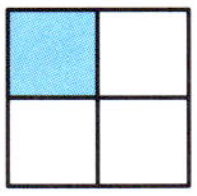 $\frac{3}{4} = 0{,}75$ 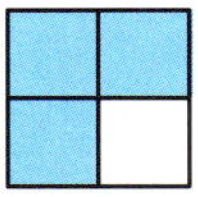 $\frac{1}{8} = 0{,}125$ 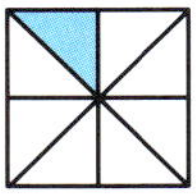 $\frac{1}{5} = 0{,}2$

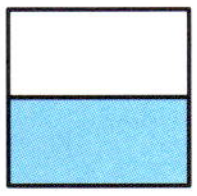

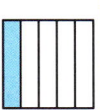

Viele Brüche lassen sich nicht als Zehnerbruch darstellen.

BEISPIELE: $\frac{1}{3}$, $\frac{2}{3}$, $\frac{1}{7}$, $\frac{2}{9}$, $\frac{5}{11}$

12. Schreibe als Zehnerbruch und dann als Dezimalbruch
 a) $\frac{2}{3}$, $\frac{3}{4}$, $\frac{5}{7}$, $\frac{12}{50}$, $\frac{7}{50}$, $\frac{341}{500}$, $\frac{4}{25}$, $\frac{7}{25}$, $\frac{4}{20}$
 b)* $\frac{13}{20}$, $\frac{57}{2000}$, $\frac{571}{200}$, $\frac{3}{20}$, $\frac{7}{5}$, $\frac{5}{2}$, $\frac{8}{25}$, $\frac{32}{40}$, $\frac{117}{50}$
 c) $\frac{56}{80}$, $\frac{7}{20}$, $\frac{11}{5}$, $\frac{9}{2}$, $\frac{11}{25}$, $\frac{211}{50}$, $\frac{6}{60}$, $\frac{45}{50}$, $\frac{4}{20}$
 d) $\frac{48}{200}$, $\frac{14}{250}$, $\frac{9}{6}$, $\frac{265}{500}$, $\frac{48}{400}$, $\frac{16}{400}$, $\frac{5}{250}$, $\frac{36}{40}$

13. Gib den farbig gekennzeichneten Anteil als Dezimalbruch an.

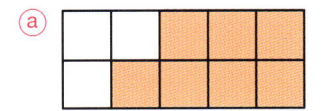

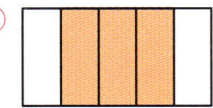

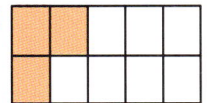

14. Dezimalbrüche können am Zahlenstrahl dargestellt werden.
Welche Dezimalbrüche gehören zu den rot markierten Punkten?

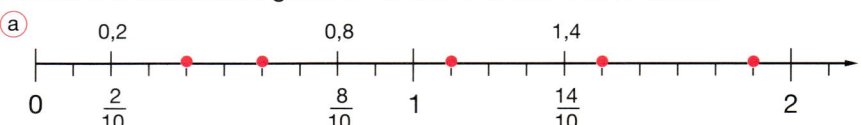

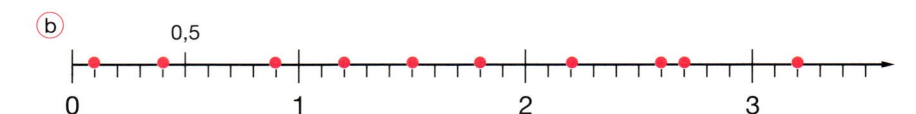

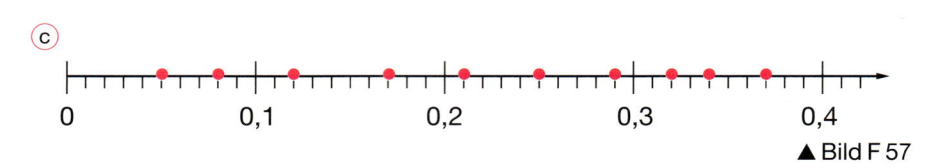

ⓐ

0,2   0,8   1,4

0    $\frac{2}{10}$ $\frac{8}{10}$ 1 $\frac{14}{10}$ 2

ⓑ

0,5

0   1   2   3

ⓒ

0   0,1   0,2   0,3   0,4

▲ Bild F 57

Zahlenangaben mit Komma sind uns bereits beim Rechnen mit Größen begegnet. Wir betrachten die Größe: 3,21 m.
• 3,21 m bedeutet 3 m und 21 cm.   21 cm schreibt man auch als 0,21 m.
    1 cm schreibt man als 0,01 m.

Wir merken uns:
100 cm sind 1 m;
    1 cm ist der hundertste Teil eines Meters: 1 cm = $\frac{1}{100}$ m = 0,01 m

Für 3,21 m ergibt sich demnach:
• 3,21 m = 3 m + $\frac{2}{10}$ m + $\frac{1}{100}$ m

Genauso erhält man:

21 cm = $\frac{21}{100}$ m = 0,21 m   45 cm = $\frac{45}{100}$ m = 0,45 m

52 Pf = $\frac{52}{100}$ DM = 0,52 DM   112 Pf = $\frac{112}{100}$ DM = 1,12 DM

7 mm = $\frac{7}{10}$ cm = 0,7 cm   317 m = $\frac{317}{1000}$ km = 0,317 km

1 253 g = $\frac{1253}{1000}$ kg = 1,253 kg

Bei den uns bekannten Größenangaben werden also Dezimalbrüche verwendet.

15. Gib die folgenden Größen mit Dezimalbrüchen an:
    a) $\frac{23}{100}$ m   **b)** 75 cm   **c)** 980 g   **d)** $\frac{75}{10}$ m   **e)** $\frac{175}{1000}$ kg   **f)** $\frac{1}{2}$ kg

> Das Anhängen von Nullen bzw. das Streichen von Nullen am Ende von Dezimalbrüchen entspricht dem Erweitern bzw. dem Kürzen von Brüchen.
>
> | BEISPIEL: | BEISPIEL: |
> |---|---|
> | 0,3 wird „erweitert": | 2,700 wird „gekürzt": |
> | 0,3 = 0,30 = 0,300 usw. | 2,700 = 2,70 = 2,7 |

F

16. Schreibe so kurz wie möglich.
  a) 1,20   b) 0,075   c) 1240   d) 12,4500
  e) 0,123000   f) 103,075   g) 12,4050   h) 27,0410000

17. Welche Ziffer steht jeweils an der Zehntelstelle (Hundertstelstelle)?
  a) 16,52   b) 7,0   c) 0,407   d) 121
  e) 2,9   f) 2,222   g) 13,48   h) 7,075

18. Welcher Dezimalbruch ist eine andere Schreibweise für $\frac{5}{100}$?
  a) 5,00   b) 0,005   c) 0,05   d) 500   e) 0,5   f) 0,050

19. Welcher der folgenden Brüche ist dasselbe wie 4,5?
  a) $\frac{45}{100}$ b) $\frac{45}{1}$ c) $\frac{45}{10}$ d) $\frac{45}{1000}$ e) $\frac{450}{100}$

20. Welche der folgenden Aussagen ist wahr?
  a) $1,0 = \frac{10}{10}$ b) $0,27 = \frac{27}{100}$ c) $27,1 = 27,100$ a) $7,3 = 7,03$
  e) $0,14 = \frac{14}{10}$ f) $0,017 = 0,0170$

21. Wähle die nächstgrößere Einheit und schreibe die Maßzahl als Dezimalbruch:
  a) 741 g;   47 Pf;   203 m;   27 cm;   191 Pf;   299 g
  b) 4321 m;   721 cm;   41 mm;   929 kg;   4321 Pf;   721 mm
  c) 17 mm;   83 Pf;   34 cm;   242 g;   740 m;   649 g
  d) 8796 m;   92 mm;   311 cm;   747 kg;   9347 Pf;   112 mm

22. Zeichne ein Rechteck und stelle als Bruchteil dar:
  a) 0,6;   b) 0,8;   c) 0,25;   d) 0,9;   e) 0,75;   f) 0,4

23. Gib die folgenden Größen als Dezimalbrüche an:
  a) $\frac{1}{2}$ kg   b) $\frac{1}{4}$ m   c) $\frac{5}{8}$ kg   d) $\frac{3}{2}$ t   e) $\frac{1}{8}$ l   f) $\frac{7}{4}$ km

24. Gib die folgenden Größen als gemeine Brüche an:
  a) 0,2 l   b) 0,7 l   c) 0,5 l   d) 0,75 l   e) 0,3 l   f) 1,0 l

25. Schreibe als Zehnerbruch und kürze soweit wie möglich:
a) 0,24   b) 0,16   c) 1,8   d) 1,2   e) 2,15   f) 2,55
g) 0,065   h) 0,115   i) 1,02   j) 2,06   k) 10,2   l) 0,008

26. Wir betrachten wieder einmal unser Glücksrad (↗ Bild F 58). Dieses Mal sollen die Gewinnchancen für verschiedene Bedingungen durch Dezimalbrüche angegeben werden.
a) Der Spieler gewinnt, wenn das Glücksrad auf der 5 stehen bleibt.
b) Der Spieler gewinnt, wenn das Glücksrad auf einer geraden Nummer stehen bleibt.
c) Der Spieler gewinnt, wenn das Glücksrad auf einer Nummer zwischen 2 und 6 stehen bleibt.

▲ Bild F 58

Übungen

1. Dividiere 96 durch 2 (3; 4; 6; 8; 12; 16; 32; 48).

2. a) Dividiere durch 4.   b) Dividiere durch 6.
44; 64; 124; 808; 528   168; 192; 312; 498
c) Dividiere durch 12.   d) Dividiere durch 7.
108; 132; 252; 348; 732   91; 112; 147; 273; 637

3. Wir helfen der Mutter beim Einkauf und holen
a) 4 Brötchen und 2 Hörnchen,
b) 7 Brötchen und 1 kleines Dreikornbrot,
c) 1 großes Brot und 1 Weißbrot
d) 3 Hörnchen, 2 Kümmelbrötchen und 1 kleines Mischbrot,
e) 8 Brötchen und 3 Hörnchen.
Wie viel müssen wir in jedem Fall bezahlen?

Bild F 59 ▶

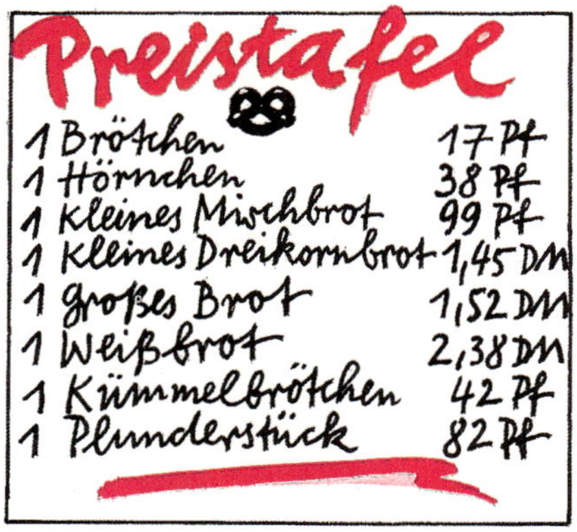

Preistafel
1 Brötchen	17 Pf
1 Hörnchen	38 Pf
1 kleines Mischbrot	99 Pf
1 kleines Dreikornbrot	1,45 DM
1 großes Brot	1,52 DM
1 Weißbrot	2,38 DM
1 Kümmelbrötchen	42 Pf
1 Plunderstück	82 Pf

4. Andrea kauft 1 großes Brot, 1 Dreikornbrot, 2 Kümmelbrötchen und 5 Stück Plunderkuchen.
a) Reicht ein 10-DM-Schein zum Bezahlen der Ware?
b) Wie viel DM erhält Andrea zurück (falls das Geld reicht)?
c) Würde das Geld vielleicht sogar noch für 4 Brötchen reichen?

7 Vergleichen und Ordnen von Dezimalbrüchen

1. Am Beginn des Schuljahres wurden alle Schülerinnen und Schüler gemessen und gewogen.

Jan	1,44 m	38,3 kg		Ute	1,38 m	35,9 kg
Tim	1,39 m	36,2 kg		Sandra	1,42 m	37,5 kg
Georg	1,47 m	36,7 kg		Michaela	1,50 m	39,0 kg
Mathias	1,37 m	31,6 kg		Jenniffer	1,37 m	33,3 kg
Andreas	1,48 m	37,1 kg		Melanie	1,39 m	36,8 kg
Steffen	1,51 m	37,5 kg		Paola	1,43 m	38,3 kg

a) Wer ist von den Jungen am größten? Wer ist von den Mädchen am größten?
b) Ordne die Mädchen und die Jungen nach der Größe.
c) Ordne die Mädchen und die Jungen nach dem Gewicht.

2. Auf dem Markt werden von einer Stoffsorte Reste verkauft. Jedes Stück soll abhängig von seiner Länge ausgepreist werden. Welches Preisschild gehört zu welchem Stoffrest?

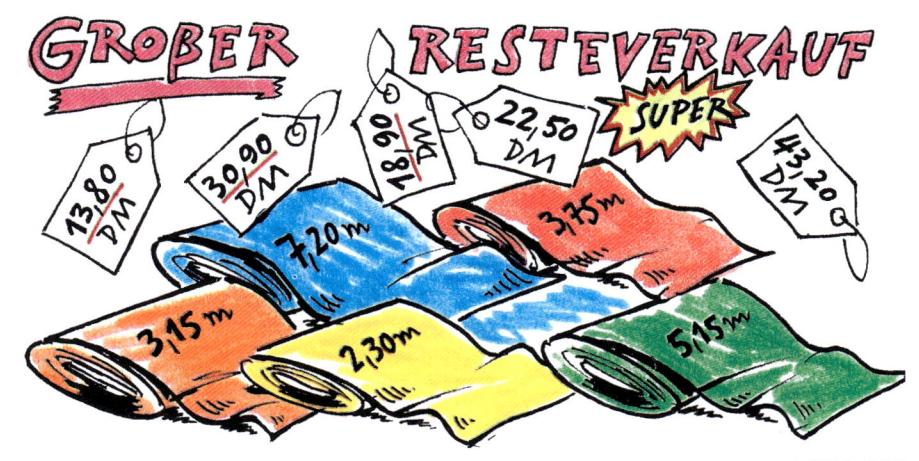

▲ Bild F 60

Dezimalbrüche kann man vergleichen, indem man die zugehörigen Zehnerbrüche vergleicht.

BEISPIEL: Die Dezimalbrüche 0,367 und 0,408 sind miteinander zu vergleichen. Es gilt 0,367 < 0,408, denn $\frac{367}{1000} < \frac{408}{1000}$.

3. Vergleiche, indem du Zehnerbrüche vergleichst:
   a) 0,115 und 0,191   **b)** 0,707 und 0,708   **c)** 5,01 und 5,01
   d) 0,591 und 0,092

4. Lies Größenvergleiche am Zahlenstrahl ab:

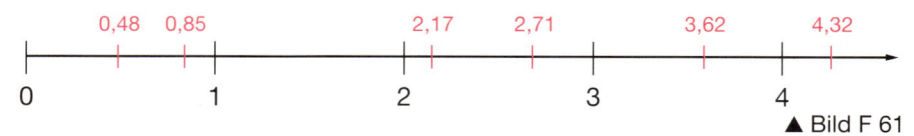

▲ Bild F 61

Dezimalbrüche kann man vergleichen, indem man die zugeordneten Zehnerbrüche miteinander vergleicht oder den Vergleich am Zahlenstrahl vornimmt. **Besonders schnell gelingt es, wenn man die Dezimalbrüche stellenweise – von links beginnend – vergleicht.**

BEISPIELE:
a) Vergleiche 0,734 mit 11,81.
0 < 11, also
0,734 < 11,81.

b) Vergleiche 23,1789 mit 23,1279.

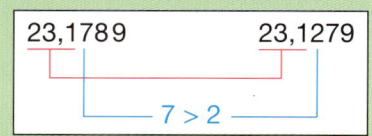

23,1789   23,1279
         7 > 2

Bis zur Zehntelstelle stimmen die Zahlen überein; in der Hundertstelstelle gibt es eine Abweichung:
7 > 2, also 23,1789 > 23,1279.

5. Vergleiche die folgenden Dezimalbrüche miteinander:
   a) 639,475 mit 63,9475   **b)** 2,71 mit 2,69   **c)** 37,094 mit 37,12
   d) 0,0092 mit 0,1   **e)** 12,3475 mit 12,3465

6. Ordne der Größe nach. Beginne mit der größten Zahl.
   a) 7,91;   7,809;   8,17;   8,30;   7,811
   b) 12,09;   11,99;   12,10;   12,17;   11,97

7. Übertrage ins Heft und setze das richtige Zeichen (>, <, =) ein.
   a) 1,2 ☐ 1,25   **b)** 0,20 ☐ 0,202   **c)** 19,309 ☐ 19,039
   d) 23,9945 ☐ 23,9954   **e)** 58,043 ☐ 58,034   **f)** 0,75 ☐ 0,76
   g) 0,25 ☐ $\frac{1}{4}$ **h)*** $\frac{3}{8}$ ☐ 0,3705   **i)** 0,5 ☐ $\frac{1}{2}$
   j) 0,063 ☐ 0,06300   **k)** 87,376 ☐ 87,376   **l)*** 8,734 ☐ 8,7339

8. Vergleiche:
   a) 0,1 und 0,01   **b)** 3,2 und 3,199   **c)** 30,4 und 10,04
   d) 0,9 und 0,10   **e)** 8,374 und 8,34   **f)** 0,8 und 0,11

9. Peter hat verglichen: 0,14 > 0,9.
   Er argumentiert folgendermaßen: „Null Komma vierzehn ist größer als Null Komma neun, weil 14 > 9." Was sagst du dazu?

10. Schreibe die folgenden Brüche als Dezimalbrüche und vergleiche:
    a) $\frac{5}{10}$ und 0,276   b) $\frac{51}{100}$ und 0,5   c) $\frac{1}{5}$ und 1,5
    d) $\frac{9}{10}$ und 0,9   e) $\frac{9}{10}$ und 0,09   f) $\frac{1}{8}$ und 0,12

11. Stelle die folgenden Dezimalbrüche am Zahlenstrahl dar:
    1,2;   0,5;   1,5;   0,75;   0,8;   1,4;   0,25

12. Beim Schulsportfest wurden im 60-m-Lauf Ausscheidungswettkämpfe durchgeführt. Jeweils die ersten zwei eines jeden Ausscheidungslaufs kamen in den Endlauf. Bestimme die Endlaufteilnehmer.

1. Vorlauf:		2. Vorlauf:		3. Vorlauf:	
Susann	9,9 s	Nancy	9,6 s	Sandra	11,3 s
Anja	10,4 s	Claudia	10,5 s	Eike	9,4 s
Melanie	9,5 s	Susanne	10,3 s	Antje	10,4 s
Doreen	9,4 s	Janine	9,8 s	Annette	11,2 s
Katrin	9,8 s	Anne	10,1 s	Caroline	9,7 s
Karen	10,2 s	Undine	9,7 s	Kerstin	10,8 s

13. Beim Weitsprung wurden im ersten Durchgang folgende Weiten erreicht:
    Georg .... 3,52 m
    Ferdinand .... 3,71 m
    Alexander .... 3,69 m
    Roland .... 3,57 m
    Mirko .... 3,82 m
    Max .... 3,84 m

    Wer führt? Gib für die Teilnehmer die Rangfolge an.

    Bild F 62 ▶

14. Käse wurde in Stücke geschnitten und verpackt. Welches Preisschild gehört zu welcher Verpackung?

0,408 kg	0,365 kg	0,387 kg	0,317 kg	0,372 kg
5,17 DM	6,31 DM	5,95 DM	6,65 DM	6,06 DM

15. Schinken wurde verpackt. Welches Preisschild gehört zu welcher Verpackung?

0,191 kg	0,184 kg	0,207 kg	0,198 kg	0,213 kg
5,29 DM	5,53 DM	5,10 DM	5,69 DM	4,91 DM

16. Ordne die folgenden Zahlen. Beginne mit der größten.
   a) 12,8; 12,08; 12,88; 12,808; 12,088; 12,888
   b) 17,834; 17,348; 7,834; 8,743; 18,743; 8,7043
   c) 0,75; 1,75; $\frac{7}{4}$; 7,15; $\frac{70}{10}$; $\frac{9}{4}$; 5,71; $\frac{1}{2}$

17. Welche Ziffern können für (∗) eingesetzt werden, wenn $a < b$ gelten soll?
   a) $a = 7{,}345$; $b = 7{,}3*6$
   b) $a = 19{,}038$; $b = 19{,}0*8$
   c) $a = 21{,}439$; $b = 21{,}*25$
   d) $a = 201{,}138$; $b = 201{,}*19$
   e) $a = 1{,}705$; $b = 1{,}7*7$
   f) $a = 3{,}495$; $b = 3{,}4*5$

18. Gib je drei Dezimalbrüche an, die zwischen den gegebenen Dezimalbrüchen liegen:
   a) 1,42   1,53
   b) 13,94   12,18
   c) 2,97   2,98
   d) 4,17   4,170

19. Nenne alle Dezimalbrüche, die zwischen den gegebenen Dezimalbrüchen liegen und genauso viele Stellen nach dem Komma haben.
   a) 0,996   1,001
   b) 17,023   17,032
   c) 3,02   3,20
   d) 0,4088   0,4101
   e) 7,04   7,05
   f) 0,9999   1,001

Übungen

1. Runde auf Zehner:
   a) 44; 49; 78; 55; 192; 965; 6382
   b) 673; 895; 1005; 996; 89004; 9944

2. Runde auf Tausender:
   a) 4118; 9780; 16500; 37498; 352982; 600050
   b) 3099; 8129; 22302; 37501; 288589; 589050

3. Schreibe mit Komma:
   a) 4 m 70 cm; 4 m 7 cm; 7 km 15 m; 20 km 8 m; 3 m 45 cm
   b) 5 t 750 kg; 6 t 8 dt; 12 kg 70 g; 25 t 30 kg; 10 t 1 dt

4. Wandle in die nächstgrößere Einheit um:
   a) 740 cm; 30 dm; 4000 m; 60 mm; 43,6 dm; 1500 m; 4 cm
   b) 3990 g; 50 dt; 8800 kg; 88 dt; 880 g; 5 dt; 390 kg
   c) 4 kg 330 g; 3 t 5 dt; 5 dt 60 kg; 3 dt 9 kg; 1 kg 90 g

8 Runden von Dezimalbrüchen

1. Welche der folgenden Streckenlängen können mit einem Schullineal gemessen werden?

    a) 4,5 cm **b)** 7,2 cm **c)** 3,7 cm **d)** 8,17 cm **e)** 2,87 cm **f)** 3,06 cm

Welchen Messwert würde man wohl ablesen?

2. Jana überlegt, ob ihr 10-DM-Schein zur Bezahlung der nebenstehenden Aufstellung reicht.

Eier	1,89 DM
Äpfel	2,78 DM
Jogurt	0,82 DM
Bleistifte	1,82 DM
Kaugummis	0,75 DM

Jana kommt schnell zum Ergebnis, denn sie macht einen Überschlag. Dazu **rundet** sie die Dezimalbrüche auf Einer:

$1,89 \approx 2$
$2,78 \approx 3$
$0,82 \approx 1$ $2 + 3 + 1 + 2 + 1 = 9$
$1,82 \approx 2$ Also reichen 10 DM aus.
$0,75 \approx 1$

Beim Runden eines Dezimalbruches auf eine bestimmte Stelle werden die Rundungsregeln wie bei natürlichen Zahlen angewendet.
Steht in der nachfolgenden Dezimalstelle 0, 1, 2, 3, 4, so wird abgerundet.
Steht in der nachfolgenden Dezimalstelle 5, 6, 7, 8, 9, so wird aufgerundet.

Beispiele:

- Runden auf Zehntel (eine Stelle nach dem Komma)

a) $2,7\mathbf{33} \approx 2,7$
b) $17,3\mathbf{84} \approx 17,4$

- Runden auf Hundertstel (zwei Stellen nach dem Komma)

c) $1,78\mathbf{72} \approx 1,79$
d) $42,32\mathbf{41} \approx 42,32$

---

3. 94,573 51 soll gerundet werden.
Auf Tausendstel gerundet ergibt sich 94,574.
Runde auch auf Hundertstel, auf Zehntel, auf Einer, auf Zehner.

4. Runde auf Zehner und auf Zehntel:
    a) 25,482 7 **b)** 709,842 1 **c)** 19,009 6 **d)** 31,543 **e)** 202,202
    f) 467,336 6 **g)** 77,136 3 **h)** 78,000 9 **i)** 901,234 **j)** 561,561

5. Runde auf Zehntel, Hundertstel und Tausendstel:
   a) 7,1363;   3,8647;   1,2092;   13,0645;   24,5011;   79,2617
   b) 0,7070;   0,0777;   0,5891;   11,0181;   10,9994;   17,0109

6. Gib alle Dezimalbrüche mit 3 Stellen nach dem Komma an, die auf
   a) 12,42;   **b)** 23,76;   **c)** 78,80   gerundet wurden.

7. Die folgenden Dezimalbrüche sind durch Runden entstanden. Gib jeweils drei Beispiele für Brüche an, aus denen die gerundeten Dezimalbrüche hervorgegangen sein können.
   a) 414,4   **b)** 2,7   **c)** 103,9   **d)** 27,1   **e)** 0,42   **f)** 10,47

8. **a)** Runde auf Meter: 6,08 m; 101,71 m; 451 cm; 721 cm; 14,6473 km
   b) Runde auf Zentimeter: 76 mm; 92 mm; 4,81 cm; 17,46 cm
   c) Runde auf Gramm: 31,26 g; 49,52 g; 0,7482 kg; 8534 mg
   d) Runde auf Kilogramm: 621,49 kg; 30,51 kg; 12,374 kg; 9615 kg

9. Entscheide, welche der folgenden Angaben sinnvoll sind. Gib jeweils einen sinnvoll gerundeten Dezimalbruch an.
   a) Der Fichtelberg im Erzgebirge ist 121 423 cm hoch.
   b) Eine Briefmarke ist 32 mm breit.
   c) Ein Zeichenblock wiegt 137,4 g.
   d) Ein Kugelschreiber ist 14,6 cm lang.
   e) Die Elbe ist 1 165 318 m lang.
   f) Das Gewicht eines PKW beträgt 1,3474 t.
   g) Der Wanderweg ist 21,85 km lang.
   h) Jana lief die 100 m in 12,56 s.

10. Ergänze jeweils die richtige Einheit:
   a) Ein Bleistift ist 18 … lang.
   b) Ein Brötchen wiegt 50 … .
   c) Ein Fußballtor ist 244 … hoch.

11. Anton hat die folgenden Größenangaben gerundet. Die genauen Werte sind nicht mehr bekannt.
   Gib an, wie der genaue Wert heißen könnte.
   a) Der Triebwagen einer Straßenbahn wiegt 19,3 t.
   b) Die erste Eisenbahnstrecke in Preußen war der Abschnitt Zehlendorf – Potsdam der Eisenbahn von Potsdam nach Berlin. Sie ist rund 18 km lang und wurde am 22. 9. 1838 erstmals befahren.
   c) Ein Samenkorn der Linde wiegt 0,04 g.

12. Bestimmt mit einem Messband die Größe der Schüler eurer Klasse.
   Gebt die erhaltenen Werte in Zentimetern und in Metern an.
   Rundet die Messwerte auf 10 cm und gebt sie in Metern an.
   Welcher Wert tritt am häufigsten auf?
   Welche Werte treten selten auf?

9 Addition und Subtraktion von Dezimalbrüchen

1. Tanja geht einkaufen. Sie kauft 1 l Milch für 1,09 DM, eine Packung Margarine für 1,59 DM, fünf Wiener Würstchen für 2,65 DM. Sie bezahlt an der Kasse mit einem 10-DM-Schein.
Wie viel DM muss sie bezahlen? Wie viel Geld bekommt sie zurück?

2. Frau Krause kauft Obst und Gemüse. Beim Abwiegen liest sie folgende Gewichtsangaben an der automatischen Waage ab:

Bananen . . . . 0,825 kg
Äpfel . . . . 1,230 kg
Tomaten . . . . 0,919 kg
Kartoffeln . . . . 2,5 kg

Wie viel Kilogramm wiegt alles zusammen.

▶ Bild F 63

3. Es sind die Dezimalbrüche 3,752; 17,23; 0,207 und 20,01 zu addieren.

Trägt man die Dezimalbrüche in eine Stellentafel ein und addiert dann, so kann man nichts falsch machen.
Man addiert genauso wie bei der schriftlichen Addition natürlicher Zahlen.
Ohne Stellentafel schreibt man die Dezimalbrüche in der gleichen Weise untereinander und addiert.
Überprüfe die Rechnung.

Z	E	z	h	t
	3	7	5	2
1	7	2	3	0
	0	2	0	7
2	0	1	0	0
4	1	2	8	9

```
    3,752
+  17,230
+   0,207
+  20,100
   ------
   41,289
```

> Beim schriftlichen Addieren und Subtrahieren von Dezimalbrüchen gehören gleiche Stellenwerte untereinander: **Komma unter Komma**.
> Dann wird wie bei natürlichen Zahlen stellenweise addiert bzw. subtrahiert.

> BEISPIELE:
>
> **4.** **a)** Zu berechnen ist die Summe der Zahlen 82,5; 1,347; 0,612 und 22,5. Wir schreiben:
>
> ```
>     82,5
> +   1,347
> +   0,612
> +  22,5
> ─────────
>   106,959
> ```
>
> **b)** Zu subtrahieren ist 7,234 von 11,9.
> Wir schreiben für 11,9 11,900 und dann:
>
> ```
>                    Kontrolle:
>   11,900            4,666
> −  7,234          + 7,234
> ────────          ────────
>    4,666           11,900
> ```

5. Was sagst du zu den folgenden Ergebnissen?
    a) 6,7 + 6 = 6,76   **b)** 6,7 + 6 = 7,3
Gib das richtige Ergebnis an.

6. Berechne:
    a) 0,7 + 0,4   **b)** 6,66 + 3,42   **c)** 0,832 + 0,068
    d) 84 + 3,87   **e)** 0,53 + 0,26   **f)** 2,8 + 3,42
    g) 10,756 + 11,336   **h)** 34,43 + 29   **i)** 21,4 + 6,5
    j) 0,45 + 0,55   **k)** 2,725 + 3,256   **l)** 15 + 15,555

7. Berechne:
    a) 0,80 − 0,36   **b)** 3,4 − 0,9   **c)** 13,3 − 11,4
    d) 5,746 − 4,083   **e)** 1,12 − 1,78   **f)** 84 − 17,25
    g) 0,842 − 0,421   **h)** 12,9 − 3,5   **i)** 1,100 − 0,989
    j) 2,22 − 0,88   **k)** 27 − 9,8   **l)** 14,7 − 104,07

8. Berechne Summe und Differenz der angegebenen Dezimalbrüche:
    a) 7,7 und 6,5   **b)** 30,89 und 29,11   **c)** 8,125 und 7,775
    d) 0,69 und 0,71   **e)** 14,8 und 13,8   **f)** 0,075 und 0,075

9. Berechne und vergleiche die Ergebnisse:
    a) 3,8 + 7,2 und 7,2 + 3,8
    b) 102,7 + 3,5 + 2,3 und 2,3 + 102,7 + 3,5

10. Berechne im Kopf:
    a) 0,75 + 2,5 + 0,25   **b)** $19,65 - \frac{2}{5}$ **c)** $0,75 + \frac{1}{4}$
    d) 13,7 − 2,5 + 1,3   **e)** 7,71 − 2,4 − 2,41

11. Schreibe stellengerecht untereinander und berechne:
    a) 48,048 + 2,131   **b)** 4,3086 + 0,0042   **c)** 0,7043 + 2,346
    d) 70,673 + 69,0045   **e)** 7,235 − 3,164   **f)** 0,743 − 0,1234
    g) 31,725 − 3,1725   **h)** 12,23 − 3,122   **i)** 4,26 + 3,842
    j) 8,082 + 8,802   **k)** 8,802 − 0,999   **l)** 0,6 − 0,0623
    m) 4,062 − 3,75   **n)** 16 − 8,275   **o)** 17,034 + 171,26

12. Mache einen Überschlag und rechne dann aus.
   a) 87,3 + 19,2
   b) 6,45 − 5,97
   c) 122,22 − 17,87
   d) 2,035 − 2,103
   e) 121,3 + 19,93 + 8,23

13. Berechne:
   a) $1,75 - \frac{1}{4} + 2,5$
   b) 19,62 + 5,38 − 6,4
   c) $\frac{4}{4} + 7,25 - 2,5$
   d) $0,6 - \frac{3}{5} + 7,41$
   e) 76,24 + 23,76 − 100
   f) 36,63 + 64,37 − 102

14. Wie viel fehlt bis zu 1?
   a) 0,736
   b) 0,2351
   c) 0,045
   d) 0,1111
   e) 0,991
   f) 0,0033
   g) 0,707
   h) 0,9999
   i) 0,10

15. Ergänze zur 100:
   a) 73,5
   b) 9,91
   c) 99,10
   d) 55,45
   e) 22,22
   f) 9,9
   g) 11,01
   h) 1,05
   i) 0,99
   j) 0,01

16. Gib die Differenz zur nächstgrößeren natürlichen Zahl an:
   a) 1,2
   b) 0,85
   c) 2,7
   d) 23,75
   e) 74
   f) 72,77

17.* Ermittle Dezimalbrüche, sodass gilt:
   a) $x + y = 43,5$
   b) $x + y = 21,95$
   c) $x - y = 12,6$

18. Löse die folgenden Gleichungen:
   a) $1,23 + x = 2$
   b) $39,27 + x = 43$
   c) $x + 23,1 = 45,3$
   d) $x + 91,5 = 100$
   e) $x - 15,5 = 16,5$
   f) $x - 71,2 = 100$

19. Berechne:
   a) 12,2 m + 13,7 m + 721 cm + 1,3 m
   b) 7,5 kg + 2520 g + 11,2 kg − 2,52 kg
   c) 72,2 cm + 1,32 m + 143,5 cm + 1,09 m
   d) 1,2 l + 7,5 l − 0,9 l + 2,5 l

20. Übertrage die Aufgaben in dein Heft und ergänze die fehlenden Ziffern, die durch ein Sternchen gekennzeichnet sind.

   a) 4,8*5   b) 7,3*6   c)   *,1*6   d) 52,34*   e)* 1*,*32
      + 3,58*   + 2,63*   + 2, *3*   + *,4*7   + *,35*
      ─────   ─────   ─────   ─────   ─────
       *,*29   *,*58   4,079   56,*41   15,7*8

21.
   a) Wie groß ist die Differenz von 0,9 und 0,10?
   b) Von welcher Zahl muss man 2,45 subtrahieren um 7,08 zu erhalten?
   c) Welche Zahl muss man von 10 subtrahieren um 3,56 zu erhalten?
   d) Welche Zahl muss man von 285,75 subtrahieren um 73,47 zu erhalten?
   e) Welche Zahl muss man zu 37,891 addieren um 109,721 zu erhalten?

22. **a)** Zeichne ein Rechteck mit den Seitenlängen 2,5 cm und 6,5 cm und berechne den Umfang.
b) Zeichne ein weiteres Viereck, das die gleichen Seitenlängen hat, aber kein Rechteck ist.

23. Berechne jeweils den Umfang der Vierecke. Bei welchen Vierecken könnte es sich um Rechtecke handeln?
a) $a = 7,5$ cm; $\quad b = 5,9$ cm; $\quad c = 7,2$ cm; $\quad d = 9,7$ cm
b) $a = 9,2$ cm; $\quad b = 7,25$ cm; $\quad c = 7,25$ cm; $\quad d = 9,2$ cm
c) $a = 11,3$ cm; $\quad b = 11,3$ cm; $\quad c = 11,3$ cm; $\quad d = 11,3$ cm
d) $a = 1,75$ m; $\quad b = 1,2$ m; $\quad c = 3,5$ m; $\quad d = 1,2$ m

24. Übertrage die Tabellen in dein Heft und ergänze.

a)

$x - 1,2$	x	$x + 1,2$
	10,2	
	8,8	
0		
		2,5

b)

x	y	z	$x + y - z$
1,8	1,3	0,5	
0,45	0,25	0,15	
0,4	0,8		0
	0,75	0,65	1

25. Nico hat eingekauft. Reicht ein 10-DM-Schein zum Bezahlen?
Milch 0,89 DM; $\quad$ Eier 1,96 DM; $\quad$ Butter 2,15 DM
Saft 1,49 DM; $\quad$ Brot 2,49 DM;

26. Achmed hat Obst gekauft. $\quad$ Bananen 0,959 kg;
Apfelsinen 1,250 kg; $\quad$ Äpfel 0,825 kg; $\quad$ Weintrauben 0,775 kg
Wie viel Kilogramm hat er insgesamt zu tragen?

27. Karen hat Schreibwaren eingekauft. $\quad$ 2 Hefte 1,00 DM;
1 Füller 6,95 DM; $\quad$ 2 Bleistifte 1,88 DM; $\quad$ 2 Schnellhefter 1,30 DM
Sie bezahlt mit einem 20-DM-Schein. Wie viel Geld bekommt sie heraus?

28. Sandra hat 100 DM gespart. Sie will sich von diesem Geld Sportschuhe für 49,90 DM und einen Ball für 43,90 DM kaufen. Kann sie von dem Rest noch eine Kinokarte für 5 DM bezahlen?

29. Fabian wünscht sich ein Mountain-Bike. Er hat 473 DM auf seinem Sparkonto. Von seinen Großeltern erhält er 70 DM und von seiner Tante 45 DM zum Geburtstag geschenkt. Wie viel Geld fehlt ihm noch, wenn das Rad 699,00 DM kosten soll?

Bild F 64 ▶

10 Vervielfachen von Dezimalbrüchen

1. Leon kauft 6 Becher Jogurt für je 0,69 DM. Wie viel DM muss er bezahlen?

2. Franziska baut mit ihrem Vater zusammen ein Aquarium. Für den Rahmen benötigen sie vier Metallstäbe (Winkeleisen) mit je 0,65 m Länge, vier mit 0,35 m Länge und vier Stäbe mit 0,30 m Länge.
Reichen zwei 2,70 m lange Winkeleisen für das Vorhaben?

BEISPIEL:

3. Für einen quadratischen Bilderrahmen werden vier Leisten von je 0,45 m Länge benötigt. Wie lang muss die Leiste mindestens sein, die man für diesen Zweck einkauft?

Diese Aufgabe kann auf verschiedene Weise gelöst werden.

a) $4 \cdot 0{,}45 \text{ m} = 4 \cdot 45 \text{ cm} = \underline{1{,}80 \text{ m}}$

b) $4 \cdot 0{,}45 \text{ m} = 0{,}45 \text{ m} + 0{,}45 \text{ m} + 0{,}45 \text{ m} + 0{,}45 \text{ m} = \underline{1{,}80 \text{ m}}$

c) $4 \cdot 0{,}45 \text{ m} = \frac{45}{100} \text{ m} + \frac{45}{100} \text{ m} + \frac{45}{100} \text{ m} + \frac{45}{100} \text{ m} = \frac{180}{100} \text{ m} = \underline{1{,}80 \text{ m}}$

---

4. Schreibe als Produkt und berechne:
  a) 0,3 m + 0,3 m + 0,3 m + 0,3 m
  b) 0,25 kg + 0,25 kg + 0,25 kg + 0,25 kg + 0,25 kg

5. Berechne auf diese Weise   **a)** $7 \cdot 1{,}2$;   **b)** $4 \cdot 0{,}52$ und vergleiche die Ergebnisse mit den Produkten $7 \cdot 12$ bzw. $4 \cdot 52$.

---

6. Wir vergleichen die Rechnung von zwei einander ähnlichen Aufgaben.

  a) $6 \cdot 1{,}3 = 1{,}3 + 1{,}3 + 1{,}3 + 1{,}3 + 1{,}3 + 1{,}3 = 7{,}8$
  b) $6 \cdot 13 = 78$

Die Ziffernfolgen beider Produkte stimmen überein. Das Ergebnis von $6 \cdot 1{,}3$ hat eine Dezimalstelle hinter dem Komma: 7,8
Auch der Dezimalbruch, der als Faktor stand, hat eine Dezimalstelle hinter dem Komma: 1,3

Wir vergleichen zwei weitere Aufgaben.

  a) $4 \cdot 1{,}35 = 1{,}35 + 1{,}35 + 1{,}35 + 1{,}35 = 5{,}40$
  b) $4 \cdot 135 = 4 \cdot 100 + 4 \cdot 35 = 400 + 140 = 540$

Auch hier stimmen die Ziffernfolgen überein.
Das Ergebnis von $4 \cdot 1{,}35$ hat zwei Stellen hinter dem Komma: 5,40
genauso wie der Dezimalbruch, der als Faktor stand: 1,35

Wir merken uns:
Vervielfachen von Dezimalbrüchen: Man multipliziert natürliche Zahlen und setzt im Ergebnis das Komma so, dass das Produkt genauso viele Dezimalstellen hat wie der ursprüngliche Dezimalbruch.

BEISPIELE:

a) $42 \cdot 5{,}3$ $\underline{42 \cdot 53}$
　　　　　　　　210
　　　　　　　　$\underline{126}$
　　　　　　　　2226

　$42 \cdot 5{,}3 = \underline{\underline{222{,}6}}$

b) $407 \cdot 3{,}82$ Überschlag: $400 \cdot 4 = 1600$
   Anstelle von $407 \cdot 382$ schreibt man kurz:

   　　$\underline{407 \cdot 3{,}82}$
   　　　1221
   　　　3256
   　　$\underline{814}$
   　　　1554,74

   $407 \cdot 3{,}82 = \underline{\underline{1554{,}74}}$

   Vergleiche mit dem Überschlag.

7. Mache einen Überschlag und berechne:

a) $5 \cdot 1{,}27$ b) $9{,}8 \cdot 17$ c) $12 \cdot 0{,}234$ d) $0{,}902 \cdot 27$
e) $213 \cdot 2{,}83$ f) $92 \cdot 1{,}2345$ g) $34 \cdot 9{,}781$ h) $9{,}008 \cdot 19$

8. Berechne:

$10 \cdot 0{,}25$	$100 \cdot 0{,}25$	$1000 \cdot 23{,}456$
$10 \cdot 1{,}34$	$100 \cdot 2{,}375$	$1000 \cdot 0{,}123$
$10 \cdot 21{,}03$	$100 \cdot 73{,}4$	$1000 \cdot 9{,}03$

Was beobachtest du?

Wir merken uns:
Beim **Vervielfachen eines Dezimalbruches mit 10, 100, 1000, usw.** rückt das Komma um eine, zwei, drei usw. Stellen nach rechts. Dazu müssen manchmal Nullen angehängt werden.

BEISPIELE:
Wir multiplizieren 3,789 nacheinander mit 10, 100, 1000, 10000:

$10 \cdot 3{,}789 = 37{,}89$　　　　　$10^1 \cdot 3{,}789 = 37{,}89$

$100 \cdot 3{,}789 = 378{,}9$　　　　$10^2 \cdot 3{,}789 = 378{,}9$

$1000 \cdot 3{,}789 = 3789$　　　　$10^3 \cdot 3{,}789 = 3789$

$10000 \cdot 3{,}789 = 37890$　　$10^4 \cdot 3{,}789 = 37890$

9. Schreibe als Produkt und berechne:
  a) 0,75 m + 0,75 m + 0,75 m + 0,75 m + 0,75 m
  b) 1,3 m + 1,3 m + 1,3 m + 1,3 m
  c) 20,4 m + 20,4 m + 20,4 m + 20,4 m + 20,4 m
  d) 3,07 m + 3,07 m + 3,07 m + 3,07 m

10. Schreibe als Produkt und berechne:
  a) 0,850 kg + 0,850 kg + 0,850 kg + 0,850 kg
  b) 1,62 kg + 1,62 kg + 1,62 kg + 1,62 kg + 1,62 kg
  c) 41,5 kg + 41,5 kg + 41,5 kg + 41,5 kg + 41,5 kg
  d) 7,35 kg + 7,35 kg + 7,35 kg + 7,35 kg
  e) 0,25 kg + 0,25 kg + 0,25 kg + 0,25 kg

11. Berechne. Gib das Ergebnis in DM an.
  a) 4 · 69 Pf   b) 7 · 39 Pf   c) 4 · 52 Pf
  d) 3 · 1,09 DM   e) 5 · 65 Pf   f) 7 · 0,82 DM
  g) 2 · 1,39 DM   h) 3 · 89 Pf   i) 6 · 1,02 DM
  j) 20 · 42 Pf   k) 30 · 89 Pf   l) 40 · 52 Pf
  m) 50 · 15 Pf   n) 60 · 19 Pf   o) 20 · 1,09 DM

12. Übertrage die Tabellen in dein Heft und ergänze sie.

a)
s	0,7	1,12	$\frac{1}{2}$	
$4 \cdot s$				0,32

b)
t	0,9	2,05	$\frac{1}{4}$	
$6 \cdot t$				0,42

13.
  a) 10 · 0,74 DM   b) 10 · 1,275 kg   c) 10 · 0,65 dt
     100 · 0,74 DM   100 · 1,275 kg   100 · 0,65 dt
     1000 · 0,74 DM   1000 · 1,275 kg   1000 · 0,65 dt

14.
  a) 10 · 36   b) 100 · 27   c) 10 000 · 0,75
     10 · 0,7   100 · 0,71   100 000 · 34
     10 · 13,35   100 · 0,2   10 · 0,765
     10 · 0,0875   100 · 1,445   1 000 · 9,123
     10 · 2,008   100 · 0,0063   100 · 5,6

15. Übertrage die Tabellen in dein Heft und ergänze sie.

a)
b	2	5	10	100	
$b \cdot 3,458$				3458	34580

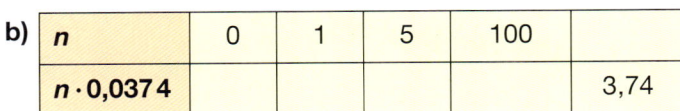

b)
n	0	1	5	100	
$n \cdot 0,0374$					3,74

16. Welche natürlichen Zahlen x erfüllen die folgenden Ungleichungen?
  a) $x \cdot 0,4 < 2,0$ b) $1,25 \cdot x < 7$ c)* $1 < x \cdot 1,05 < 4,25$

17. Welche natürlichen Zahlen y erfüllen die folgenden Ungleichungen?
  a) $0{,}3 \cdot y < 1{,}0$ **b)** $y \cdot 2{,}35 < 11$ **c)*** $12 < 3{,}8 \cdot y < 27$

18. Berechne die Summe aus dem Dreifachen und dem Fünffachen von 0,78.

19. Ermittle die Differenz zwischen dem Achtfachen von 1,24 und dem Dreifachen dieser Zahl.

20. Um wie viel ist das Neunfache von 3,067 größer als das Sechsfache derselben Zahl?

21. Wenn man 1,09 mit 5 vervielfacht und danach die Zahl x addiert, erhält man als Summe 10. Wie heißt die Zahl x?

22. Das Zehnfache von 3,75 wird um 5 vermindert. Berechne die Differenz.

23. Das Hundertfache von 0,728 wird um das Zehnfache von 7,28 vermehrt (vermindert). Berechne die Summe (die Differenz).

24. Das Tausendfache von 1,034 wird um die Zahl y vermindert. Die Differenz ist 1 001. Gib die Zahl y an.

25. Eine Badewanne hat ein Fassungsvermögen von 180 l. Wie viel Liter Wasser laufen in eine Badewanne ein, wenn je Sekunde 0,25 l aus dem Hahn fließen und dieser 10 Minuten geöffnet ist?

26. Wie viel Liter Wasser fließen in einem Jahr ungenutzt ab, wenn durch das Tropfen des Wasserhahns während einer Stunde 0,5 l Wasser verloren gehen?

27.* Täglich werden pro Haushalt ungefähr 2,8 l Wasser zum Kochen verbraucht. Wie viele Tage hätte man mit dem durch den tropfenden Wasserhahn verloren gegangenen Wasser kochen können?

▲ Bild F 65

11 Multiplikation von Dezimalbrüchen

1. Eine Fleischerei bietet im Sonderangebot Kotelett an. 1 kg kostet nur 8,49 DM. Frau Jansen kauft 1,2 kg. Wie viel DM muss sie für die Ware bezahlen?

Bild F 66 ▶

2. Familie Hahn will den Fußboden des Arbeitszimmers neu steichen. Das Zimmer hat einen rechteckigen Grundriss; es ist 3,80 m breit und 4,20 m lang. Eine Büchse Farbe reicht für 6 m². Wie viele Büchsen Farbe werden benötigt?

BEISPIEL:

3. 1 kg Äpfel kostet 2,49 DM.
Roman kauft eine große Tüte voll, es sind 1,4 kg.
Wie viel DM muss er wohl bezahlen?

Bild F 67 ▶

Die zu lösende Aufgabe heißt: 1,4 · 2,49   Ü.: 1 · 3 = 3
Wir rechnen in Pfennige um und erhalten die Aufgabe 1,4 · 249.
1,4 · 249 = 249 · 1,4; diese Aufgabe können wir lösen:

$$\begin{array}{r} 249 \cdot 1,4 \\ \hline 249 \\ 99\,6 \\ \hline 348,6 \end{array}$$

Das Ergebnis rechnen wir wieder in DM um: 348,6 Pf = 3,486 DM
Vergleiche mit dem Überschlag. Roman muss 3,49 DM bezahlen.

4. Die Zwischenschritte der Aufgabe 2,49 · 1,4 im Beispiel auf der vorhergehenden Seite machen deutlich, dass Folgendes richtig ist:

2,49 · 1,4 = 3,486
249 · 1,4 = 348,6
249 · 14 = 3486

Berechne **a)** 1,5 · 7,3; **b)** 3,9 · 1,25; indem du das Komma zunächst nicht beachtest. Überlege, wo im Ergebnis das Komma zu setzen ist.

Wir merken uns:

Multiplikation von Dezimalbrüchen:

(1) Zuerst einen Überschlag mit bequemen Zahlen vornehmen.
(2) Beim Multiplizieren das Komma nicht beachten und wie mit natürlichen Zahlen rechnen.
(3) Das Komma im Ergebnis so setzen, dass nach dem Komma genauso viel Stellen stehen wie beide Faktoren zusammen nach dem Komma haben.
(4) Das Ergebnis mit dem Überschlag vergleichen.

BEISPIELE:

8,3 · 3,04

```
 8,3 · 3,04          Überschlag: 8 · 3 = 24
 2490
  332
─────
25,232
```

Manchmal müssen Nullen eingefügt werden:

5. a) 0,2 · 0,3 = 0,06   **b)** 0,04 · 0,5 = 0,020 = 0,02

---

6. 1 kg Gebäck kostet 14,50 DM. Wie viel DM kosten 0,250 kg von diesem Gebäck? Vergleiche das Ergebnis mit 14,50 DM.

7. Berechne die Produkte und vergleiche mit den Faktoren.
    a) 12 · 35 = 420   420 > 12 und   420 > 35
    b) 0,5 · 32 = 16   16 > 0,5 und   16 < 32
    c) 0,75 · 0,3 = 0,225   0,225 < 0,75 und 0,225 < 0,3

Werden Dezimalbrüche miteinander multipliziert, so kann das Produkt kleiner sein als jeder der Faktoren.

8.* Welche Bedingungen gelten in diesem Fall für die Faktoren?

9. Welche der folgenden Zahlen ist das richtige Ergebnis von 0,325 · 0,24?
    a) 7,8   **b)** 0,78   **c)** 0,078   **d)** 0,00078   **e)** 0,565   **f)** 0,32524
Wie kann man das Ergebnis schnell herausfinden?

10. Tina rechnet: 3,25 · 2,4 = 7,8
Michael meint, dass das nicht stimmen kann, weil das Ergebnis drei Dezimalstellen haben müsste. Was meinst du dazu?

11. 1 kg Emmentaler Käse kostet 24,20 DM. Wie viel DM kosten
a) 1,20 kg, **b)** 1,5 kg, **c)** 0,750 kg, **d)** $\frac{1}{4}$ kg, **e)** 0,650 kg?

12. 1 kg Tomaten kostet 3,99 DM. Wie teuer sind
a) 2,200 kg, **b)** 0,950 kg, **c)** 1,700 kg, **d)** $\frac{1}{2}$ kg, **e)** 1,100 kg?

13. 1 Meter Stoff kostet 43,75 DM. Wie viel DM kosten
a) 1,25 m, **b)** $\frac{3}{4}$ m, **c)** 80 cm, **d)** 3,20 m?

14. Berechne den Umfang und den Flächeninhalt für die folgenden Rechtecke:
a) a = 2,7 cm; b = 7,3 cm **b)** a = 4,5 cm; b = 4,5 cm
c) a = 2,9 cm; b = 3,5 cm **d)** a = 1,2 cm; b = 7,4 cm

Rechne und vergleiche die Ergebnisse miteinander.

15. **a)** 4 · 1,5   **b)** 25 · 8,12 DM   **c)** 36 · 2,550 kg
       0,4 · 1,5 m   2,5 · 8,12 DM   3,6 · 2,550 kg
       0,4 · 0,15 m   0,25 · 8,12 DM   0,36 · 2,550 kg

16. **a)** 14 · 25   **b)** 180 · 6   **c)** 42 · 15   **d)** 35 · 17
       14 · 2,5   18 · 6   42 · 1,5   35 · 1,7
       1,4 · 2,5   1,8 · 6   4,2 · 15   3,5 · 1,7
       1,4 · 0,25   1,8 · 0,6   4,2 · 0,15   3,5 · 0,17

17. **a)** 8,5 · 42 **b)** 2,7 · 125 **c)** 4,5 · 82   **d)** 212 · 30,5
       0,85 · 4,2   2,7 · 12,5   4,5 · 8,2   21,2 · 30,5
       0,85 · 42   27 · 1,25   0,45 · 0,82   2,12 · 3,05

18. **a)** 6 · 0,4   **b)** 8 · 0,7   **c)** 9 · 0,5   **d)** 16 · 3
       0,6 · 0,4   0,8 · 0,7   0,9 · 0,5   1,6 · 0,3
       0,6 · 0,04   0,8 · 7   0,9 · 0,05   0,16 · 0,3

19. **a)** 6 · 0,8   **b)** 25 · 0,3 **c)** 0,17 · 0,2 **d)** 0,3 · 0,6
       8 · 0,9   40 · 1,2   1,8 · 0,4   0,4 · 0,1
       12 · 0,2   45 · 0,8   2,5 · 0,4   0,5 · 0,2
       15 · 0,4   80 · 1,1   1,2 · 0,6   0,2 · 0,2

20. Berechne und vergleiche.
a) 2,7 · 3,1 und 3,1 · 2,7
b) 10,5 · 1,5 und 1,5 · 10,5
c) 4,1 · (2,4 + 1,2) und 4,1 · 2,4 + 4,1 · 1,2

21. Berechne und vergleiche:
- **a)** $0,3 \cdot (4,2 - 3,7)$ und $0,3 \cdot 4,2 - 0,3 \cdot 3,7$
- **b)** $7,6 \cdot 2,3 + 7,6 \cdot 1,7$ und $7,6 \cdot (2,3 + 1,7)$
- **c)** $9,2 \cdot 4,25 + 9,2 \cdot 0,75$ und $9,2 \cdot \left(4,25 + \dfrac{3}{4}\right)$

22. Runde nach der Multiplikation auf eine Stelle nach dem Komma:
- **a)** $2,75 \cdot 0,97$
- **b)** $3,42 \cdot 1,06$
- **c)** $11,8 \cdot 9,9$
- **d)** $7,13 \cdot 0,81$
- **e)** $6,5 \cdot 2,4$
- **f)** $225,2 \cdot 20,1$

23. Runde nach der Multiplikation auf zwei Stellen nach dem Komma:
- **a)** $2,87 \cdot 7,08$
- **b)** $1,99 \cdot 10,2$
- **c)** $72,55 \cdot 40,84$
- **d)** $0,86 \cdot 0,755$
- **e)** $1,12 \cdot 1,12$
- **f)** $63,14 \cdot 7,05$
- **g)** $0,7 \cdot 1,2 \cdot 4$
- **h)** $2,5 \cdot 0,3 \cdot 1,2$
- **i)** $1,25 \cdot 0,7 \cdot 10$
- **k)** $2,9 \cdot 0,8 \cdot 5,1$
- **l)** $3,88 \cdot 7 \cdot 0,6$
- **m)** $2,9 \cdot 3,1 \cdot 1,3$

24. Für die Multiplikationsaufgaben a) bis d) ist unter den fünf angegebenen Zahlen genau ein richtiges Produkt. Die falschen Ergebnisse sind ohne ausführliche Rechnung zu erkennen. Erläutere, wie du vorgehst.

- **a)** $3,5 \cdot 2,9$ | 6,05 | 10,5 | 10,15 | 23,35 | 10,325
- **b)** $24,1 \cdot 5,6$ | 134,6 | 15,86 | 138,37 | 134,96 | 328,48
- **c)** $6,32 \cdot 8,7$ | 53,64 | 5,4984 | 54,98 | 53,981 | 54,984
- **d)** $42,6 \cdot 7,5$ | 319,5 | 312,65 | 84,5 | 627,30 | 284,25

25. Rechne mündlich. Welche Aufgabe gehört zu welchem Ergebnis?
- **a)** $3 \cdot 2,2$
- **b)** $3 \cdot 0,22$
- **c)** $3 \cdot 0,022$
- **d)** $0,3 \cdot 22$
- **e)** $0,3 \cdot 2,2$

Ergebnisse	0,0066	6,6	66	0,66	0,066	666	66,6

26. Übertrage die nachstehenden Tabellen in dein Heft und ergänze.

a)
2·x			1	
x	1,4	0,65		
0,2·x				0,8

b)
12·y			3	
y		0,4	0,75	
1,2·x				0,012

27. Rechne und vergleiche die Ergebnisse:
- **a)** $\dfrac{3}{4}$ von 2,4 t
  $0,75 \cdot 2,4$ t
- **b)** $\dfrac{6}{5}$ von 3,5 km
  $1,2 \cdot 3,5$ km
- **c)** $\dfrac{1}{2}$ von 0,6 cm
  $0,5 \cdot 0,6$ cm

28.* Gib einen Dezimalbruch x so an, dass gilt:
- **a)** $3 \cdot x < 3$
- **b)** $x \cdot 2,5 < 2,5$
- **c)** $0,95 \cdot x < 0,95$
- **d)** $x \cdot 0,86 < 0,86$

29.* Das Produkt aus der Summe der Zahlen 10,4 und 2,2 und deren Differenz ist zu berechnen.

30. Berechne die Produkte. Ordne dann in jeder Aufgabe die Faktoren und das Produkt jeweils der Größe nach.
BEISPIEL: $0{,}19 \cdot 0{,}5 = 0{,}095$; $0{,}095$; $0{,}19$; $0{,}5$
a) $2{,}5 \cdot 9{,}7$ b) $10{,}2 \cdot 0{,}81$ c) $0{,}87 \cdot 2{,}7$ d) $6{,}9 \cdot 0{,}4$
e) $0{,}75 \cdot 0{,}47$ f)* $1{,}25 \cdot \frac{1}{4}$ g)* $\frac{1}{2} \cdot 3{,}2$ h) $3{,}77 \cdot 0$

31. Berechne:
a) $2{,}5 + 1{,}5 \cdot 4 - 3{,}5$
$(2{,}5 + 1{,}5) \cdot 4 - 3{,}5$
$2{,}5 + 1{,}5 \cdot (4 - 3{,}5)$
$(2{,}5 + 1{,}5) \cdot (4 - 3{,}5)$

b) $0{,}75 + 0{,}15 \cdot 0{,}2 - 0{,}1$
$0{,}75 + 0{,}15 \cdot (0{,}2 - 0{,}1)$
$(0{,}75 + 0{,}15) \cdot 0{,}2 - 0{,}1$
$(0{,}75 + 0{,}15) \cdot (0{,}2 - 0{,}1)$

32. Die Differenz von 0,73 und 0,38 ist zu verfünffachen.

33. Die Summe aus dem Produkt der Zahlen 0,4 und 1,2 und der Zahl 0,85 ist zu ermitteln.

34. Berechne die Differenz aus der Summe von 2,35 und 0,88 und ihrem Produkt.

35. Die Summe einer unbekannten Zahl und 2,1 ist 5. Wie heißt die Zahl?

36. Subtrahiert man von einer Zahl 4,5, so erhält man 3,7. Das Produkt aus der unbekannten Zahl und der genannten Differenz ist zu berechnen.

37. Vom Produkt der Zahlen 2,5 und 3,3 wird eine Zahl subtrahiert, sodass die Differenz 8 ergibt. Wie heißt die Zahl?

39. Übertrage die Tabellen in dein Heft und ergänze sie.

a)
x	y	x · y
0,4	2,2	
0,13	0,5	
2	1,7	
0,25		1

b)
u	v	u · v
0,7	1,2	
2,65	0,4	
3	2,1	
0,3		1,5

Übungen

1. Schreibe die Brüche als Dezimalbrüche:
a) $\frac{1}{2}$ b) $\frac{3}{4}$ c) $\frac{2}{5}$ d) $\frac{13}{50}$ e) $\frac{3}{2}$ f) $\frac{13}{25}$ g) $\frac{6}{5}$
h) $\frac{9}{3}$ i) $\frac{1}{4}$ j) $\frac{1}{8}$ k) $\frac{9}{8}$ l) $\frac{31}{100}$ m) $\frac{231}{500}$ n) $\frac{1}{3}$

2. Schreibe die Dezimalbrüche als gemeine Brüche:
- **a)** 1,5 **b)** 3,5 **c)** 2,75 **d)** 0,125 **e)** 0,75 **f)** 7,5
- **g)** 0,25 **h)** 0,625 **i)** 10,4 **j)** 1,04 **k)** 0,104 **l)** 2,4
- **m)** 3,7 **n)** 0,975 **o)** 0,47 **p)** 0,208 **q)** 0,209 **r)** 0,204

3. Übertrage die Aufgaben in dein Heft und setze das richtige Zeichen (<, > oder =) ein.
- **a)** 0,54 ☐ 0,45
- **b)** 9,9 ☐ 9,10
- **c)** 7,09 ☐ 9,07
- **d)** $\frac{5}{4}$ ☐ 5,4
- **e)** 0,4000 ☐ $\frac{4}{10}$
- **f)** 0,54 ☐ $\frac{1}{2}$
- **g)** 7,214 ☐ 7,2140
- **h)** 3,007 ☐ 3,0007
- **i)** 0,087 ☐ 0,0708
- **j)** $\frac{7}{1000}$ ☐ 0,0700
- **k)** $\frac{3}{4}$ ☐ 0,76
- **l)** 0,3333 ☐ $\frac{333}{1000}$

Berechne:

4. ↑
- **a)** 13,04 + 26,15
- **b)** 12,5 · (74,6 + 13,4)
- **c)** 19,006 − 18,99
- **d)** (504,62 + 96,187) · 10
- **e)** 206,7 − 19,75
- **f)** 704,09 − (53,07 − 43,2 − 0,934)
- **g)** 12,5 · (74,6 − 13,4)
- **h)** 0,0972 + 19,91
- **i)** 100 · (4,862 + 2,222)
- **j)** 3,75 + 2,25 · 4,5 − 3,5

5. ↑
- **a)** 123,50 DM + 11,25 DM + 17,90 DM + 49,90 DM
- **b)** 7,75 kg + 0,980 kg + 2,35 kg + 347,4 kg
- **c)** 4,80 m + 0,75 m + 380 m + 27,35 m

6. Zeichne Rechtecke mit folgenden Maßen. Berechne Umfang und Flächeninhalt.
- **a)** $a = 5{,}3$ cm; $b = 4{,}7$ cm
- **b)** $a = 6{,}2$ cm; $b = 6{,}2$ cm
- **c)** $a = 4{,}8$ cm; $b = 3{,}5$ cm
- **d)** $a = 3{,}7$ cm; $b = 2{,}9$ cm

7.
- **a)** Miss die Länge und Breite deines Schultisches. Berechne den Flächeninhalt.
- **b)** Peter hat ausgerechnet, dass der Küchentisch seiner Eltern eine Arbeitsfläche von 10,3 m² hat. Was sagst du dazu?

8. Herr Schmidt will für 6 Personen Rehkeule in Pfeffersauce bereiten. Sein Rezept ist für 4 Personen zusammengestellt:

1 kg ausgelöste Rehkeule, 150 g Speck, 150 g Wurzelwerk, 100 g Margarine, 200 ml Wein, eine halbe Zitrone, ein halber Teelöffel Senf, 50 g Butter, 1 Zwiebel, 2 Esslöffel Johannisbeergelee, Gewürze. Berechne die benötigten Mengen.

Bild F 68 ▶

G Symmetrie und Winkel

1 Symmetrie ist Ebenmaß

1. Beim Bestimmen einer Baumart oder anderer Pflanzen achten wir auf die Blätter. Was ist beim Ulmenblatt besonders auffällig?

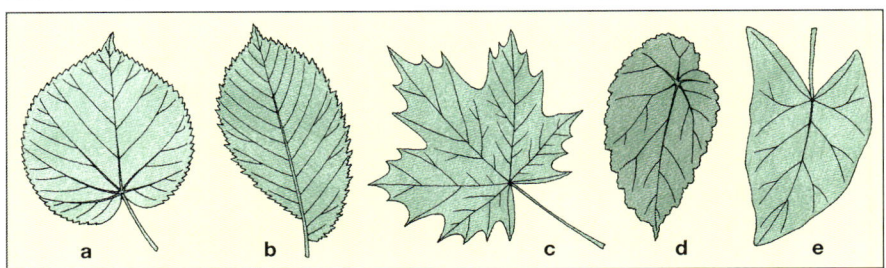

▲ Bild G 1   a) Linde;   b) Ulme;   c) Ahorn;   d) Begonie;   e) Purpurtute

Ungleichmäßig geformte Blätter sind selten. Eine Pflanzenfamilie erhielt den Namen „Schiefblattgewächse". Welches der abgebildeten Blätter gehört wohl zu einer Pflanze dieser Familie?

2. Schmetterlinge falten in Ruhestellung ihre Flügel oft zusammen.
Das Bild G 2 zeigt ein Tagpfauenauge, das wir auf Wiesen häufig antreffen und an den Augenflecken erkennen können. Es nimmt dort auf den Blüten verschiedener Pflanzen Nektar auf.
Gib Punkte auf den Flügeln an, die beim Zusammenfalten aufeinander treffen.

▲ Bild G 2

3. Katrin und Sören haben aus einem gefalteten Blatt etwas ausgeschnitten. Was erhalten sie, wenn sie das Blatt wieder auseinander falten?

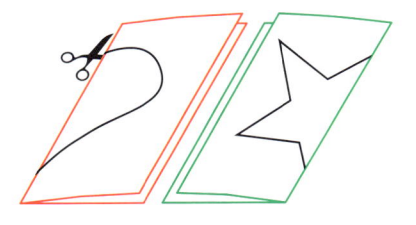

Bild G 3 ▶

Manche Figuren können so gefaltet werden, dass sich zwei Hälften genau decken. Solche Figuren heißen **achsensymmetrisch** oder **axialsymmetrisch.**
(Beachte: a**chs**ensymmetrisch, aber a**x**ialsymmetrisch)
Die Faltgerade heißt **Symmetrieachse** dieser Figur.

BEISPIELE:

4. Die Fledermaus, die in der Dämmerung Insekten fängt, hat eine achsensymmetrische Silhouette. Aus Comic-Heften ist der Schatten einer Fledermaus bekannt.

5. Viele Stadtwappen sind nahezu axialsymmetrisch. Beschreibe die Wappen auf der 4. Umschlagseite.

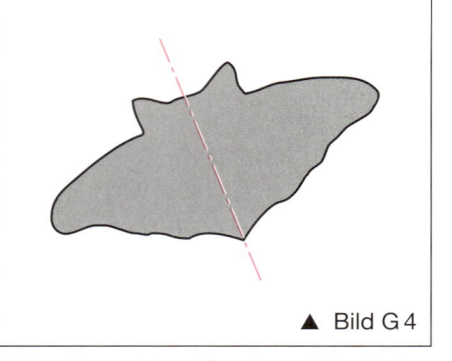

▲ Bild G 4

6. Seit jeher ist die Symmetrie ein wichtiges künstlerisches Gestaltungsmittel. Suche Symmetrieachsen auf den Abbildungen G 5 bis G 7. Gibt es Einzelheiten, die dabei etwas abweichen?

▲ Bild G 5 Bauernkeramik

▲ Bild G 6 Hecken im Garten eines italienischen Schlosses auf der Insel Isola Bella

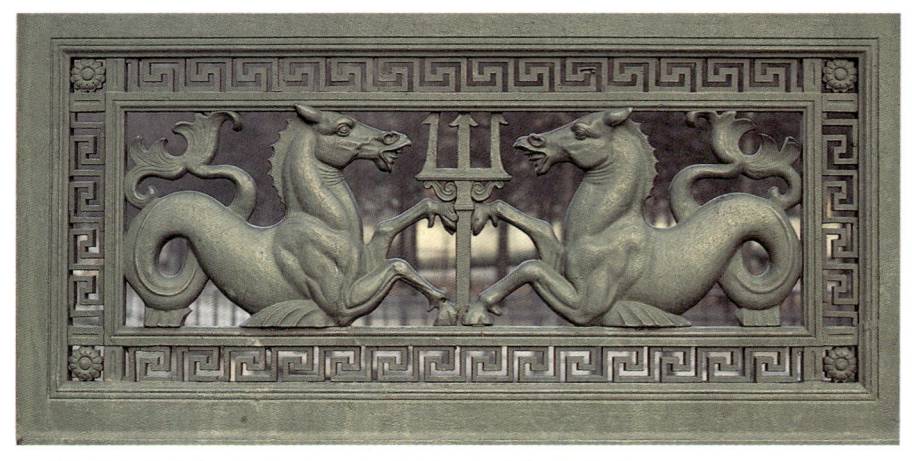

▲ Bild G 7 Teil des Geländers der Schlossbrücke in Berlin

7. Beim Falten eines Papierblattes mit einem frischen Tintenklecks entsteht eine sogenannte „Klecksografie".
Fertige selbst – ganz vorsichtig – eine solche an. Kennzeichne dann auf den verschiedenen Seiten einander entsprechende Punkte. Wie liegen diese Punkte zur Faltgeraden?

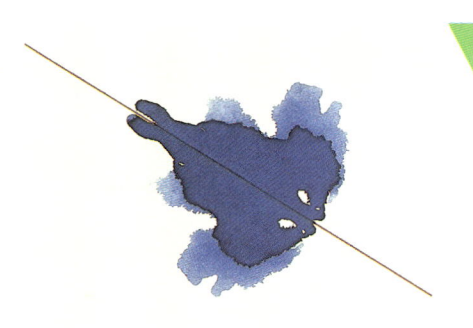

Bild G 8 ▶

8. **a)** Falte ein Stück Papier und zeichne auf einer Hälfte eine Figur (vgl. mit dem Bild G 9).
Durchstich dann an markanten Punkten das Blatt mit einer Nadel. Vervollständige die Figur nach dem Auseinanderfalten. Was erhältst du?

Bild G 9 ▶

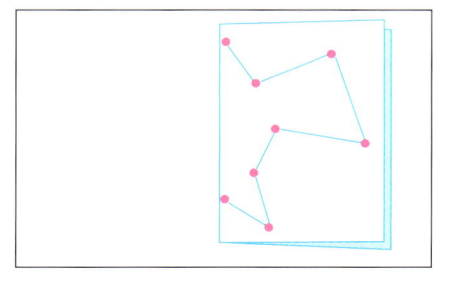

b) Verbinde einander entsprechende Punkte beider Hälften.
Wie liegen die Verbindungsstrecken zur Faltgeraden?

c) Wähle einen beliebigen Punkt der Symmetrieachse aus. Verbinde diesen Punkt mit zwei einander entsprechenden Punkten.
Vergleiche die Längen der beiden Verbindungsstrecken miteinander.

Verbindungsstrecken einander entsprechender Punkte von achsensymmetrischen Figuren

- stehen auf der Symmetrieachse senkrecht

und

- werden von der Symmetrieachse halbiert (↗ Bild G 10).

Einander entsprechende Punkte sind von jedem Punkt der Symmetrieachse gleich weit entfernt.

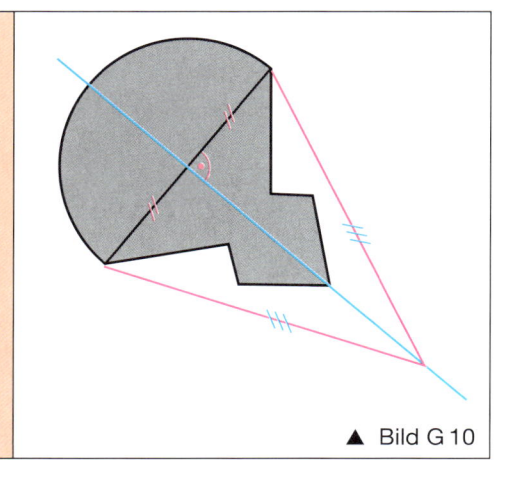

▲ Bild G 10

---

9. Überprüfe mit dem Geo-Dreieck, ob die Figur im Bild G 10 wirklich achsensymmetrisch ist.
Wähle dir dazu auch verschiedene Punkte der Symmetrieachse aus und vergleiche ihre Abstände von einander entsprechenden Punkten.

Jede axialsymmetrische Figur lässt sich durch eine Gerade s als Symmetrieachse in zwei deckungsgleiche Teile zerlegen. (Mitunter gibt es hierfür mehrere Möglichkeiten.)

Hängen diese beiden Teile nicht zusammen, so spricht man manchmal auch von zwei Figuren, die **zueinander achsensymmetrisch (bezüglich s)** liegen.

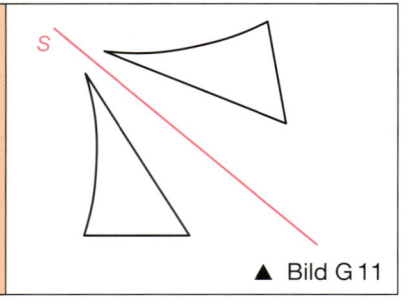

▲ Bild G 11

10. In welchen Fällen a) bis d) des Bildes G 12 handelt es sich um zueinander symmetrisch liegende Figuren?

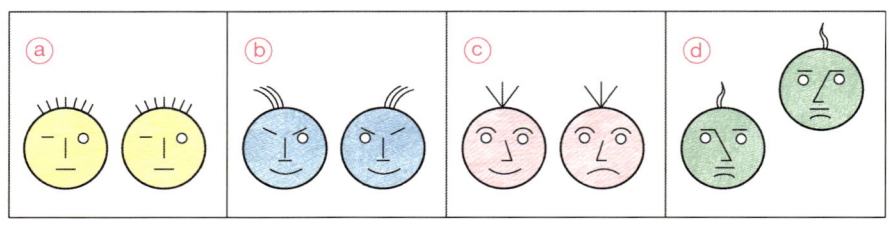

▲ Bild G 12

11. Was erhält man, wenn man die nebenstehende Figur so ergänzt, dass eine Figur mit s als Symmetrieachse entsteht?
Übertrage die Figur auf Kästchenpapier und vervollständige sie.

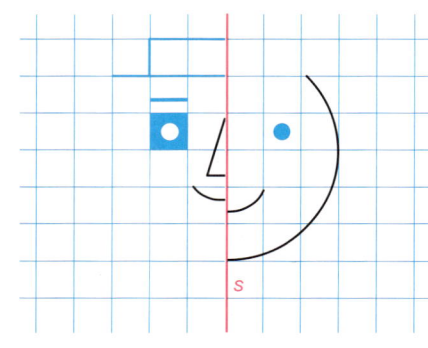

Bild G 13 ▶

12. Übertrage die Figur im Bild G 14 auf Karopapier.
 a) Zeichne auch die Gerade s ein und dazu eine Figur, die zu F bezüglich s symmetrisch ist.
 b) Verfahre ebenso mit der Geraden t. Zeichne die Gerade t und dann eine Figur, die zu F bezüglich t symmetrisch ist.

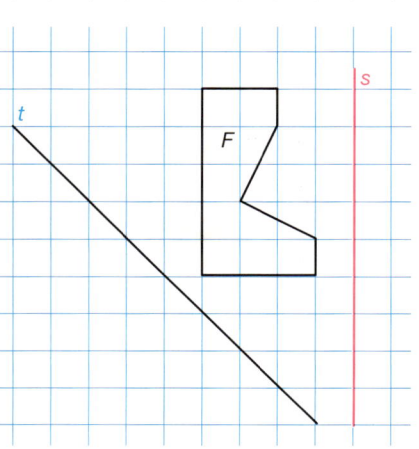

Bild G 14 ▶

13.* Nach einem Muster (rot im Bild G 15) sind die Sechsecke (1) bis (6) aus Papier geschnitten und auf einen Tisch gelegt worden. Welches Sechseck ist misslungen? Welche kann man in eine zum Mustersechseck achsensymmetrische Lage bringen ohne sie umzuwenden?

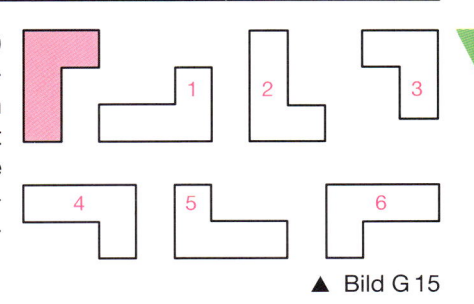

▲ Bild G 15

14. Ein rechteckiges Blatt wurde zweimal gefaltet. Danach wurde auf der Seite mit den übereinander liegenden zwei Kniffkanten ein unregelmäßiges Dreieck ausgeschnitten (↗ Bild G 16).
  a) Welche der Zeichnungen (1) bis (4) zeigt das Papierblatt, nachdem man es auseinander gefaltet hat?
  b) Wie hätte das Blatt ausgesehen, wenn das Ausschneiden auf der Seite mit der doppelt liegenden Kniffkante erfolgt wäre?

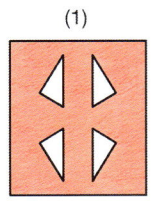

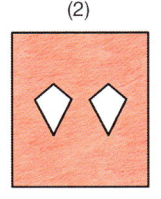

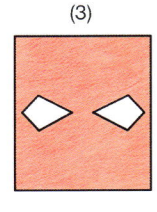

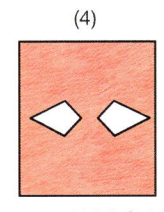

▲ Bild G 16

15. Faltet man ein Papierblatt vor dem Schneiden mehrmals „über die Mitte", so kann man einen komplizierten Faltschnitt anfertigen, einen sogenannten Zentralschnitt.
  a) Wie viele Symmetrieachsen hat der im Bild G 17 dargestellte Zentralschnitt? Wie oft wurde vor dem Schneiden gefaltet?
  b) Wie viele Symmetrieachsen erhält ein Faltschnitt, wenn man vor dem Schneiden zweimal (dreimal) faltet?
  Kann man vor dem Schneiden auch zehnmal falten? Probiere.

▲ Bild G 17

16.* **a)** Wie viele Symmetrieachsen haben gleichschenklige Dreiecke, die nicht gleichseitig sind?
  b) Wie viele Symmetrieachsen haben gleichseitige Dreiecke?
  c) Wie viele Symmetrieachsen haben Rechtecke, die keine Quadrate sind?
  d) Wie viele Symmetrieachsen haben Quadrate?
  e) Uwe behauptet: „Es gibt keine axialsymmetrischen Parallelogramme." Was meinst du dazu?

17. Wie viele Symmetrieachsen hat das im Bild G 18 dargestellte gotische Rundfenster?

Bild G 18 Giebel mit Rundfenster am Rathaus in Bad Doberan ▶

18. a) Ein Viertelkreis hat genau eine Symmetrieachse. Wie viele Symmetrieachsen hat ein Halbkreis?
b) Ayscha behauptet, ein Kreis habe mehr als 1 000 Symmetrieachsen. Bist du auch dieser Meinung?

19. Viele Spielkarten scheinen axialsymmetrische Bilder zu zeigen. Welche Abweichungen von strenger Achsensymmetrie findest du bei den Karten im Bild G 19 heraus?

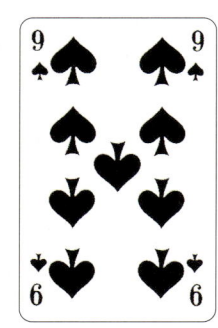

▲ Bild G 19

20. a) Welche der im Bild G 20 abgebildeten Dominosteine sind symmetrisch?
b) Wie viele Steine enthält ein solches Dominospiel? Wie viele Steine sind davon symmetrisch?

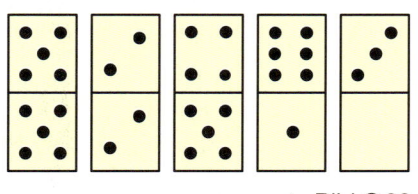

▲ Bild G 20

21. Untersuche die Buchstaben A, B, E, H, M, N, O, P, S, T, U, X, Y, Z – wenn sie in Blockschrift geschrieben sind – auf Axialsymmetrie. Gib den Verlauf der Symmetrieachsen an.

22. **a)** Bei manchen elektronischen Ziffernanzeigen gibt es eine Reihe axialsymmetrischer Ziffern. Suche diese aus dem Bild heraus.
b) Zwei der Ziffern sind zueinander axialsymmetrisch. Erkläre.
c) Bilde axialsymmetrische Zahlzeichen mit zwei, drei oder vier Ziffern. Beispiel: 285

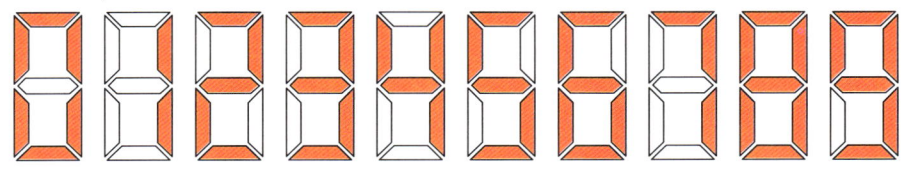

▲ Bild G 21

23. **a)** Unabhängig von der Form der Ziffern kann man das Datum 29. 11. 92 als symmetrisch ansehen. Warum?
Gibt es weitere symmetrische Daten bis zur Jahrtausendwende?
b) Suche symmetrische Daten nach dem Jahr 2000. (Beachte, dass man dann auch die Angabe des Jahrhunderts ausschreiben kann.)

24. **a)** Es gibt auch Wörter, die (in Blockbuchstaben) völlig symmetrisch geschrieben werden. Beispiele: EHE und OTTO. Suche weitere.
b) ARA und ELLE sind auch „symmetrische Wörter", aber die Buchstabenform ist bei ihnen nicht durchweg symmetrisch. Suche weitere „symmetrische Wörter", auch solche mit mehr als 4 Buchstaben.
c) Lässt man die Buchstabenform außer Acht, so kann man auch ganze „symmetrische Sätze" bilden. Sie sind zwar meistens nicht sehr sinnvoll, aber mitunter spaßig; zum Beispiel:
LEG IN EINE SO HELLE HOSE NIE'N IGEL
Ergänze in den folgenden Sätzen die fehlenden Teile:
(1) EIN TEUER REIT…   (2) REGAL MIT SIRUP…
(3) EINE HORDE BE…   (4) LEGE AN EINE BRAND…

25. Die Figur im Bild G 22 stellt einen Faltschnitt dar. (Vgl. mit der Aufgabe 15 auf Seite 175.) Wie mag bei diesem sogenannten „Reihenfaltschnitt" gefaltet worden sein? Wie müsste man die Symmetrieachse für das komplette Bild einzeichnen?

▲ Bild G 22

Übungen

1. Wie viele Flächen, Kanten und Ecken haben die im Bild G 23 abgebildeten Körper?

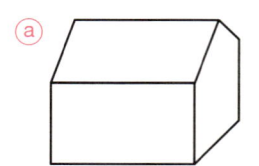

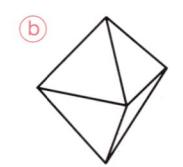

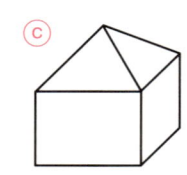

   ◀ Bild G 23

2. Entsteht beim Zusammenziehen des Bandes im Bild G 24 ein Knoten?

   ▲ Bild G 24

3. a) Zeichne vier Punkte A, B, C und D. Zeichne sie so, dass keine Gerade gleichzeitig durch drei dieser Punkte geht.
   b) Zeichne nun alle Geraden, die durch irgend zwei dieser Punkte gehen. Wie viele Geraden hast du erhalten?

4. a) Zeichne ein Dreieck ABC, das nicht gleichschenklig ist.
   b) Zeichne alle Kreise, die einen der Eckpunkte als Mittelpunkt haben und durch einen weiteren Eckpunkt gehen. Wie viele Kreise sind das?

5. Schneidet man die im Bild G 25 a dargestellten Würfel längs der schwarz gefärbten Kanten auf, so kann man sie auseinander falten (↗ Bild G 25 b für den Würfel ⓐ). Zeichne die weiteren Würfelnetze.

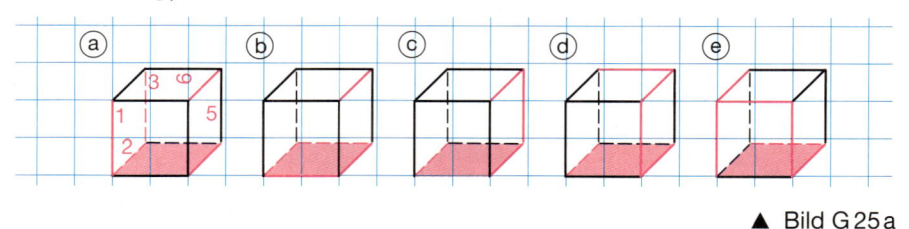

   ▲ Bild G 25 a

   ◀ Bild G 25 b

2 Symmetrische Körper – Symmetrie im Raum

▲ Bild G 26 Das Brandenburger Tor in Berlin. Dieses bekannte Bauwerk in der deutschen Hauptstadt wurde im Jahre 1791 fertiggestellt.

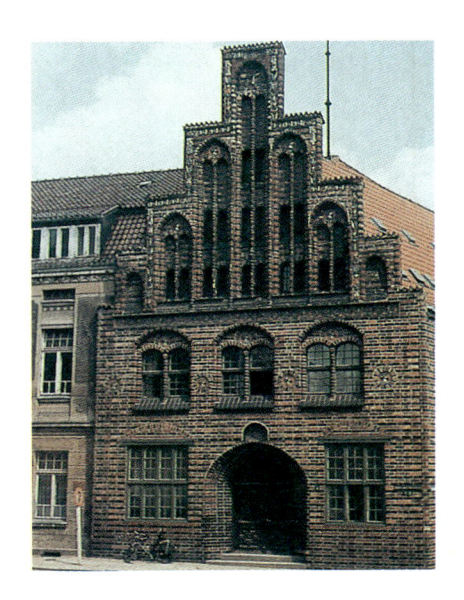

Bild G 27 An die Zeit vor 500 Jahren erinnert dieser alte Giebel im Zentrum von Rostock ▶

1. Betrachte die Bilder G 26 und G 27 wie auch das Titelbild auf dem Einband dieses Buches. Welche Abweichungen von exakter Symmetrie fallen dir bei den dargestellten Gebäuden auf?

> Symmetrie ist nicht nur in der Natur häufig anzutreffen. Viele technische Gegenstände sind symmetrisch. Oft ist die Symmetrie auch bei Körpern anzutreffen. Bei ihnen treten Symmetrieebenen an die Stelle von Symmetrieachsen.

2. Überlege, ob und warum Flugzeuge, Eisenbahnwagen, Autos, Krane, Werkzeuge (z. B. Meißel, Scheren, Zangen) symmetrisch gestaltet werden. Beschreibe jedesmal die Lage der Symmetrieebene.

3. a) Welche der Körper (1) bis (4) im Bild G 28 haben Symmetrieebenen? Wie viele sind es und wie liegen sie?
   b) Baue selbst aus Stecksteinen andere ebenensymmetrische Körper.

▲ Bild G 28 a bis d

4. Ergänze den im Bild G 29 abgebildeten Körper durch möglichst wenige Würfel, so dass er nur noch eine Symmetrieebene hat.

Bild G 29 ▶

5.* Baue einen Körper *K* aus Steckwürfeln auf einem Quadratraster (↗ Bild G 30). Wie viele Steckwürfel über einem Quadrat stehen sollen, ist in der Zeichnung angegeben. Baue dann einen zweiten Körper, der ebenensymmetrisch zu *K* ist). Die Symmetrieebene soll senkrecht auf der Geraden *g* stehen. Welcher der beiden Körper hat das größere Volumen?

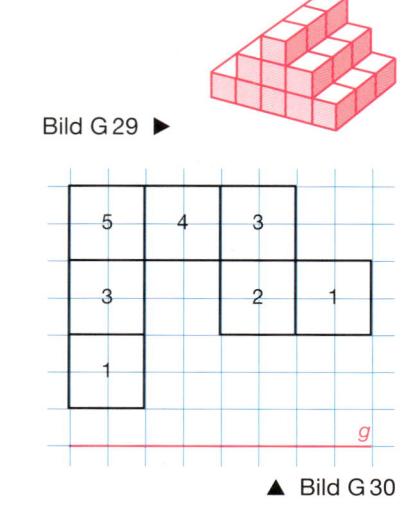

▲ Bild G 30

6. Wie viele Symmetrieebenen hat
 a) eine Pyramide mit rechteckiger Grundfläche, wie sie das Bild G 31 zeigt (eine Symmetrieebene ist eingezeichnet),
 b) eine Pyramide mit quadratischer Grundfläche,
 c) ein Quader, der kein Würfel ist,
 d) ein Würfel?
 Beschreibe jedes Mal die Lage der Symmetrieebenen.

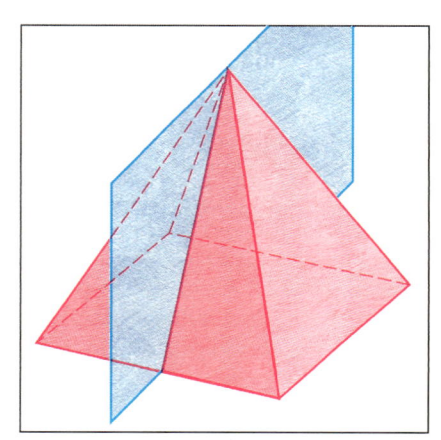

Bild G 31 ▶

7. Kannst du etwas über die Symmetrieebenen von **a)** Zylinder, **b)** Kegel und **c)** Kugel sagen?

8. Welcher der beiden Knoten ist ebenensymmetrisch? Verknüpfe zwei Schnüre durch solche Knoten. Probiere, wie sich die beiden Knoten bei Belastung auf Zug verhalten. (Ziehe die Knoten kräftig fest und knüpfe sie wieder auf.)

KREUZ-KNOTEN

ALTWEIBER-KNOTEN

Bild G 32 ▶

3 Spiegeln – mit und ohne Spiegel

1. Esther behauptet, dass sie mit einem Taschenspiegel feststellen kann, ob eine Figur achsensymmetrisch ist. Wie macht sie das wohl?

2. **a)** Heiko sieht das Etikett seines Heftes in einem dahinter stehenden Spiegel. Seinen Vornamen kann er darin richtig lesen.
   Woran liegt das?
   Suche weitere Vornamen, die man so im Spiegel richtig lesen kann.

   ▲ Bild G 33

   b) Wenn Heiko den Spiegel rechts oder links neben die Schrift stellt, sieht er alle Buchstaben seines Familiennamens richtig (nur in umgekehrter Reihenfolge).
   Erkläre.
   Findest du auch Vornamen, die man auf diese Weise völlig richtig lesen kann?

3. Die „Unendliche Geschichte" von Michael Ende beginnt mit der Aufschrift auf der Glasscheibe in einer Ladentür – vom Innern des Ladens her gesehen. Wie kann man das bequem lesen?

   Bild G 34 ▶

4. In Berlin steht ein Denkmal für den Erfinder des sogenannten „Steindrucks". Dieses Verfahren machte es möglich, Bilder in hervorragender Qualität abzudrucken. Der Name dieses Erfinders ist auf dem Denkmal in Spiegelschrift angebracht. Wie hieß er?
   Was haben Druck und Spiegelschrift miteinander zu tun?

   Bild G 35 ▶

5. Versuche die folgenden Wörter zu lesen ohne einen Spiegel zu benutzen. Überlege jedes Mal, ob man den Spiegel oberhalb der Schrift oder links (bzw. rechts) von ihr aufstellen muss um das Wort richtig lesen zu können. Überprüfe dann mit einem Spiegel.

ΛIEΓ ӘЯƎB ΓIWA ƧOHN

ROT ЯOT NHOM WOHN

▲ Bild G 36

6. Im Bild G 37 soll fünfmal der Buchstabe F zusammen mit seinem Spiegelbild gezeichnet sein. (Der Spiegel steht auf der Geraden s.) Es ist aber nur ein Spiegelbild richtig – welches? Was ist an den anderen Spiegelbildern falsch?

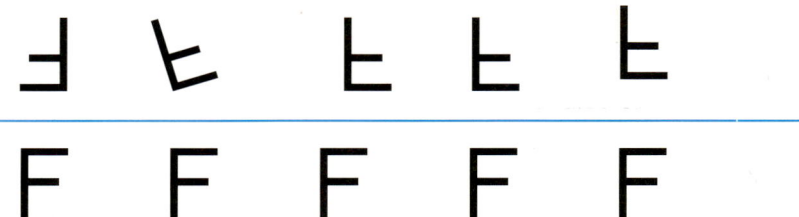

▲ Bild G 37

7. Isabel wollte ihren Namen in Spiegelschrift schreiben. Dazu hat sie ihn erst normal als „Original" aufgeschrieben und dazu eine „Spiegelgerade" s gezeichnet (↗ Bild G 38). Dann hat sie versucht zu jedem Buchstaben sein Bild bei Spiegelung an s zu zeichnen. Völlig gelungen ist ihr das aber nur bei einem Buchstaben. Erläutere.

▲ Bild G 38

Überprüfe mit einer getönten Glas- oder Plastikscheibe, die du senkrecht auf s stellst.

Das Viereck ABCD im Bild G 39 ist richtig an der Geraden s gespiegelt.

s ist die **Spiegelgerade** oder **Spiegelachse**.
A, B, C, D sind **Originalpunkte**.
A' ist der zu A gehörige **Bildpunkt**.

Bild G 39 ▶

8. Übertrage die Zeichnung im Bild G 39 auf Karopapier und bezeichne die Bildpunkte von B, C und D entsprechend. Zeichne auch das Spiegelbild der „Kokarde" aus dem Viereck ABCD richtig ein.

Spiegelung an der Geraden s

Es sei P ein **Originalpunkt** (nicht auf s).
Es ist P' sein **Bildpunkt.**
Die Strecke $\overline{PP'}$ steht senkrecht auf der Geraden s.
Die Strecke $\overline{PP'}$ wird von der Geraden s halbiert.
s heißt **Spiegelgerade** (oder Spiegelachse).

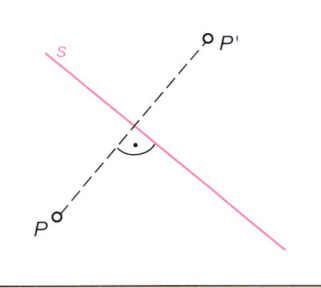

Bild G 40 ▶

Original und Bild liegen zueinander achsensymmetrisch bezüglich der Spiegelgeraden s.

9.* Robert sagt: „Ich merke mir einfacher, wie das bei der Spiegelung ist, nämlich Originalpunkt und Bildpunkt haben von der Spiegelgeraden den gleichen Abstand. Da ist das mit der Spiegelgeraden gleich mit drin." Hat Robert Recht? Begründe.

10. Ein Dreieck wurde an der Geraden g gespiegelt (↗ Bild G 41).
    a) Ist △ ABC oder △ PQR das Originaldreieck?
    b) Ergänze zu wahren Aussagen:
       „Wenn A der Bildpunkt von . . . . . . ist, dann ist . . . . . . der Bildpunkt von Q."
       „Wenn . . . . . . den Bildpunkt Q hat, dann hat . . . . . . den Bildpunkt R."

11. Das Rechteck ABCD und das Dreieck EFG sollen an der Geraden s gespiegelt werden. Welchen Bildpunkt hat A, welchen Bildpunkt E? (↗ Bild G 42) Welcher Punkt fällt mit seinem Bildpunkt zusammen?

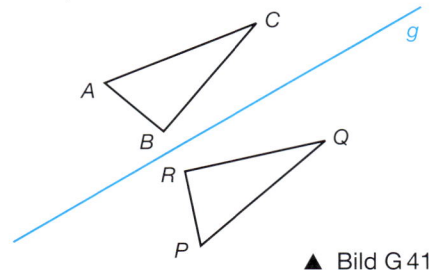

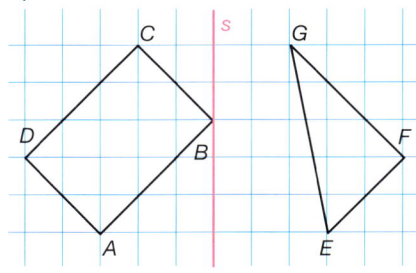

▲ Bild G 41

▲ Bild G 42

Für jede Spiegelung an einer Geraden s gilt:
- Wenn P als Bildpunkt Q hat, dann hat Q als Bildpunkt P.
- Jeder Punkt von s hat sich selbst als Bildpunkt.

12. Weil Wasseroberflächen als Spiegel wirken, sieht man auf manchen Fotografien Spiegelbilder. Wie kann man im Bild G 43 eine Spiegelgerade finden?

Bild G 43 ▶
Spiegelung eines
Berggipfels in einem
Fjord in Norwegen

13. Übertrage die Zeichnung im Bild G 44 auf Karopapier. Spiegele dann an der Geraden a.
Überlege vorher, was sich ergeben wird.

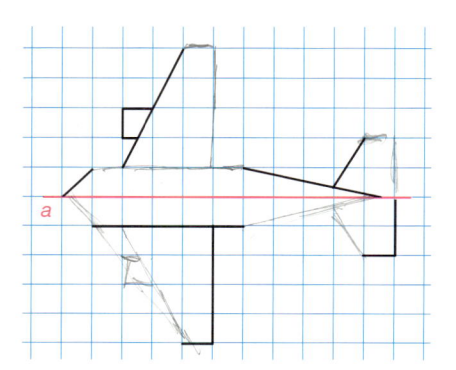

Bild G 44 ▶

Übungen

1. Auf einem Sportfest erreichen 5 Schüler im Weitsprung die Weiten 3,05 m, 3,20 m, 3,40 m, 2,70 m, 3,65 m.
   a) Andy hat als durchschnittliche Sprungweite 2,50 m berechnet, Luise 3,80 m. Was meinst du dazu?
   b) Wie verändert sich die durchschnittliche Sprungweite, wenn jeder Schüler 20 cm weiter springt?

2. Was hat Lars falsch gemacht? Schreibe die Aufgaben richtig gelöst in dein Heft.

   a) 39 100 : 23 = 17
   23
   ―――
   161
   161
   ―――
   0

   b) 47 906 : 34 = 149
   34
   ―――
   139
   136
   ―――
   306
   306
   ―――
   0

4 Spiegeln im Quadratgitter – mit und ohne Koordinaten

1. Übertrage die farbige Figur auf Karopapier (↗ Bild G 45).
   a) Zeichne die Gerade g dazu und spiegele die Figur an g.
   b) Zeichne die Gerade h dazu und spiegele die Figur an h.

   Bild G 45 ▶

2. a) Gib die Punkte A bis D im Bild G 46 durch Koordinaten an.
   b) Wo liegen für diese Punkte bei Spiegelung an der Geraden g die Bildpunkte A' bis D'?
   c) Was erhältst du, wenn du der Reihe nach A, B', D', C, A zu einem (geschlossenen) Streckenzug verbindest?

   Bild G 46 ▶

3. a) Gib die Punkte A bis H im Bild G 47 durch ihre Koordinaten an.
   b) Spiegelgerade soll AH sein. Wo liegen dann die Bildpunkte A' bis H'? Gib auch diese Punkte durch Koordinaten an.
   c) Was erhältst du, wenn du der Reihe nach A, B', C, D', E, F', G, H zu einem Streckenzug verbindest und diesen Streckenzug wiederum an AH spiegelst?

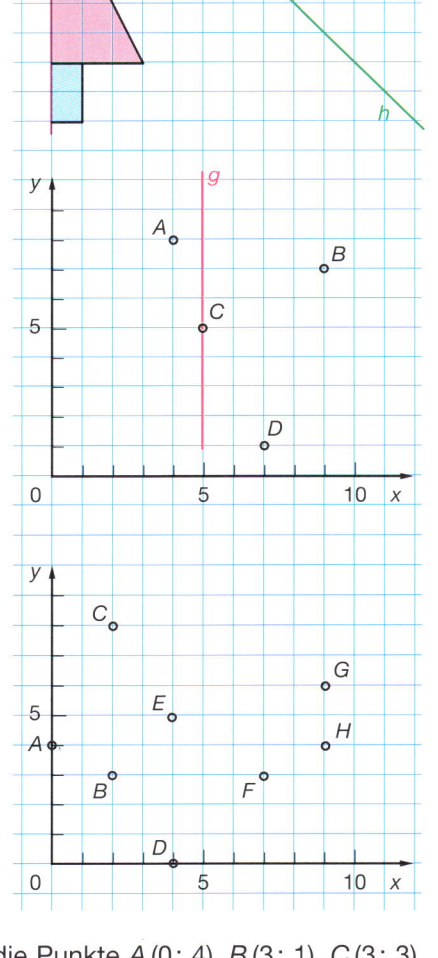

   Bild G 47 ▶

4. a) Zeichne in ein Koordinatensystem die Punkte A (0; 4), B (3; 1), C (3; 3), D (3; 6), E (5; 8), F (7; 4), G (7; 6), H (10; 2) ein.
      Zeichne die Gerade s, die durch die Punkte (0; 8) und (8; 0) geht.
   b) Zeichne dann zu A bis H die Bildpunkte A' bis H' bei der Spiegelung an s ein. Gib sie durch Koordinaten an.

5. Zeichne in ein Koordinatensystem A(2;1), B(3;7), C(6;3), D(7;7), E(8;2).
Zeichne außerdem die Gerade t, die durch die Punkte (0;0) und (8;8) geht.
Zeichne dann zu A bis E die Bildpunkte A' bis E' bei der Spiegelung an t.
Gib sie durch ihre Koordinaten an.
Kannst du auch den Bildpunkt von F(29;13) durch ein Zahlenpaar angeben ohne ihn einzuzeichnen?

6. Wenn die Spiegelgerade auf einer Gitterlinie liegt, lassen sich Spiegelbilder besonders leicht durch Abzählen im Quadratgitter finden. Auch bei anders gelegenen Spiegelgeraden hilft Abzählen manchmal.
Gib jedesmal die Spiegelgerade an.
a) A' = B   b) C' = D   c) C' = H
d) E' = C   e) F' = B   f) G' = G

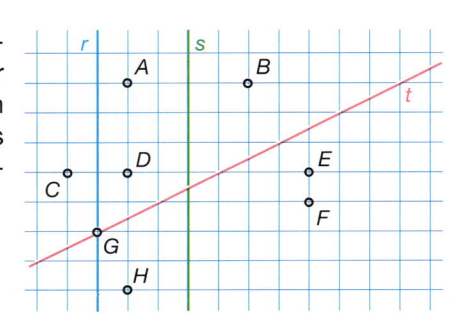

▲ Bild G 48

7. Jede der Tabellen soll mit Blick auf das Bild G 49 zu einer Spiegelung gehören. Übertrage sie in dein Heft und ergänze.

a)
Original	M	K	C	
Bild	D		E	C

b)
Original	F	A	H	
Bild	G		K	M

c)
Original	B	E	D	
Bild	G		A	L

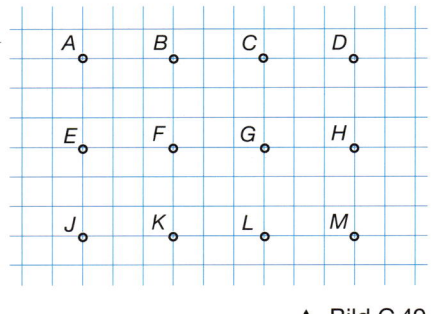

▲ Bild G 49

8.* Zeichne ein Quadrat ABCD mit der Seitenlänge 4 cm. Zeichne die Mittelpunkte der Seiten ein und benenne sie mit E (zwischen A und B), F (zwischen B und C), G (zwischen C und D) und H. Zeichne auch die Strecken $\overline{EG}$ und $\overline{FH}$ ein. Bezeichne ihren Schnittpunkt mit M.
Übertrage die Tabellen in dein Heft und ergänze sie.

a)
Original	A	E	C	
Bild	D		F	G

b)
Original	H	D	M	
Bild	F		B	D

c)
Original	G	D	A	
Bild	F		E	D

9. Sind die Aussagen (1) bis (4) für das Bild G 50 wahr oder falsch? Begründe. Berichtige falls erforderlich.
   (1) *D* ist das Bild von *A* bei Spiegelung an *g*.
   (2) *C* ist das Bild von *D* bei Spiegelung an *g*.
   (3) *E* hat bei Spiegelung an *s* den Bildpunkt *H*.
   (4) *J* hat bei Spiegelung an *h* den Bildpunkt *K*.

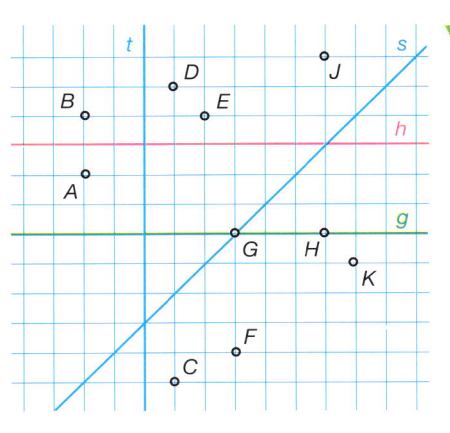

   Bild G 50 ▶

10. Vervollständige mündlich die Aussagen (5) bis (8) so, dass für das Bild G 50 wahre Aussagen entstehen.
    (5) *B* hat bei Spiegelung an *t* den Bildpunkt … .
    (6) *E* hat … als Bild bei Spiegelung an *g*.
    (7) *J* ist das Bild von *H* bei Spiegelung an … .
    (8) *G* hat bei Spiegelung an … sich selbst als Bild.

11. Die Dreiecke *ABC* in den Bildern G 51 a bis c sollen jedes Mal an der Geraden *s* gespiegelt werden. Gib die Eckpunkte *A′*, *B′*, *C′* der Bilddreiecke durch ihre Koordinaten an.

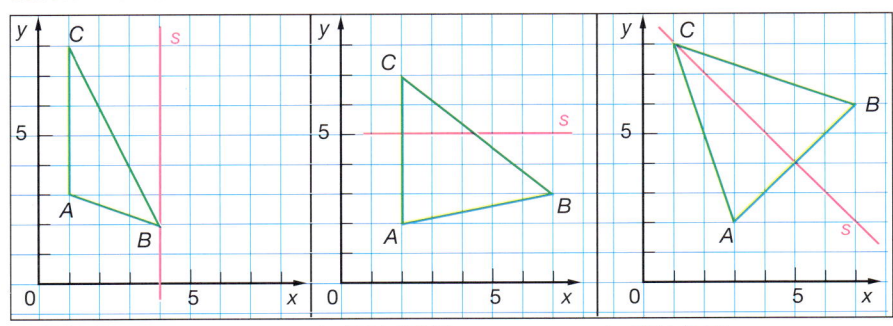

    ▲ Bild G 51 a   ▲ Bild G 51 b   ▲ Bild G 51 c

12. a) Übertrage das Bild G 52 in dein Heft. Zeichne dann das Bild des Kreises bei Spiegelung an *s*.
    b) Zeichne in den gespiegelten Kreis auch die Zifferblatteinteilung ein, die sich bei der Spiegelung an *s* ergibt.
    Betrachte dann das Zifferblatt einer Uhr und die Bewegung der Uhrzeiger in einem Spiegel und vergleiche.

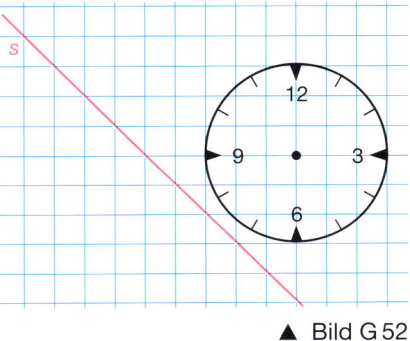

    ▲ Bild G 52

13. Das Viereck *ABCD* soll an der Geraden *PQ* gespiegelt werden.
Gib seine Eckpunkte und möglichst auch die Punkte *A'*, *B'*, *C'*, *D'*, des Bildvierecks durch ihre Koordinaten an. Bei welchen Punkten gelingt das nicht?

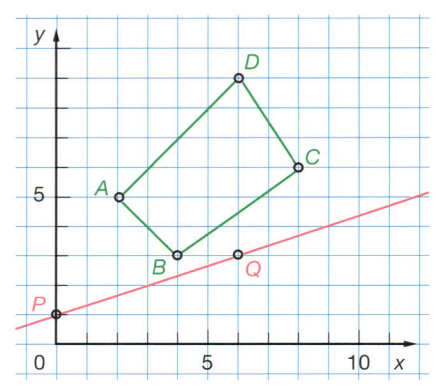

Bild G 53 ▶

Quadratgitter und Koordinatensystem allein helfen nicht immer beim Finden von Spiegelbildern. Stets geht es aber mit dem Geo-Dreieck.

BEISPIEL für das Arbeiten mit dem Geo-Dreieck beim Spiegeln des Punktes *P* im Bild G 54 an der Geraden *s*.
Vorteilhaft ist dabei die nach beiden Seiten bezifferte Maßeinteilung.

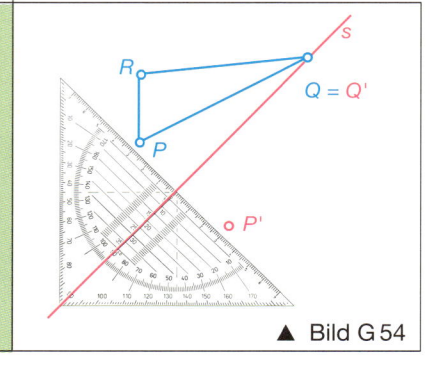

▲ Bild G 54

---

14. Zeichne die Punkte *A* bis *H* in ein Koordinatensystem.
Spiegele die Punkte mittels Geo-Dreieck an der Geraden *CG*.
Gib die Bildpunkte nach Möglichkeit durch Zahlenpaare an.
A (0; 3), *B* (2; 0), *C* (3; 2), *D* (4; 6), *E* (6; 1), *F* (7; 7), *G* (9; 5), *H* (11; 3)

15.* Zeichne die Punkte *P* und *P'* in ein Koordinatensystem. *P'* soll jedes Mal das Spiegelbild von *P* sein. Zeichne die Spiegelgerade mit dem Geo-Dreieck. Beschreibe die Lage der Geraden möglichst genau.
  a) *P* (0; 4), *P'* (8; 12)   **b)** *P* (12; 3), *P'* (2; 5)
  c) *P* (6; 10), *P'* (7; 2)   **d)** *P* (11; 3), *P'* (0; 10)

16. Zeichne in ein Koordinatensystem das Dreieck *ABC* und die Gerade *PQ* ein. Spiegele das Dreieck an *PQ*.
  a) *A* (3; 4), *B* (7; 7), *C* (4; 8), *P* (2; 2), *Q* (11; 5)
  b) *A* (6; 8), *B* (7; 4), *C* (12; 7), *P* (2; 6), *Q* (12; 2)
  c) *A* (2; 5), *B* (8; 1), *C* (8; 9), *P* (5; 8), *Q* (6; 2)

17. a) Zeichne ein Dreieck *ABC*, bei dem die Seiten $\overline{AB}$ und $\overline{AC}$ senkrecht aufeinander stehen. Spiegele das Dreieck an der Geraden *BC*. Kann das entstehende Viereck *ABA'C* ein Rechteck sein?
  b) Zeichne ein Dreieck *ABC*, bei dem $\overline{AB}$ länger ist als die anderen beiden Seiten. Spiegele das Dreieck an der Geraden *AB*.

5 Es gibt nicht nur rechte Winkel

1. Sind zwei Geraden *g* und *h* senkrecht zueinander, so sagt man:
g und h sind rechtwinklig zueinander oder **g und h bilden einen rechten Winkel.**
Carsten sagt: „Die Geraden bilden sogar 4 rechte Winkel." Was meint er wohl?

▲ Bild G 55

2. a) Den Feuchtigkeitsgehalt der Luft kann man messen. Welchen Wert zeigt das Instrument an?
b) Die Messskale ist gekrümmt. Was ist das für eine Linie? Woran erkennt man das?
c) Eine blaue Fläche deutet an, bei welcher Feuchtigkeit man sich wohl fühlt.
Gib den niedrigsten und den höchsten dieser Werte an. Nenne weitere Werte, die im günstigen Bereich liegen.

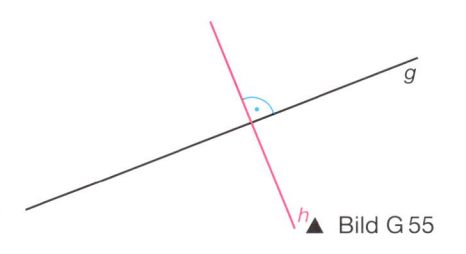

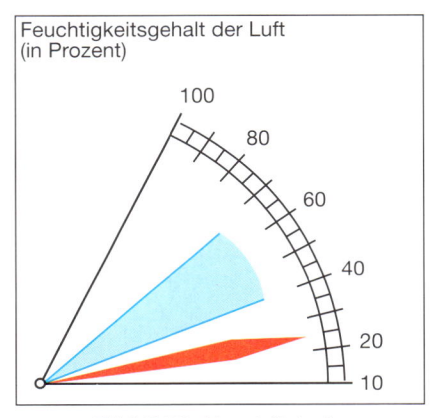

▲ Bild G 56 Feuchtigkeitsmesser

3. Fertige eine einfache Windrose an. Zeichne von den Himmelsrichtungen zuerst die „Hauptrichtungen" N, O, S, W mit dem Geo-Dreieck, dann (als Symmetrieachsen) die „Nebenrichtungen" NO, SO, SW, NW. Trage danach noch die Richtungen NNO, ONO, ... (wieder als Symmetrieachsen) ein. Befestige in der Mitte einen Zeiger und zeige, wie der Wind sich dreht und den Zeiger als Wetterfahne mitnimmt von SW nach NW über W (von W nach ONO über S).

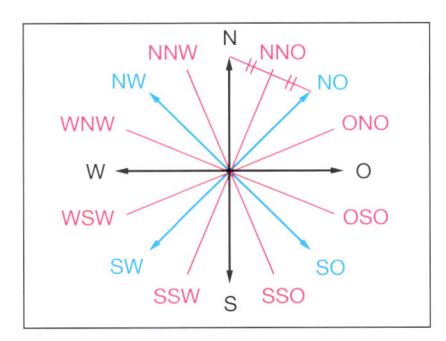

▲ Bild G 57 Windrose

Ein **Winkel** ist ein Teil der Ebene.
Er wird von zwei Strahlen mit gemeinsamem Anfangspunkt begrenzt.
Die Strahlen heißen **Schenkel,** ihr Anfangspunkt **Scheitelpunkt** des Winkels.

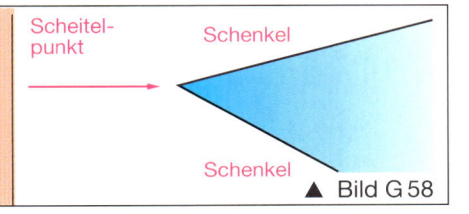

▲ Bild G 58

4. Gib Scheitelpunkte und Schenkel der rot gekennzeichneten Winkel an.

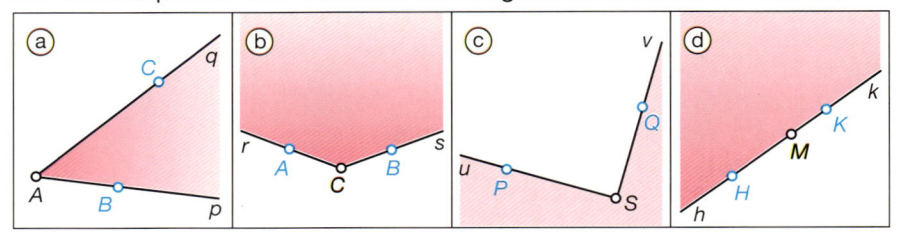

▲ Bild G 59

5. Welche der farbig gekennzeichneten Teile der Ebene sind keine Winkel?

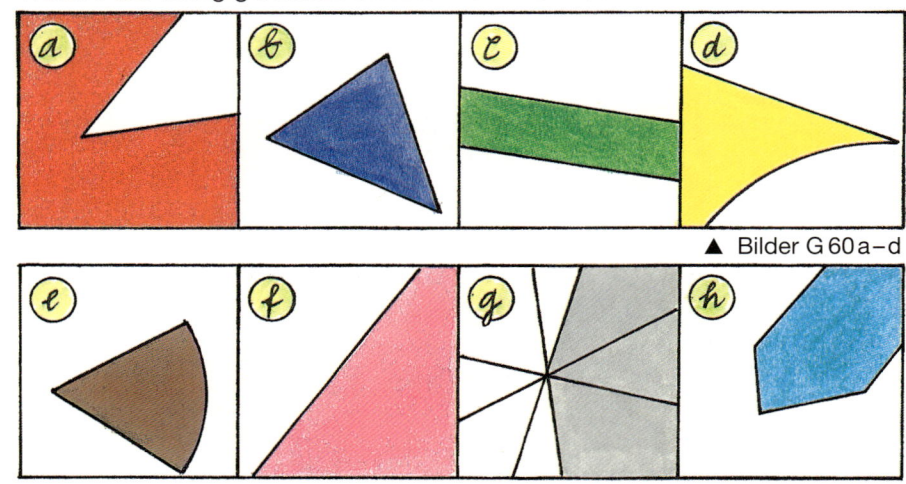

▲ Bilder G 60 a–d

▲ Bilder G 60 e–h

6. Was haben die Aussagen mit dem Winkel in der Geometrie zu tun?
- Die Altstadt hat winklige Gassen.
- Die Katze verkroch sich in einen dunklen Winkel.
- Katja winkelte die Arme an.
- Herbert machte immer neue Winkelzüge.

▼ Bild G 61

7. Zwei Strahlen mit gemeinsamem Anfangspunkt sind stets die Schenkel von zwei Winkeln.
Im Bild G 61 wurde einer der Winkel blau, der andere rot gekennzeichnet. Der Punkt A gehört zum blau gekennzeichneten Winkel. Der Punkt B gehört zum rot gekennzeichneten Winkel.

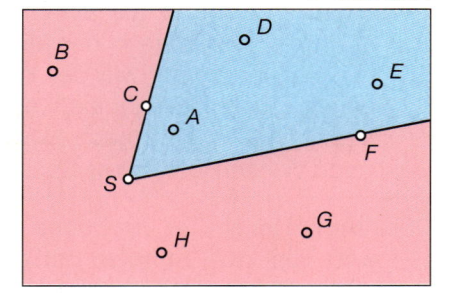

Der Punkt C gehört zu beiden Winkeln. Nenne weitere Punkte, die
a) zum blau gekennzeichneten Winkel, **b)** zum rot gekennzeichneten Winkel, **c)** zu beiden Winkeln gehören.

Winkel werden durch einen Kreisbogen gekennzeichnet und mit kleinen Buchstaben aus dem griechischen Alphabet bezeichnet.

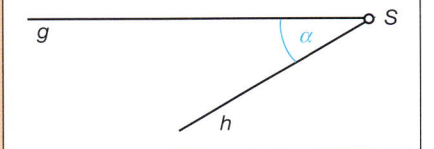

Bild G 62 ▶

Die ersten 5 Buchstaben aus dem griechischen Alphabet sind:

α	β	γ	δ	ε	Zum Vergleich der Schrifthöhe
alpha	beta	gamma	delta	epsilon	

◀ Bild G 63

8. Schreibe je eine Reihe der Buchstaben α, β, γ, δ und ε.
   (Schreibe an jeden Reihenanfang zum Vergleich eine Ziffer.)

9. Beantworte für die Bilder G 64, G 65 und G 66 jeweils die folgenden Fragen:
   a) Welche der bezeichneten Punkte gehören zu α und zu β?
   b) Welche der bezeichneten Punkte gehören zu α, aber nicht zu β?
   c) Welche der bezeichneten Punkte gehören weder zu α noch zu β?

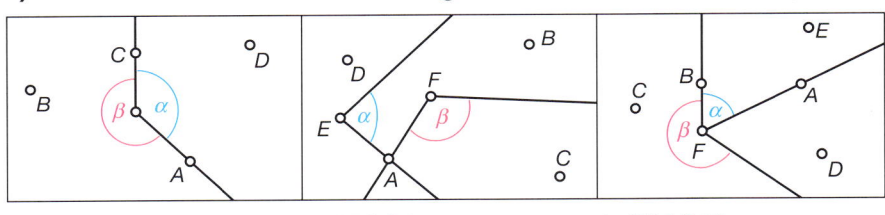

▲ Bild G 64   ▲ Bild G 65   ▲ Bild G 66

10. Auf den Zifferblättern dreier Uhren wurden die Winkel gekennzeichnet, die der große Zeiger in einer bestimmten Anzahl von Minuten überstrichen hat. Gib jeweils die Anzahl der Minuten an.

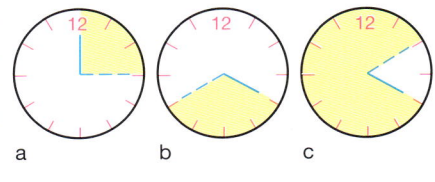

▲ Bild G 67

11. Dreht man einen Strahl um seinen Anfangspunkt, so entsteht ein Winkel. Im Bild G 68 entsteht der Winkel α,
    - wenn man g links herum (entgegen dem Uhrzeigersinn) auf h dreht

    oder wenn man
    - h rechts herum (im Uhrzeigersinn) auf g dreht.

    Wie entsteht der Winkel β?

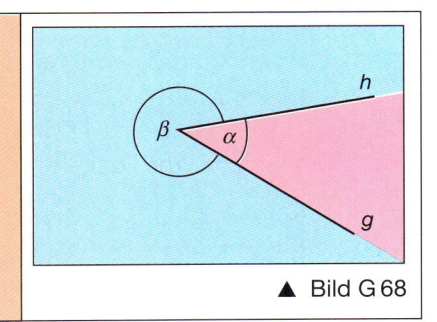

▲ Bild G 68

12. Zeichne in ein Koordinatensystem die Punkte A (1; 1), B (6; 2) und C (2; 5) ein. Zeichne dann die Gerade AB.
  a) Der Strahl $\overrightarrow{AB}$ soll links herum um A gedreht werden, bis er durch C geht. Zeichne die Endlage des gedrehten Strahls ein und kennzeichne den überstrichenen Winkel. Gib durch Koordinaten einige Punkte an, die zu diesem Winkel gehören.
  b) Der Strahl $\overrightarrow{BA}$ soll um B rechts herum gedreht werden, bis er durch C geht. Zeichne auch für diese Drehung die Endlage des Strahls ein und kennzeichne dann den Winkel. Gib die Koordinaten einiger Punkte an, die zu diesem Winkel gehören.

13. a) Zeichne drei Strahlen g, h und k mit gemeinsamem Anfangspunkt. Kennzeichne alle sechs Winkel, die zwei dieser Strahlen als Schenkel haben, durch einen Kreisbogen. Wähle dabei unterschiedliche Radien. Durch welche Drehungen entstehen diese Winkel?
  b)* Vier Strahlen mit gemeinsamem Anfangspunkt bilden zwölf verschiedene Winkel. Erkläre.

14. Zeichne einen Winkel α mit den Schenkeln a und b.
  a) Zeichne dann einen Winkel β, der ebenfalls a als Schenkel hat. Außerdem soll jeder Punkt von α auch zu β gehören.
  b) Zeichne nun einen Winkel γ, der ebenfalls a als Schenkel hat. Außerdem soll jeder Punkt von γ auch zu α gehören.
  c) Zeichne schließlich einen Winkel δ, der ebenfalls a als Schenkel hat. Außerdem soll kein weiterer Punkt zu α und zu δ gehören.

15.* Wir wissen bereits, dass man Winkel mit kleinen griechischen Buchstaben bezeichnen kann. Daneben lernen wir jetzt zwei weitere Möglichkeiten zur Bezeichnung eines Winkels kennen.

(1) Ein Winkel kann auch durch die Nennung seiner Schenkel bezeichnet werden. Im Bild G 69 wurden die Schenkel mit p und q bezeichnet. Ein von diesen Schenkeln gebildeter Winkel wird mit ∢ (p, q) oder mit ∢ (q, p) angegeben.

(2) Außerdem kann man auch den Scheitelpunkt und je einen Punkt auf den beiden Schenkeln zur Bezeichnung des Winkels nutzen. Im Bild G 69 erhält man so:

▲ Bild G 69

∢ ASB oder auch ∢ BSA. Dabei gibt der mittlere Buchstabe stets den Scheitelpunkt des Winkels an.
  a) Bezeichne in dieser Weise die Winkel von Aufgabe 4.
  b) Wie könnte man die Bezeichnung vereinbaren, wenn aus ihr hervorgehen soll, ob der Winkel α oder der Winkel β gemeint ist?

6   Kleine und große Winkel

1. Das abgebildete Haus hat ein Dach mit zwei unterschiedlich großen *Neigungswinkeln*.
   Welchen Winkel würdest du als den größeren ansehen?
   Was bedeutet die Größe des Neigungswinkels für Regen und besonders für Schnee?

   Bild G 70 ▶

2. Als der Schuss von Stürmer Schulz weit neben dem Torpfosten ins Aus geht, regt sich der Reporter auf:
   „Warum gibt Schulz denn nicht zu Lehmann ab!? Der steht doch viel günstiger!"
   Erkläre diesen Bericht und sprich dabei vom Schusswinkel.

   Bild G 71 ▶

3. Pferd, Mensch und Hase überblicken mit einem Auge (ohne es zu bewegen) unterschiedlich große Winkel. Ordne sie nach der Größe.

   ▲ Bild G 72

4. Im Bild G 73 wird gezeigt, wie man zwei Winkel durch Ausschneiden des einen Winkels vergleicht.
   a) Beschreibe den Vorgang.
   b) Holger behauptet: α ist kleiner als β, denn die Schenkel von α sind kürzer als die von β. Was sagst du?
   c) Wie kann man für den Vergleich von Winkeln Folie benutzen?

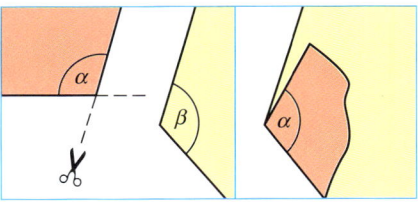

   ▲ Bild G 73

Beim Vergleichen zweier Winkel wird der eine Winkel an einen Schenkel des anderen so angetragen, dass sich beide Winkel zum Teil überdecken. Beim **Antragen** und **Vergleichen von Winkeln** kann man den Zirkel benutzen.

BEISPIELE:

5. Antragen eines Winkels α an einen Strahl a mit dem Zirkel

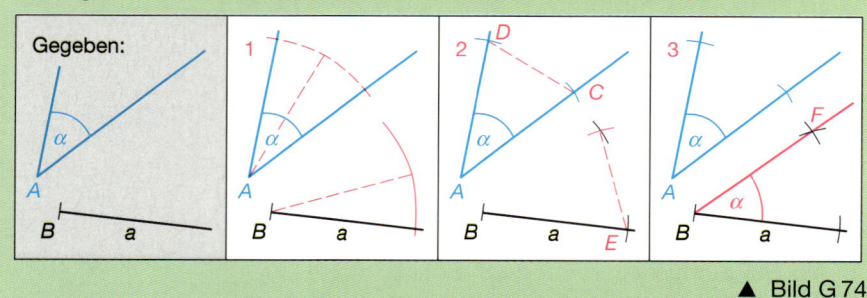

▲ Bild G 74

6. Vergleichen der Winkel α und β mit dem Zirkel

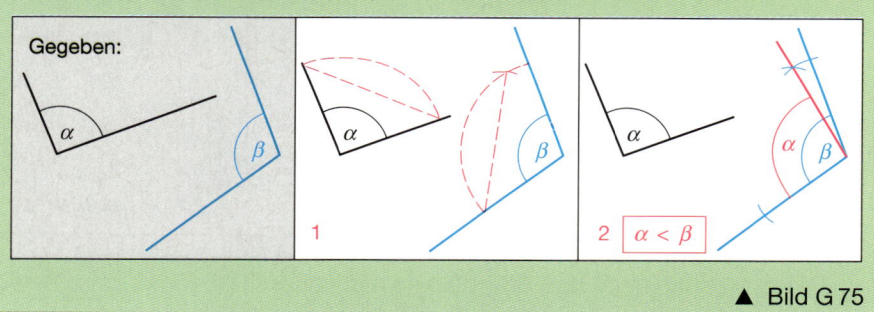

▲ Bild G 75

7. Im Beispiel 5 entsteht der angetragene Winkel durch eine Linksdrehung des Strahls a: **Der Winkel α wurde an a nach links angetragen.**

   a) Nach welcher Seite wurde im Beispiel 6 der Winkel α an einen Schenkel von β angetragen?

   b) Zeichne selbst einen Strahl c und einen Winkel γ. Trage γ an c einmal nach links und einmal nach rechts an.

8. Bei welchen der 4 Fälle im Bild G 76 erkennt man sofort, dass $\alpha < \beta$ gilt?

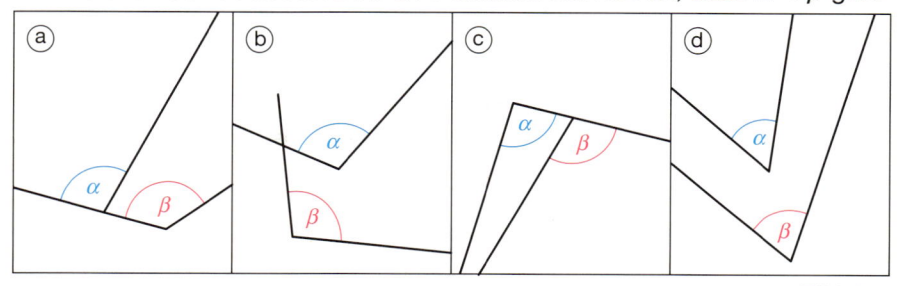

▲ Bild G 76

9. **a)** Vergleiche die Innenwinkel α, β, und γ des Dreiecks im Bild G 77 a. Notiere deine Ergebnisse mithilfe des Zeichens <.
   b) Welcher Innenwinkel ist der kleinste?

10. Ordne die Innenwinkel des Vierecks im Bild G 77 b der Größe nach. Beginne dabei mit dem kleinsten Winkel.

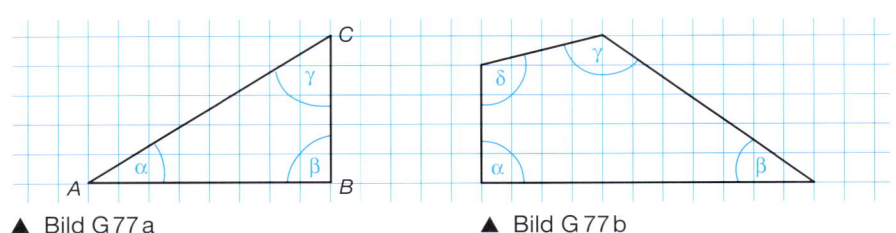

▲ Bild G 77 a   ▲ Bild G 77 b

Einteilung der Winkel

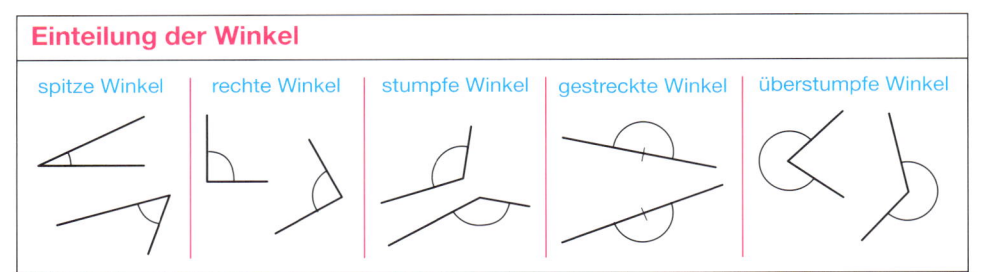

| spitze Winkel | rechte Winkel | stumpfe Winkel | gestreckte Winkel | überstumpfe Winkel |

Spitze Winkel sind kleiner als rechte Winkel.
Bei rechten Winkeln stehen die Schenkel senkrecht aufeinander.
Stumpfe Winkel sind größer als rechte und kleiner als gestreckte Winkel.
Bei gestreckten Winkeln bilden die Schenkel eine Gerade.
Überstumpfe Winkel sind größer als gestreckte Winkel.

11. **a)** Gib an, welcher der Winkel α bis ε im Bild G 79 ein spitzer, ein rechter, ein stumpfer, ein gestreckter, ein überstumpfer Winkel ist.
    b) Ordne die Winkel der Größe nach und beginne mit dem größten.

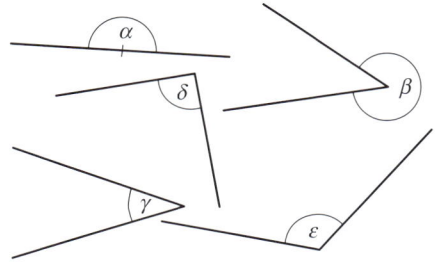

    Bild G 79 ▶

12. Welche der Innenwinkel in den Bildern G 77 a und b sind spitze, rechte bzw. stumpfe Winkel?

13. Gib die Art der Winkel an, die folgende Himmelsrichtungen einschließen:
    a) S–SW, **b)** S–NW, **c)** O–W, **d)** N–W, **e)** N–SO (über W)

14. Übertrage die Rechtecke in dein Heft. Vergleiche α mit β und γ mit δ:
    a) im Quadrat ABCD
    b) im Rechteck EFGH

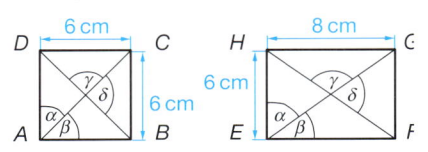

195

7 Grad – aber zum Winkelmessen

1. Von Miriams Geburtstagstorte sind 3 Stücke übrig geblieben.
   In wie viele Stücke hatte man die ganze Torte zerschnitten?

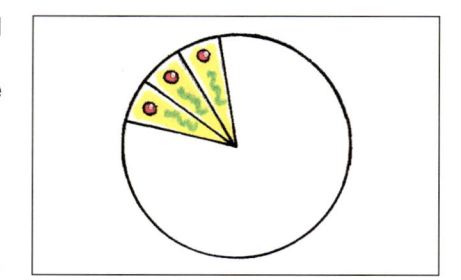

   Bild G 81 ▶

2. **a)** Man sagt, der Winkel α ist dreimal so groß wie der Winkel ε. Erkläre.
   b) Wievielmal ist ε in β enthalten?
   c) Der wievielte Teil von β ist α?

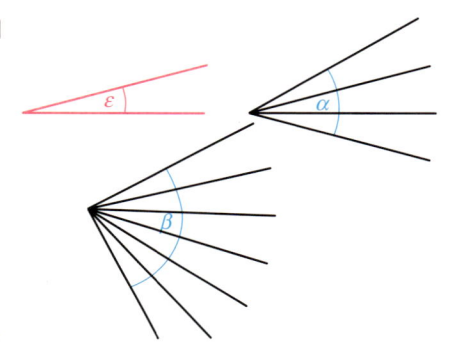

   Bild G 82 ▶

   Als Einheit für das Messen von Winkeln dient der 90ste Teil des rechten Winkels. Diese Einheit heißt **1 Grad (1°)**.

   1 (Winkel-)Grad (1°) = $\frac{1}{90}$ des rechten Winkels.

   Bild G 83 ▶

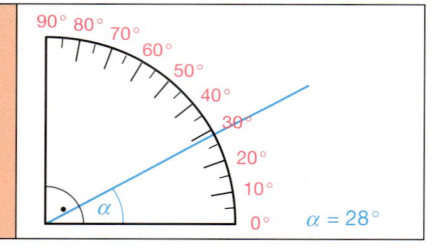

   $\alpha = 28°$

3. **a)** Gib die Größe eines gestreckten Winkels in Grad an.
   b) Ist α ein spitzer Winkel, so gilt $0° < \alpha < 90°$. Gib eine solche Ungleichung auch für stumpfe und überstumpfe Winkel an.
   c) Wie groß sind β und γ?
   d) Wie groß sind δ und ε?

   Bild G 84 ▶

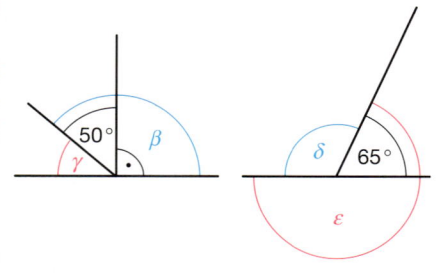

4. Wie groß sind die Winkel, die die Zeiger einer Uhr bilden um
   a) 3.00 Uhr (1.00 Uhr; 10.00 Uhr), **b)*** 9.30 Uhr (23.30 Uhr; 8.20 Uhr)?

5. Gib an, wann die Zeiger einer Uhr einen Winkel bilden:
   a) von 180° (150°; 240°), **b)*** von 45° (135°; 130°).

6. Um wie viel Grad muss man den großen Zeiger einer Uhr vordrehen, wenn sie nachgeht um
   a) 15 min (2 min; 20 min),   **b)** 12 min (50 min; 1 h)?

7. Wie lange dauert es, bis der kleine Zeiger einer Uhr einen Winkel überstrichen hat von
   a) 30° (20°; 15°),   **b)** 10° (95°; 225°)?

8. Brüche kann man durch Kreisteile darstellen. So gehört zu $\frac{1}{6}$ ein Winkel von 60° im Mittelpunkt des Kreises.
   a) Welche Winkel gehören zu
   $\frac{5}{6}$; $\frac{1}{3}$; $\frac{1}{12}$; $\frac{1}{4}$; $\frac{3}{4}$; $\frac{1}{8}$; $\frac{5}{8}$; $\frac{4}{15}$?

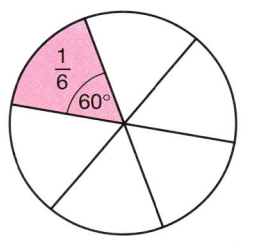

   ◀ Bild G 85

   b) Gib zu den folgenden Winkeln die entsprechenden Brüche an:
   180°; 40°; 200°; 36°; 72°; 216°; 126°; 342°

9. Um wie viel Grad dreht sich das große Zahnrad im Bild G 86,
   a) wenn das kleine Zahnrad eine volle Umdrehung ausführt,
   b) wenn das kleine Zahnrad zwei volle Umdrehungen ausführt,
   c)* wenn das kleine Zahnrad sich um 240° dreht,
   d)* wenn sich das kleine Zahnrad um 72° dreht?
   Bild G 86 ▶   15 Zähne   60 Zähne

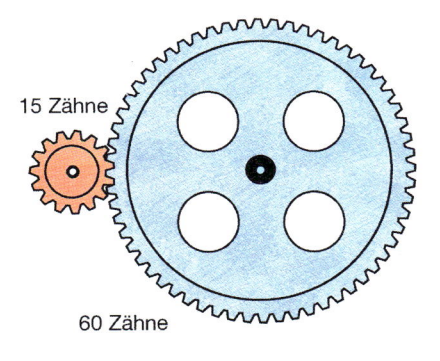

10. Um wie viel Grad hat sich der Wind gedreht, wenn er umspringt
   a) von NW auf SW (über W),
   b) von NNW auf NNO (über N),
   c) von WSW auf NNW (über W),
   d) von WNW auf N (über NW)?

11.* Lukas macht eine Wanderung. Unterwegs will er feststellen, in welche Richtung er weiter laufen muss. Dazu will er mithilfe seines Kompasses die Wanderkarte „einnorden". Um wie viel Grad muss er die Karte drehen? Der rote Pfeil stellt die Nordmarke der Nadel dar.

Bild G 87 ▶

12.* Der Lichtkegel eines Leuchtturmes führt in 40 s eine volle Umdrehung aus. Von einem Schiff aus sieht man das Licht des Leuchtturmes als einen 1 s dauernden Lichtblitz.
Wie groß ist der „Öffnungswinkel" α des Lichtkegels?

Bild G 88 ▶

13. a) Wie groß ist der Winkel α, der im Bild G 89 mit einem Halbkreiswinkelmesser gemessen wird?
b) Wie groß ist der überstumpfe Winkel, den die Strahlen c und d miteinander bilden?

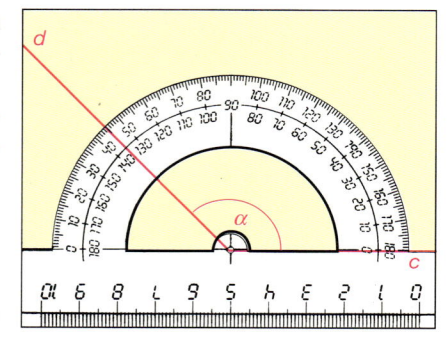

Bild G 89 ▶

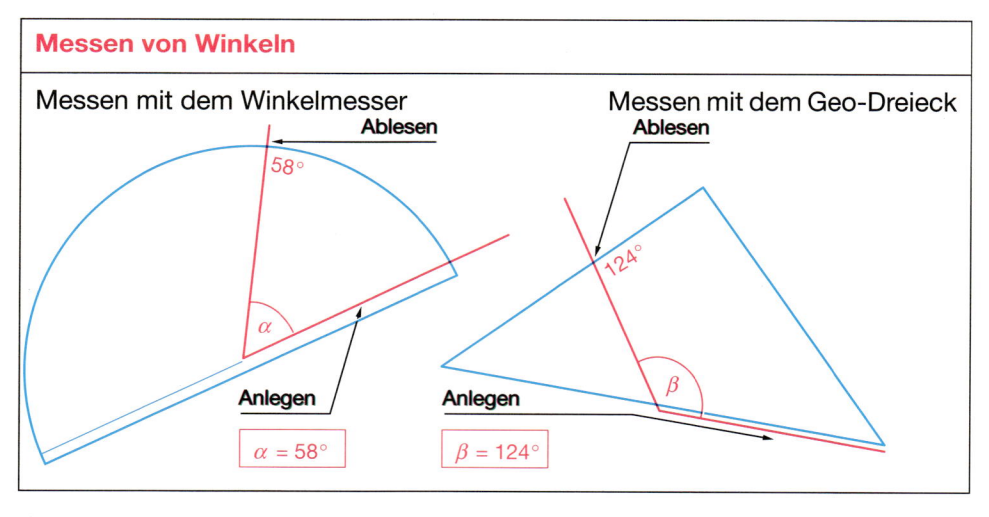

Messen von Winkeln

Messen mit dem Winkelmesser
Ablesen
58°
Anlegen
$\alpha = 58°$

Messen mit dem Geo-Dreieck
Ablesen
124°
Anlegen
$\beta = 124°$

14. Miss die Winkel α bis ε. Schätze vor dem Messen. ▼ Bild G 91

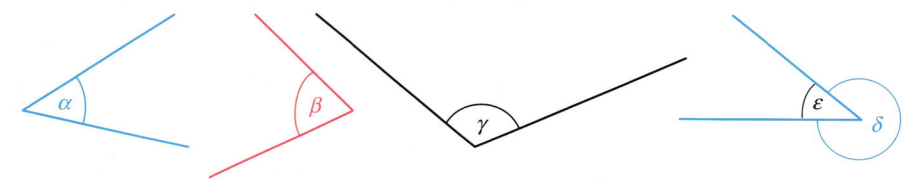

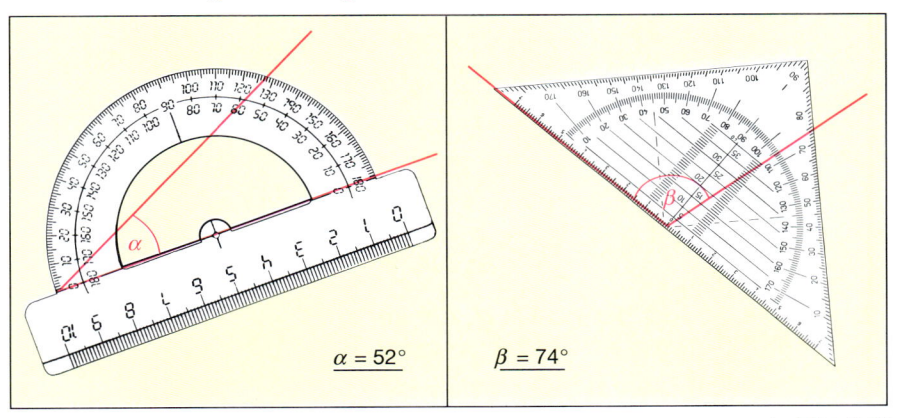

15. Welche Fehler sind im Bild G 92 beim Winkelmessen gemacht worden? Ermittle die richtigen Winkelgrößen.

α = 52°   β = 74°

▲ Bild G 92

Zeichnen (Antragen) von Winkeln

An den Strahl a soll im Punkt A der Winkel α = 110° angetragen werden.

① bei 110° Punkt markieren — Anlegen
② Schenkel b zeichnen
③ Bei Benutzung eines Geo-Dreiecks — Anlegen

16. Zeichne Winkel der angegebenen Größe.
   a) α = 35°; β = 66°; γ = 110°; δ = 135°; ε = 190°
   b) α = 83°; β = 158°; γ = 200°; δ = 292°; ε = 346°

17. a) Zeichne nur nach Augenmaß einen 40° großen Winkel. Miss ihn dann und vergleiche.
   b) Verfahre ebenso mit Winkeln der Größe 20°; 75°; 150° und 300°.

18. Zeichne in ein Koordinatensystem die Punkte A, B, C und verbinde sie zu einem Dreieck. Miss dessen Innenwinkel α (Scheitelpunkt A), β (bei B) und γ (bei C).
   a) A (0; 0), B (1; 8), C (9; 2)   **b)** A (2; 1), B (7; 6), C (10; 3)
   c) A (1; 0), B (6; 1), C (8; 5)   **d)** A (0; 4), B (7; 0), C (12; 5)

19. Zeichne in ein Koordinatensystem die Punkte A, B, C, D und verbinde sie zu einem Viereck. Miss dann die Innenwinkel des Vierecks:
α (Scheitelpunkt ist A), β (bei B), γ (bei C), δ (bei D)
a) A(0; 2), B(6; 2), C(9; 7), D(2; 6)   **b)** A(1; 1), B(10; 5), C(3; 9), D(4; 4)

20. Ein Haus, dessen Giebelseite 7,5 m breit ist, hat eine Firsthöhe von 4 m. Ermittle den Neigungswinkel seines Daches anhand einer maßstäblichen Zeichnung.

Bild G 94 ▶

21. Ein Fischkutter fährt nach dem Auslaufen 50 sm (Seemeilen) genau nordwestlich (Kurs N 315° O) und ändert dann den Kurs um 35° nach links (backbord). Den neuen Kurs behält er auf 30 sm bei bis zu einer Kursänderung um 20° nach rechts (steuerbord) und nach 15 sm um 12° backbord. Nach weiteren 5 sm Fahrt werden die Netze ausgeworfen.
  a) Gib die verschiedenen Kurse wie oben den Anfangskurs „seemännisch" an (in Grad „Nord über Ost").
  b) Zeichne die Fahrtroute maßstäblich auf. Nimm z. B. 1 cm für 5 sm.
  c) Wie weit ist der Fangplatz vom Fischereihafen entfernt (Luftlinie)?

▲ Bild G 95

22.* Ein Schiff fährt von Wismar nach Warnemünde. Der anfängliche Nordkurs wird 2 sm (Seemeilen) lang beibehalten, dann erfolgt eine Kursänderung um 52° nach links (backbord). Alle weiteren Kursänderungen erfolgen nach rechts (steuerbord):
nach 4 sm Fahrt 40° steuerbord
nach 2 sm Fahrt 57° steuerbord
nach 14 sm Fahrt 18° steuerbord
nach 6 sm Fahrt 27° steuerbord
nach 10 sm Fahrt 49° steuerbord und dann noch 2 sm Fahrt voraus
  a) Zeichne den Schiffsweg maßstäblich auf. Wähle beispielsweise für 1 cm die Entfernung 2 sm.
  b) Gib die verschiedenen Kurse „seemännisch" als Kurs N über O an.
  c) In welcher Himmelsrichtung von Wismar aus liegt Warnemünde?

8 Miteinander verwandte Winkel

1. Bei einem Eisenbahndamm kann man Böschungswinkel α und den Winkel β an der Dammkrone nicht direkt messen. Wie kann man die Größe dieser Winkel dennoch ermitteln?
Mache Vorschläge.

Bild G 96 ▶

2. **a)** Was für eine Art von Winkel schließen die beiden Rohre im Bild G 97 miteinander ein?
   b) Auf dem winkligen Verbindungsstück befindet sich die Angabe 30°. Erkläre.
   c) Auf einem anderen Rohrknie steht 45°. Welchen Winkel werden die Rohre in diesem Fall miteinander bilden?

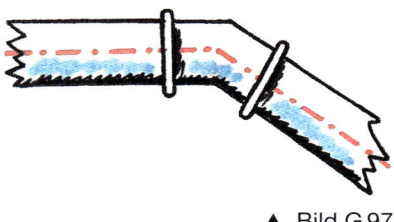

▲ Bild G 97

3. Wie kann man nur mit einem Lineal – also ohne Winkelmesser – zwei Winkel zeichnen, die
   a) zusammen 180° groß sind,   **b)** beide gleich groß sind?

4. Im Bild G 98a ist der Winkel β ein Nebenwinkel des Winkels α.
Der Winkel δ ist ebenfalls ein Nebenwinkel von α.

   Nebenwinkel: Einen Schenkel haben die Winkel gemeinsam; die anderen Schenkel bilden zusammen eine Gerade.

   a) Gib im Bild G 98b die Nebenwinkel von β, von γ und von δ an.

   Im Bild G 98c ist der Winkel γ der Scheitelwinkel von α.

   Scheitelwinkel: Die Schenkel bilden zusammen zwei Geraden.

   b) Gib im Bild G 98b die Scheitelwinkel von β, von γ und von δ an.

▲ Bild G 98a–c

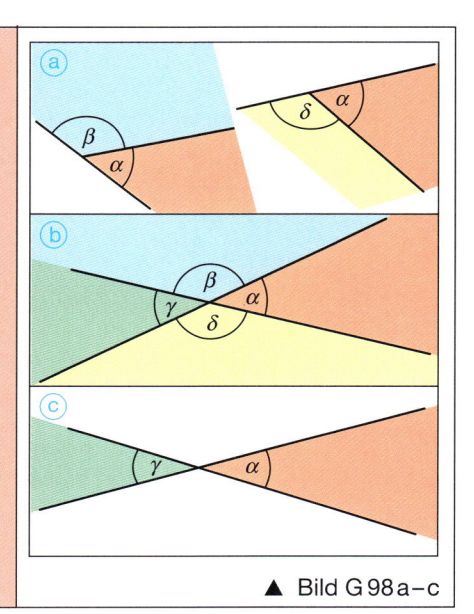

5. In welchem Bild sind weder Nebenwinkel noch Scheitelwinkel gekennzeichnet? Begründe.

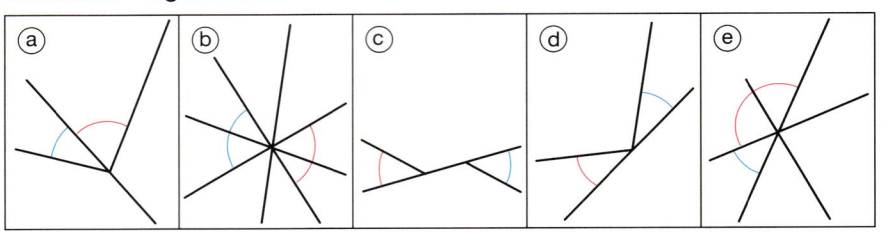

▲ Bild G 99

6. a) Gib zum nebenstehenden Bild alle Scheitelwinkelpaare an.
b) Welche Winkel bilden zusammen einen Nebenwinkel von α_1 (α_2)?

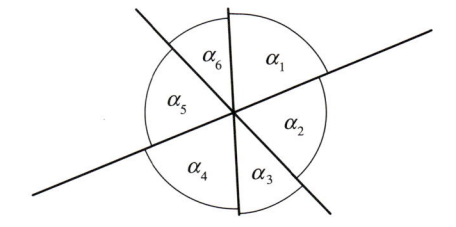

Bild G 100 ▶

7. Gib im Bild G 101 jeweils die Größe der anderen Winkel an. Begründe.

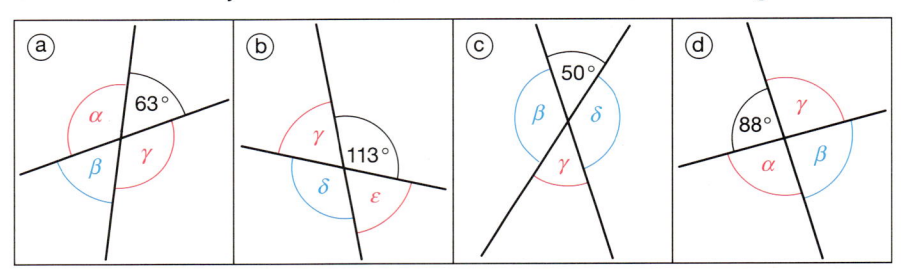

▲ Bild G 101

Nebenwinkel sind zusammen 180° groß.
Scheitelwinkel sind gleich groß.

8. Die Winkel α und β sollen Nebenwinkel sein.
  a) Wie groß ist β für $\alpha = 60°$ (25°; 170°; 52°; 137°)?
  b) Wie groß ist der Scheitelwinkel von α für $\beta = 81°$?

9.* a) α ist ebenso groß wie seine Nebenwinkel. Wie groß ist α?
  b) β ist um 20° größer als seine Nebenwinkel. Wie groß ist β?
  c) γ ist um 42° kleiner als seine Nebenwinkel. Wie groß ist γ?
  d) δ ist halb so groß wie seine Nebenwinkel. Wie groß ist δ?
  e) ε ist fünfmal so groß wie seine Nebenwinkel. Wie groß ist ε?

10.* Von einem Winkel α ist bekannt: $32° < \alpha < 46°$. β ist einer seiner Nebenwinkel. Was lässt sich über die Größe von β sagen?

9 Rund und schön

1. Die Darstellungen auf den meisten Spielkarten sind nicht axialsymmetrisch. Man kann sie also nicht durch Spiegeln an einer Geraden mit sich selbst zur Deckung bringen. Fällt dir aber eine andere Ebenmäßigkeit bei den beiden Spielkarten im Bild G 102 auf? Erkläre.

   Bild G 102 ▶

2. Das nebenstehende Bild zeigt ein gotisches Zierfenster. Solche und ähnlich gestaltete Schmuckformen findet man häufig an Kirchen und Klöstern, die vor ca. 500 Jahren gebaut wurden. Denkt man sich diese Schmuckform um einen bestimmten Punkt um einen bestimmten Winkel gedreht, so kann man die Figur in sich überführen, „auf sich selbst abbilden". Um welchen Punkt muss man drehen und um welchen Winkel?

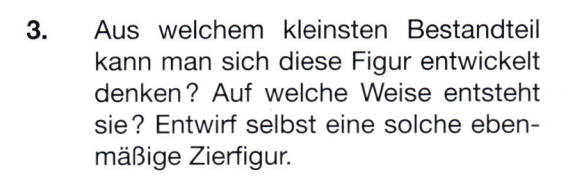

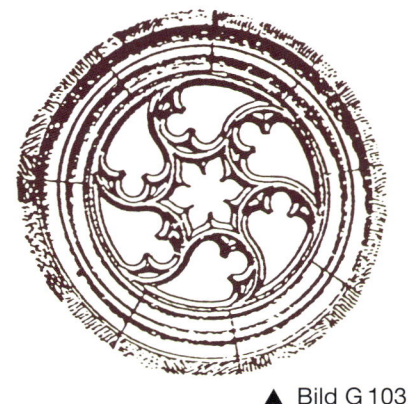

   ▲ Bild G 103

3. Aus welchem kleinsten Bestandteil kann man sich diese Figur entwickelt denken? Auf welche Weise entsteht sie? Entwirf selbst eine solche ebenmäßige Zierfigur.

   ◀ Bild G 104

Figuren, die durch Drehen um einen Punkt mit sich selbst zur Deckung gebracht werden können, heißen **drehsymmetrisch**.

BEISPIEL:

4. Diese Figur ist drehsymmetrisch. Eine Drehung um den rot gekennzeichneten Punkt als Drehzentrum um 72° (Drehwinkel) bringt sie mit sich selbst zur Deckung. Gibt es noch andere Winkel, die das bewirken?

   Bild G 105 ▶

5. Gib für jede der drei drehsymmetrischen Figuren an, wie groß die Drehwinkel für die Drehungen sind, die die Figur mit sich selbst zur Deckung bringen.

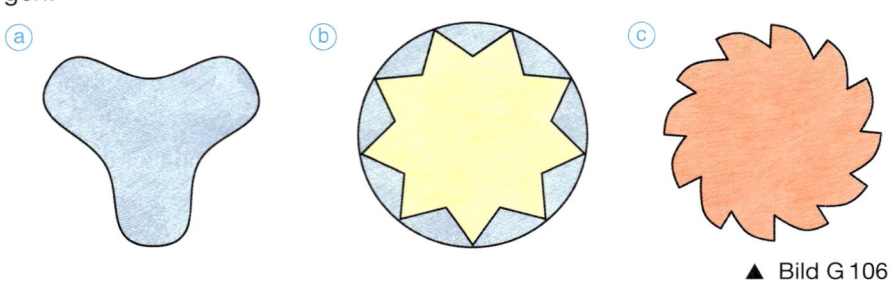

▲ Bild G 106

6.* **a)** Oliver sagt: „Bei der Erklärung, wann eine Figur drehsymmetrisch ist, darf man doch nicht beliebig große Drehwinkel zulassen; sonst ist nämlich jede Figur drehsymmetrisch." Hat Oliver Recht?
b) Julia möchte eine Figur zeichnen, die bei einer Drehung um 50° auf sich selbst abgebildet wird. Holger meint, dass es eine solche Figur nicht gibt. Was sagst du dazu?

7. Autofelgen gehören zu den Gegenständen, für die Drehsymmetrie besonders wichtig ist. (Warum?) – Gib für jede der abgebildeten Felgen bzw. Zierkappen Drehwinkel an. Welche der Felgen ist außerdem auch axialsymmetrisch?

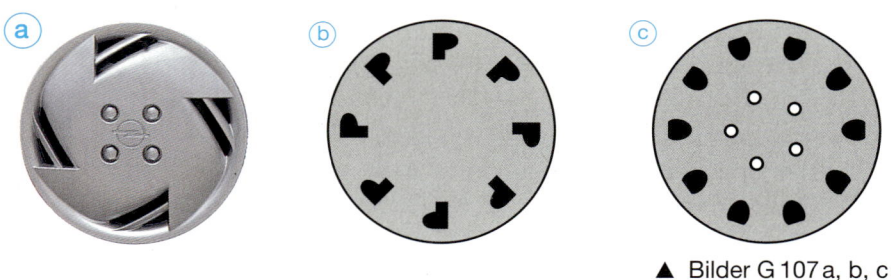

▲ Bilder G 107 a, b, c

8. Auch in der Natur begegnen uns drehsymmetrische, meist räumliche, Figuren. Betrachte hierzu den Seestern im Bild G 108 und die Schneeflocken auf der dritten Umschlagseite des Lehrbuches.
Wo liegt jeweils der Drehpunkt und wie groß ist der Drehwinkel?

Bild G 108 ▶

9. **a)** Zeichne eine drehsymmetrische Blüte mit sechs Kronblättern nach deinen eigenen Vorstellungen.
b) Wie viele Kronblätter hat eine Apfelblüte? Ist eine Apfelblüte auch drehsymmetrisch?

10. Übertrage
a) die Figuren im Bild G 109, **b)** die Figuren im Bild G 110
auf Karopapier. Ergänze sie so, dass eine drehsymmetrische Figur mit dem roten Punkt als Drehzentrum entsteht. Gibt es mehrere Möglichkeiten?

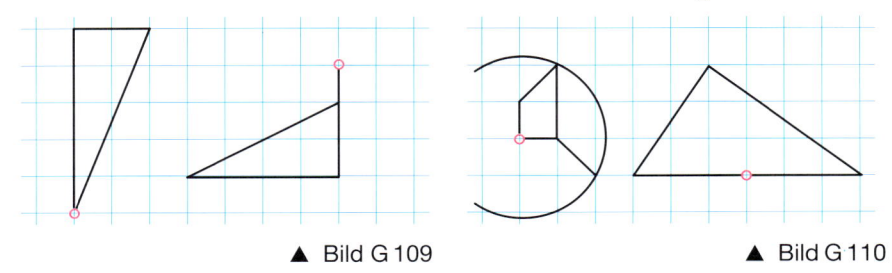

▲ Bild G 109

▲ Bild G 110

Drehsymmetrische Figuren, die durch Drehen um einen Winkel von 180° mit sich selbst zur Deckung gebracht werden können, werden **zentralsymmetrisch** oder **punktsymmetrisch** genannt.
Den Punkt, um den gedreht wird, nennt man **Symmetriezentrum.**

BEISPIELE:

11. Alle sechs Figuren sind drehsymmetrisch, aber nur die blau gezeichneten Figuren sind zentralsymmetrisch. Erkläre.

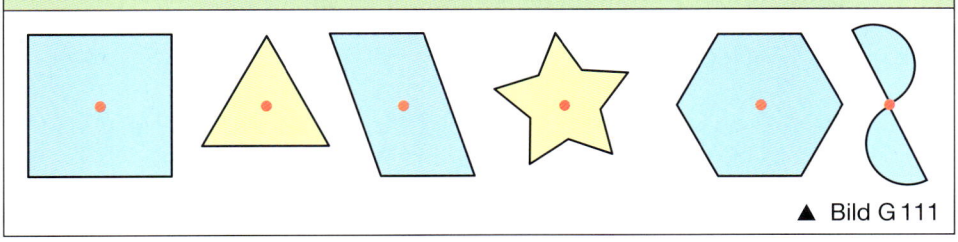

▲ Bild G 111

12. Zeichne die Figuren im Bild G 112 auf Karopapier.
Versuche dann die Figuren durch ein einziges kleines Quadrat zu einer zentralsymmetrischen Figur zu ergänzen. Bei welcher gelingt es nicht?

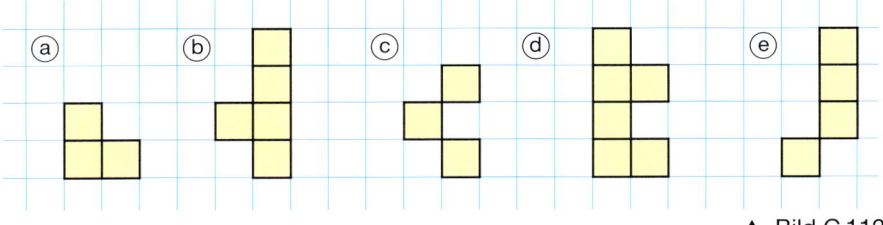

▲ Bild G 112

13. Welche der abgebildeten Flaggen ist
  a) axialsymmetrisch, aber nicht zentralsymmetrisch,
  b) zentralsymmetrisch, aber nicht axialsymmetrisch,
  c) axialsymmetrisch und zentralsymmetrisch?
  Achte auf kleine Abweichungen von strenger Symmetrie.

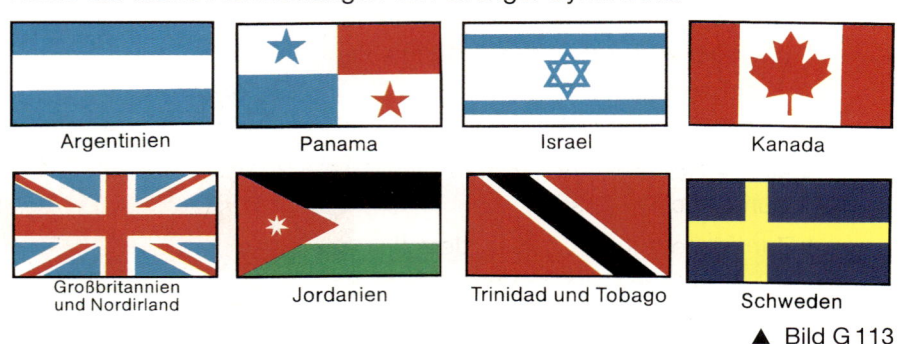

Argentinien Panama Israel Kanada

Großbritannien und Nordirland Jordanien Trinidad und Tobago Schweden

▲ Bild G 113

14. Wir betrachten das Wort ROSENBUSCH. Welche der in diesem Wort enthaltenen Blockbuchstaben sind
  a) axialsymmetrisch, aber nicht zentralsymmetrisch,
  b) zentralsymmetrisch, aber nicht axialsymmetrisch,
  c) axialsymmetrisch und zentralsymmetrisch?
  Untersuche weitere Buchstaben des Alphabets auf Symmetrie.

15. Durch eine Drehung können nicht nur Figuren auf sich selbst abgebildet werden. Im Bild G 114a ist das rote Dreieck ein Bild des gelben.
  a) Gib das Drehzentrum durch ein Zahlenpaar an.
  b) Was für Kurven sind die blau eingezeichneten Linien?
  c) Wie groß ist der Drehwinkel?

16. Im Bild G 114b ist die rote Figur das Bild der gelben Figur bei einer Drehung. Ermittle das Drehzentrum. Gib es durch seine Koordinaten an.

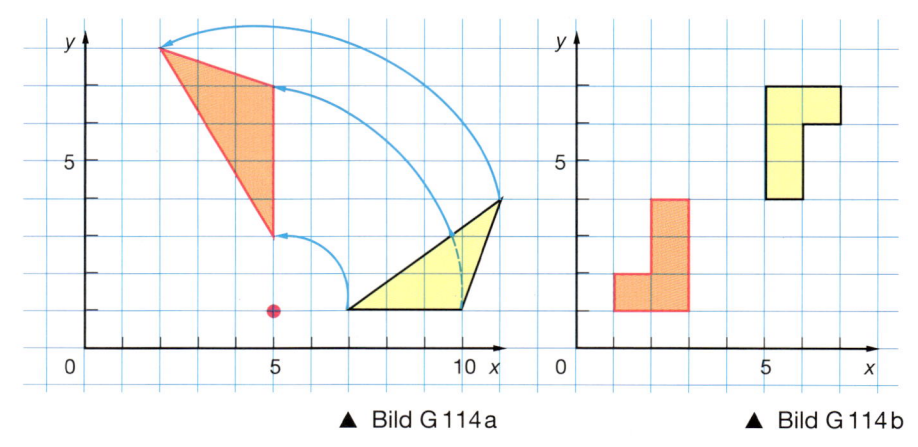

▲ Bild G 114a ▲ Bild G 114b

10 Schön der Reihe nach

1. Bereits im Altertum verzierten die Menschen Krüge, Töpfe, Vasen, aber auch die Häuser und Tempel mit *Bandornamenten*. Im antiken Griechenland war schon vor rund 3000 Jahren ein Muster beliebt, das noch heute vielfach benutzt wird: das Mäandermuster – benannt nach einem sehr windungsreichen Fluss.

   ▲ Bild G 115 Marientor in Naumburg mit Kielbogenblenden aus dem 15. Jahrhundert

   a) Zur Anfertigung eines derartigen Bandornamentes kann eine Schablone dienen. Wie lang müsste die Schablone im Bild G 116a mindestens sein?

   b) Bei der Herstellung des Bandornamentes im Bild G 116b mit einer Schablone sind Fehler unterlaufen. Finde die Fehler heraus. Worauf muss man beim Arbeiten mit der Schablone achten?

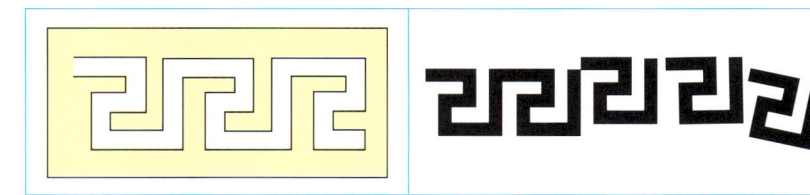

   ▲ Bild G 116a   ▲ Bild G 116b

   > Ein Bandornament entsteht durch wiederholtes **Verschieben** einer **Grundfigur**. Man sagt auch, das Ornament ist **verschiebungssymmetrisch.**

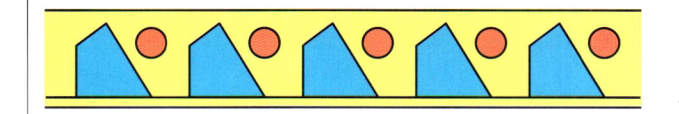

   ◀ Bild G 117

2. Beschreibe bei den beiden nebenstehend abgebildeten Bandornamenten die Grundfigur, die aneinander gesetzt wird.
   Gib die Länge dieser Grundfigur in Millimeter an.

   Bild G 118 ▶

3. Gib für die folgenden Bandornamente ebenfalls die Länge der Grundfigur in Millimetern an.

▲ Bild G 119 (entnommen aus „Ornamente" erschienen im Callwey Verlag, München)

4. In den Bildern G 120 a–c sind von Bandornamenten jeweils zwei Grundfiguren gezeichnet worden.
   a) Übertrage die Bilder auf Karopapier und setze die Ornamente fort.
   b) Male die Ornamente farbig so aus, dass die Verschiebungssymmetrie erhalten bleibt.

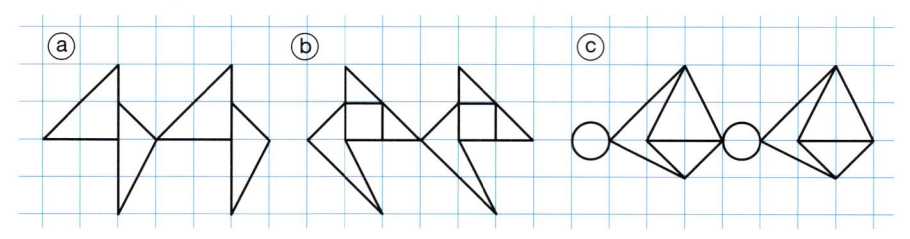

▲ Bild G 120

5. Die Grundfigur wird bei den Bandornamenten verschoben. Oftmals ist das Grundelement selbst eine axialsymmetrische oder eine drehsymmetrische Figur. Untersuche die im Bild G 119 aufgeführten Ornamente, ob axialsymmetrische Grundfiguren darunter sind.

6. Übertrage das nebenstehende Muster in dein Heft und setze es fort.

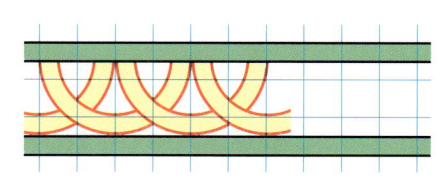

Bild G 121 ▶

7.* Drei verschiedene Typen von Bandornamenten sind hier durch Folgen nicht symmetrischer Blockbuchstaben angedeutet:

(1) F F F   (2) R Я R Я R   (3) L ⌐ L ⌐ L

Zeichne aus den symmetrischen Blockbuchstaben A, E, H, N Ornamente zu jedem dieser drei Typen.
Welche Übereinstimmungen stellst du fest? Erkläre.

8. Durch eine Verschiebung können nicht nur Figuren in einem Bandornament aufeinander abgebildet werden. Hier ist das grüne Viereck das Bild des gelben Vierecks bei einer Verschiebung.
Wie weit und in welcher Richtung verschoben wurde, gibt ein **Verschiebungspfeil** (rot) an.

a) Übertrage die Zeichnung auf Karopapier.
Zeichne Verschiebungspfeile ein, die von anderen Eckpunkten des „Originalvierecks" ausgehen.

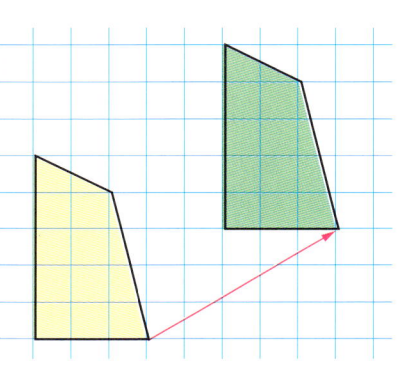

▲ Bild G 122

b) Was kannst du über die Länge und die Lage der Verschiebungspfeile sagen?

9. Im Bild G 123 ist in ein Koordinatensystem ein Dreieck mit den Eckpunkten $A(10; 2)$, $B(10; 5)$ und $C(6; 5)$ eingetragen worden. Das Dreieck soll so verschoben werden, wie es der Verschiebungspfeil anzeigt. Gib die Eckpunkte A', B', C' des Bilddreiecks durch ihre Koordinaten an.

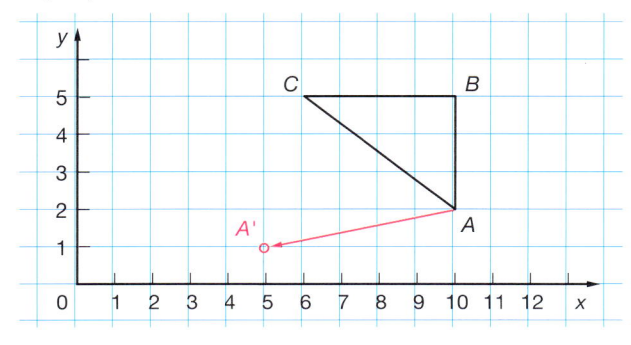

◀ Bild G 123

10.* Zeichne ein Koordinatensystem und zeichne dann ein Dreieck mit den Eckpunkten $A(2; 1)$, $B(5; 2)$, $C(3; 3)$ ein. Ein Verschiebungspfeil weist von $A(2; 1)$ auf $A'(5; 3)$. Zeichne das Bilddreieck $A'B'C'$.
Gib die Koordinaten von B' und C' an.

Eine Seite für gute Denker

11.* Die folgenden Tabellen enthalten die Anweisung für eine Verschiebung der Punkte im Bild G 124. Übertrage die Tabellen in dein Heft und vervollständige sie.

a)
Original	A	E	D		
Bild	C			F	E

c)
Original	H	C	F		
Bild	G			H	D

b)
Original	E	A	H		
Bild	G			E	D

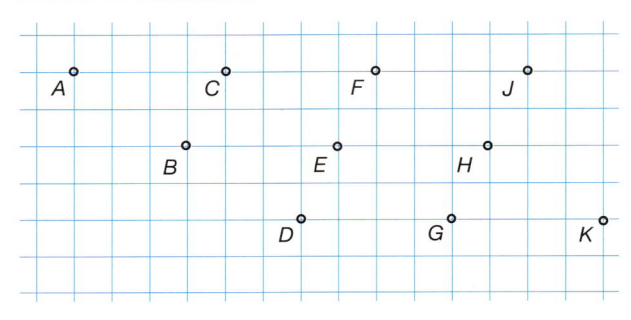

◀ Bild G 124

12.* Übertrage die Tabellen, die die Anweisung für eine Drehung der im Bild G 125 enthaltenen Punkte angeben, in dein Heft und ergänze.
Gib jedesmal den Drehwinkel (bei Linksdrehung) an.

a)
Original	A	D	M		
Bild	B			D	J

b)
Original	E	H	L		
Bild	G			L	E

c)
Original	C	B	E		
Bild	A			D	M

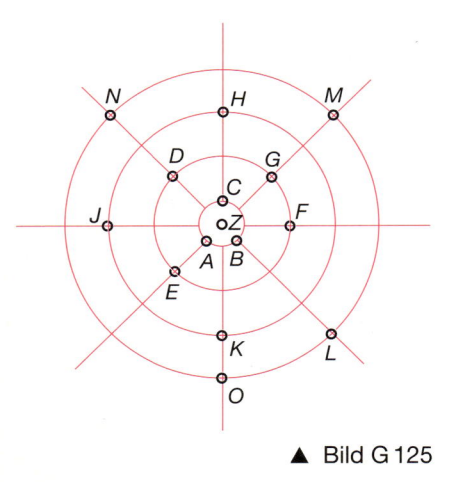

▲ Bild G 125

13.* Kannst du dir denken, warum man eine Drehung um 180° auch als Punktspiegelung bezeichnet? Vergleiche mit der Abbildungsvorschrift bei der Spiegelung an einer Geraden („Geradenspiegelung").

Bild G 126 ▶

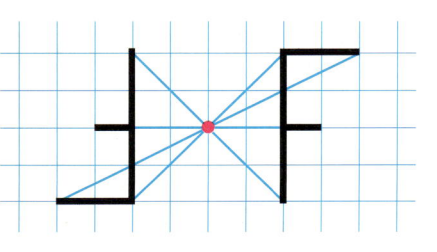

H Weitere Anwendungen

1 Wir ordnen Größen einander zu

1. Ein Motorschiff ist auf dem Weg von Rostock nach Sankt Petersburg. Es legt 32 km je Stunde zurück.

   a) Übertrage die Tabelle in dein Heft und ergänze sie.

Zeit in h	1	2	3	4	5	6	7	8
Zurückgelegter Weg in km	32	64			160			

   b) Welchen Weg legt das Schiff in 10 h (in 20 h; in $2\frac{1}{2}$ h) zurück?

   c) Welche Zeit benötigt das Schiff für 16 (48; 960) km?

2. Radko fährt mit seinem Vater in den Sommerferien zu seinen Großeltern. Sie legen den Weg mit dem PKW zurück und Radko notiert alle halbe Stunde den Stand des Tageskilometerzählers. Hier sind einige Werte, die er notiert hat:

Zeit in h	0	$\frac{1}{2}$	1	$1\frac{1}{2}$	2	$2\frac{1}{2}$	3
Zurückgelegte Strecke in km	0	18	61	109	...	...	245

   a) Welche Strecke könnte Radko nach 2 h ($2\frac{1}{2}$ h) abgelesen haben?

   b) Mit welchem Kilometerstand rechnet er nach 5 h?

Bei manchen Zuordnungen gilt: **Verdoppelt man die Zahlen in der ersten Zeile, so verdoppeln sich auch die Zahlen in der zweiten Zeile.** (Vergleiche mit Aufgabe 1.)	$\xrightarrow{\cdot 2}$ Zeit in h | 2 | ..... | 4 Weg in km | 64 | ..... | 128 $\xrightarrow{\cdot 2}$
Beachte: Das oben Gesagte gilt nicht bei jeder Zuordnung. (Vergleiche mit Aufgabe 2.)	$\xrightarrow{\text{verdoppelt}}$ Zeit in h | $\frac{1}{2}$ | 1 zurückgelegte Strecke in km | 18 | 61 $\xrightarrow{\text{nicht verdoppelt}}$

3. Frank möchte Tonbandkassetten kaufen. Er prüft das Angebot. Eine einzelne Kassette kostet 2,49 DM. Eine Packung mit zwei Kassetten wird für 4,45 DM verkauft. Eine 5er-Packung ist für 9,95 DM und eine 10er-Packung für 18,90 DM zu bekommen. Lege eine Tabelle an.
Was müsste Frank für 1, 2, 3, ..., 10 Kassetten bezahlen?

4. Vergleiche die folgenden Zuordnungen miteinander.

Zuordnung A:
Ein Ziegelstein wiegt etwa 3 kg.
Der Anzahl der Ziegelsteine ordnen wir das Gewicht zu.

Steine (Anzahl)	1	2	3	4	5	6	7	8	9	10
Gewicht (in kg)	3	6	9	12	15	18	21	24	27	30

Zuordnung B:
In einem Versandhandel kostet ein Paar Socken 4,00 DM. Zwei Paar im Doppelpack sind für 7,50 DM zu erhalten. Ein Paket mit 5 Paar kostet 18,00 DM und ein Paket mit 10 Paar wird für 35,00 DM abgegeben.
Der Anzahl der Paar Socken ordnen wir den Preis zu.

Anzahl	1	2	3	4	5	6	7	8
Preis (in DM)	4,00	7,50	11,50	15,00	18,00	22,00	25,50	29,50

Wir stellen fest:
Bei der Zuordnung A gehört zur doppelten Anzahl das doppelte Gewicht. Bei der Zuordnung B ist der doppelten Anzahl **nicht** der doppelte Preis zugeordnet.

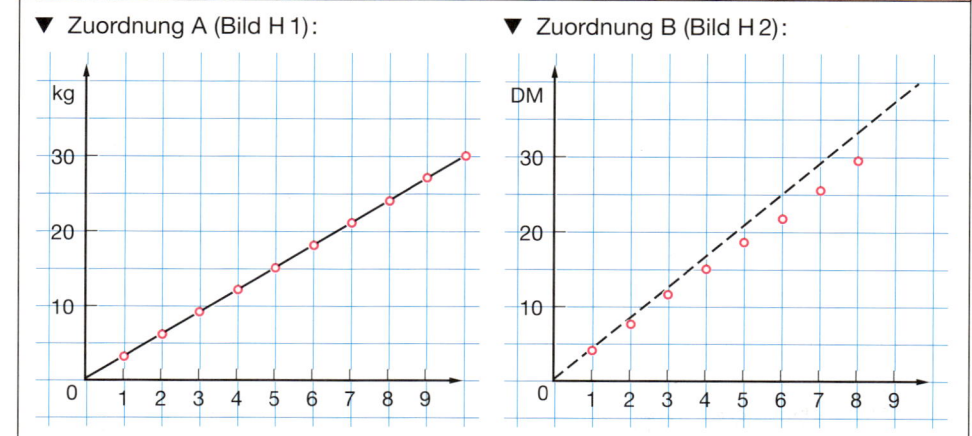

▼ Zuordnung A (Bild H 1):

▼ Zuordnung B (Bild H 2):

Die Punkte liegen auf einer Geraden.

Die Punkte liegen **nicht** auf einer Geraden.

5. Fertige ein Diagramm für die Zuordnungen der Aufgabe 1 und 2 an.

2 Wir beschäftigen uns mit einer Kleinbahnstrecke

Am 19. Juli 1886 wurde die Bäderbahn von Bad Doberan nach Heiligendamm nach nur dreimonatiger Bauzeit eröffnet. Die feierliche Einweihung der Strecke war ein großes Ereignis für die ganze Umgebung – ganz besonders natürlich für die Einwohner von Bad Doberan. Die Züge beförderten vor allem Badegäste zum Ostseebad Heiligendamm, das zu den ersten Seebadeorten an der Ostseeküste zu zählen ist. Die Bahn war ihrer Bestimmung gemäß in den ersten Jahren nur in den Sommermonaten in Betrieb.

Im Jahre 1910 wurde die Bahn bis nach Arendsee (dem heutigen Kühlungsborn West) verlängert. Für die Spurweite wählte man – abweichend von der Normalspurweite – den Abstand von nur 900 mm.

◄ Bild H 3
Ein Zug der Schmalspurbahn Bad Doberan–Kühlungsborn West

1. a) Miss die Spurweite auf dem Fußboden des Klassenzimmers ab. Vergleiche mit der Normalspur der Eisenbahn (1 435 mm).
   b) Lies aus dem alten Fahrplan die Gesamtlänge der Strecke ab.
   c) Welches ist die längste Teilstrecke? Wie viel Minuten benötigte der Zug Nr. 14 145 für dieses Streckenstück?

2. Ermittle für den Zug Nr. 14 140 die Fahrzeit von Heiligendamm nach Ostseebad Kühlungsborn Mitte.

▲ Bild H 4 Ausschnitt aus dem Fahrplan vom Jahre 1990

3. **a)** Wie viel Minuten benötigte der Zug Nr. 14 133 von Kühlungsborn bis zum Haltepunkt „Goethestraße" in Bad Doberan?
b) Klaus wollte einmal um 8.00 Uhr in Bad Doberan sein. Welchen Zug musste er in Kühlungsborn Ost besteigen?
c) Die Züge Nr. 14 144 und Nr. 14 145 begegneten sich um 13.45 Uhr in Heiligendamm. Wie viel Minuten Fahrzeit hatte jeder Zug noch bis zum Erreichen seines Endbahnhofes vor sich?

4. Im Jahre 1888 verfügte die Bäderbahn über folgenden Wagenpark:
1 Gepäckwagen mit einer Tragfähigkeit von 5 t
8 Personenwagen mit insgesamt 246 Sitzplätzen und 128 Stehplätzen
a) Wie viele Sitzplätze und wie viele Stehplätze hatte jeder Wagen?
b) Wie viele Reisende konnte ein Zug mit drei Personenwagen bei einer Fahrt befördern?

5. Später fuhren die Züge der Bäderbahn in der Saison mit 13 Personenwagen. Solch ein Zug bot insgesamt 600 Personen Platz.
a) Wie viele Reisende konnte die Bahn in der Saison täglich befördern, wenn alle im Fahrplan aufgeführten Züge ausgelastet waren?
b) Wie viele PKW wären erforderlich um die von einem Zug beförderten Reisenden gleichzeitig nach Kühlungsborn zu bringen?

6. Im Bild H 5 wurden für den Zug 14 132 die zurückgelegten Strecken jeweils der Uhrzeit zugeordnet.
a) Vergleiche die Teilstrecken und die dafür benötigten Zeiten.
Auf welcher Teilstrecke fuhr der Zug besonders langsam?
b) Welche Strecke hatte der Zug um 7.35 Uhr (7.20 Uhr) zurückgelegt?
c) Zu welcher Uhrzeit hatte der Zug 12 km (8 km) zurückgelegt?

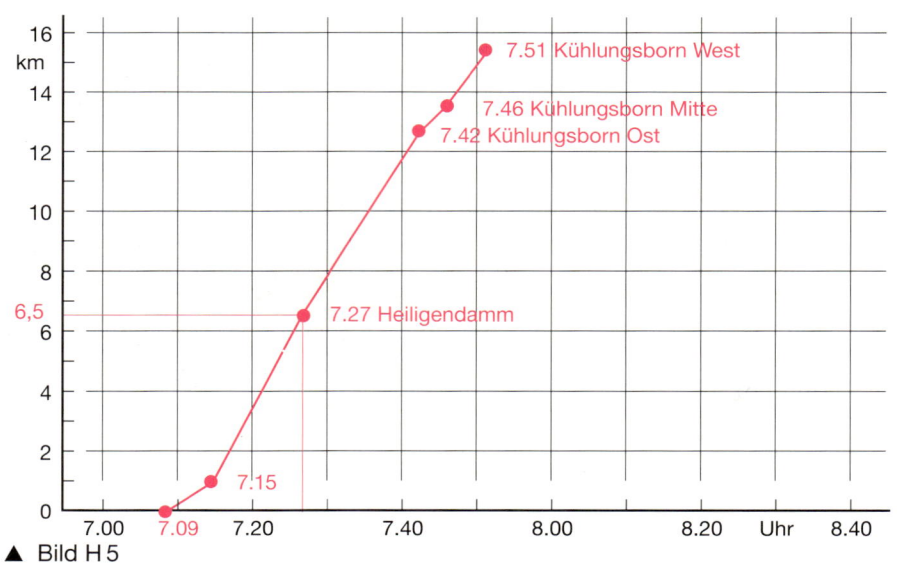

▲ Bild H 5

3 Jetzt dreht sich alles um das Würfeln

Schon von alters her haben sich die Menschen die Zeit mit Spielen vertrieben und sie haben immer neue Spiele erdacht. Sehr viele Spiele sind Glücksspiele. Bei diesen Spielen kommt es nicht auf Geschick an, sondern allein der Zufall entscheidet. Es gibt aber auch Spiele, bei denen Glück und Geschicklichkeit gemeinsam über das Ergebnis entscheiden. Bei allen Würfelspielen hat der Zufall einen entscheidenden Anteil, ob jemand gewinnt oder verliert – Würfelspiele rechnen deshalb zu den Glücksspielen.

Bei Ausgrabungen in alten Siedlungsgebieten fand man auch Gegenstände, die von den Menschen in früherer Zeit zum Spielen benutzt wurden. In der fernen Mongolei würfelte man in diesen alten Zeiten mit kleinen Knochenstücken (↗ Bild B 11, Seite 22). In Italien fand man Plättchen, mit denen die Menschen vor 2000 Jahren „würfelten". Der älteste Spielwürfel aus dem Irak ist schon fast 2500 Jahre alt.

1. Fertige das Modell eines Würfels an. Zeichne zuerst ein Würfelnetz auf festem Zeichenkarton. Bringe Klebefalze an und schneide das Netz aus. Bezeichne deinen Würfel wie einen richtigen Spielwürfel mit Punkten. Die Augenzahlen der gegenüberliegenden Seiten ergänzen sich dabei stets zu 7.

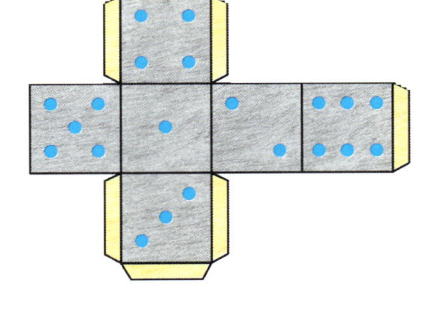

    Bild H 6 ▶

2. Beim „Mensch-ärgere-dich-nicht"-Spiel kann man nur beim Würfeln einer 6 eine Figur ins Spiel bringen. Kim sagt, dass es „schwer" ist, eine 6 zu würfeln. Was meinst du dazu? Ist es „leichter" eine 5 zu würfeln?

3. Was kannst du über die Chancen sagen, die beim Würfeln mit einem Spielwürfel für das Auftreten der Augenzahlen 1, 2, 3, 4, 5 und 6 bestehen?

    Bild H 7 ▶

4.* Vergleiche die Chancen für das Würfeln einer 6, wenn du mit einem Spielwürfel einmal bzw. zweimal würfeln darfst.

Wir betrachten nun eine Chancenskale. Sie reicht von „unmöglich" bis „ganz sicher".

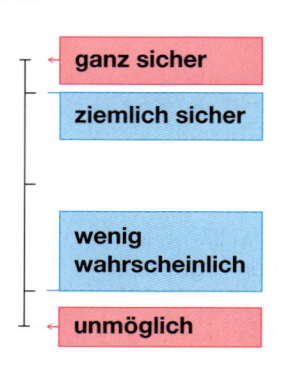

BEISPIEL:

ganz sicher .. Es gibt im nächsten Schuljahr Ferien.

ziemlich sicher .. Von 10 geworfenen Münzen zeigt wenigstens eine Münze „Wappen".

.. Wenn man eine Münze wirft, zeigt sie Wappen.

wenig wahrscheinlich .. Beim „Mensch-ärgere-dich-nicht" wird man nicht rausgeworfen.

unmöglich .. Ein guter Würfel zeigt nie eine 6.

5. Zeichne einen Chancenmaßstab und markiere dann die folgenden Ereignisse durch die Angabe des Buchstabens an der Skale.
  a) Beim Werfen eines Spielwürfels erscheint eine Augenzahl, die größer ist als 6.
  b) Beim Werfen eines Spielwürfels erscheint eine gerade Zahl.
  c) Beim Werfen eines Spielwürfels erscheint die Augenzahl 2.
  d) Beim Werfen des Spielwürfels erscheint die Augenzahl 6.

6. Der Vater von Monika und Esther hat eine Eintrittskarte für die Zirkusvorstellung bekommen. Beide Mädchen möchten gerne in den Zirkus gehen, und so beschließt der Vater den Zufall entscheiden zu lassen. Der Vater wird einen Spielwürfel werfen und legt fest, dass Monika die Karte erhält, wenn der Würfel die Augenzahlen 2, 4 oder 6 zeigt. Anderenfalls soll Esther in den Zirkus gehen.
  a) Wie würdest du die Chancen für beide Mädchen nach der Einstufung in Aufgabe 5 beurteilen?
  b) Wir führen einen Versuch durch um die vorweg getroffene Einstufung zu überprüfen. Hierzu würfeln wir mit einem Spielwürfel zuerst zehnmal und schreiben die Ergebnisse auf. Dann ermitteln wir die Anzahl der Würfe, die eine gerade Augenzahl ergeben haben. Anschließend würfeln wir erneut zehnmal und ermitteln wieder die Häufigkeit gerader Augenzahlen. So fahren wir bis zum 200sten Wurf fort. In der folgenden Tabelle wurden 40 Würfe erfasst. Führe nun den Versuch mit 200 Würfen durch. Erfasse deine Ergebnisse in einer entsprechenden Tabelle.

Wurfnummer	Ergebnisse	Häufigkeit der Augenzahlen 2, 4, 6
1 bis 10	6; 2; 2; 5; 4; 3; 3; 1; 4; 6	6
11 bis 20	5; 3; 5; 4; 3; 4; 5; 3; 6; 4	4
21 bis 30	4; 4; 5; 3; 3; 4; 4; 5; 3; 2	5
31 bis 40	5; 3; 2; 1; 3; 3; 2; 2; 3; 2	4

7. Das Experiment von Aufgabe 6 untersuchen wir jetzt weiter.
  a) Welche Zahlen treten in der letzten Spalte deiner Tabelle am häufigsten auf? Welche Zahlen treten selten auf?
  b) Ordne die Zahlen in der letzten Spalte nach der Häufigkeit ihres Auftretens. Was stellst du fest?

Wir konnten feststellen, dass sich die Häufigkeit des Auftretens einer geradzahligen Augenzahl von Zeile zu Zeile verändert. Wir wollen nun nicht nur jeweils 10 Würfe betrachten, sondern jeweils alle Würfe, die bis zur betreffenden Zeile getätigt wurden. Fertige dir hierzu eine Tabelle nach folgendem Muster an (in diesem Muster wurden die ersten Zeilen nach dem Beispiel auf Seite 216 ausgefüllt – benutze du deine eignen Ergebnisse):

Anzahl der Würfe	Häufigkeit der Augenzahlen 2, 4, 6 nach dieser Anzahl von Würfen
nach 10 Würfen	6
nach 20 Würfen	6 + 4 = 10
nach 30 Würfen	10 + 5 = 15
nach 40 Würfen	15 + 4 = 19
....	....

8. Das Ergebnis aus Aufgabe 7 soll nun mithilfe von Streifen veranschaulicht werden. Wir färben dabei die Anzahl der Würfe mit geradzahliger Augenzahl rot ein (↗ Bild H 8).
  a) Beschreibe die Streifenfolge. Vergleiche deine Streifenfolge mit denen der anderen Schülerinnen und Schüler. Was stellst du fest?
  b) Was glaubst du: Ist eine Entscheidung zwischen Monika und Esther mit diesem Würfel gerecht?

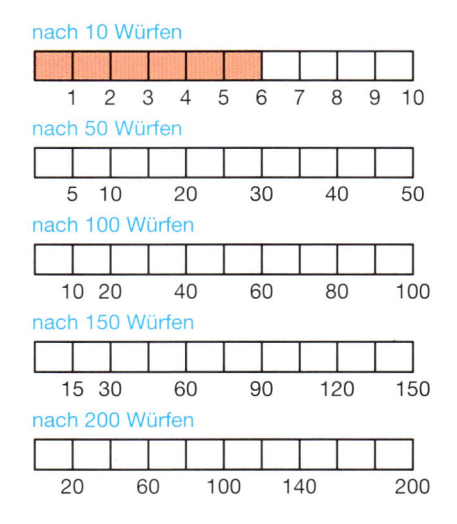

Bild H 8 ▶

nach 10 Würfen
1 2 3 4 5 6 7 8 9 10

nach 50 Würfen
5 10 20 30 40 50

nach 100 Würfen
10 20 40 60 80 100

nach 150 Würfen
15 30 60 90 120 150

nach 200 Würfen
20 60 100 140 200

9. Seitdem es Glücksspiele gibt, haben Menschen versucht das Spielergebnis zu ihren Gunsten zu verändern, kurz: sie haben versucht zu schummeln. Beim Würfeln kommt es darauf an, dass die Gestalt des Spielwürfels ein „echter" Würfel ist, dass die Kanten senkrecht zueinander verlaufen und gleich lang sind. Ferner muss das Material gleichmäßig verteilt sein; es darf nicht eine Seite durch Einlagerung von Metall beschwert werden.
Verstärke eine Seite des Würfels mit einer dicken Schicht Papier.
Würfle noch eine Streifenfolge wie in Aufgabe 6. Was stellst du fest?

10. Sabine möchte sich beim „Mensch-ärgere-dich-nicht" Vorteile verschaffen. Sie will einen Spielwürfel neu beschriften, so dass sie schneller voran kommt.
Folgende zwei Möglichkeiten sind ihr hierfür eingefallen:

▲ Bild H 9a   ▲ Bild H 9b

Hat sich das Sabine auch gut überlegt? Welche Möglichkeiten bietet ihr der linke Würfel? Was für Nachteile muss sie in Kauf nehmen?
Vergleiche die Vor- und Nachteile beider Schummelwürfel miteinander.

11. Jens kommt auf die Idee mit zwei zusammengeklebten Würfeln zu spielen. Er bezeichnet dieses Gebilde als „Doppelwürfel" und wählt dieselbe Nummerierung der Seiten, wie man es von einem üblichen Würfel gewöhnt ist (↗ Bild H 10).

a) Zeichne ein Netz für den im Bild H 10 abgebildeten Doppelwürfel.
b) Wie beurteilst du die Chancen für das Auftreten einer 1, einer 2, einer 3, einer 4, einer 5, einer 6 beim Würfeln mit diesem Doppelwürfel?
c) Überlege, wie du die Aussagen über die Chancen der Augenzahlen überprüfen könntest.

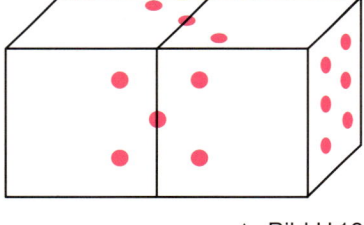

▲ Bild H 10

12. In Mitteleuropa wird am häufigsten der traditionelle Spielwürfel, ein regelmäßiger „Sechsflächner" zum Spielen verwendet. Um ihn zu bauen benötigt man ein Würfelnetz auf Karton.
Schaue dir die Figuren im Bild H 11 an und suche Würfelnetze heraus.

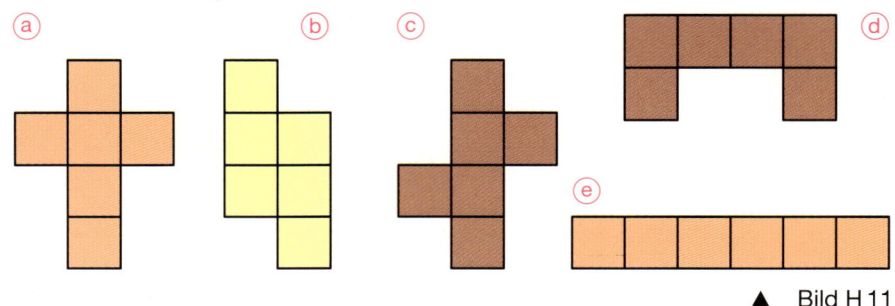

ⓐ   ⓑ   ⓒ   ⓓ
       ⓔ

▲ Bild H 11

13. Prüfe die Figuren im Bild H 11 genau und versuche weitere Würfelnetze zu finden. Wer findet die meisten?

14. Maximilian will einen Körper bauen, der aus vier gleichartigen Flächen besteht. Solche regelmäßigen Vierflächner heißen **Tetraeder**.
Das Bild H 12 zeigt Maximilians Körpernetz.

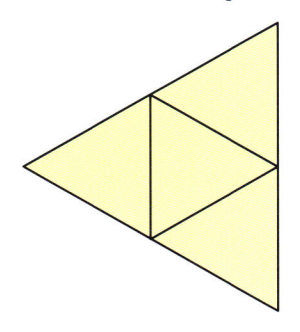

Kannst du dir vorstellen, wie der Körper aussieht, der aus diesem Netz gefaltet wird?
Übertrage das Netz auf Zeichenkarton und schneide die Figur aus.
Falte dann längs der eingezeichneten Linien die Dreiecke um und bilde den Körper.

◀ Bild H 12

15. Suche weitere Körpernetze für Tetraeder. Wie viele Netze gibt es?

16. Zeichne zwei gleich große Körpernetze von zwei Tetraedern auf Karton. Bringe Klebefalze an, schneide die Figuren aus und klebe die Tetraeder zusammen. Beschrifte die Seiten des einen Tetraeders mit blauen Punkten, so dass die Felder 1 bis 4 deutlich werden.
Beschrifte den zweiten Tetraeder entsprechend mit roten Punkten.

   a) Würfle mit den beiden Tetraedern, indem du jedesmal die Summe der unten liegenden Zahlen bildest.
   b) Welche Augensumme ist die kleinstmögliche, welche die größtmögliche?
   c) Würfle insgesamt 50-mal und erfasse die Ergebnisse in einer Tabelle der unten stehenden Art.

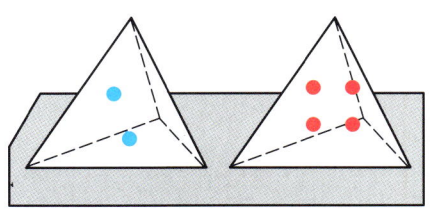

▲ Bild H 13

2	|||	(3)	Diese Tabelle stellt ein Muster für das Erfassen der Würfelergebnisse in einer Strichliste dar.
3	|||| ||	(7)	
4	|||| ||||	(9)	
5			
6			
7			
8			

   d) Würfele nun noch weitere 50-mal und erweitere die Strichliste. Ermittle unter Nutzung der erweiterten Versuchsergebnisse erneut, wie oft jede Augensumme bei diesen 100 Würfen aufgetreten ist.
   e) Gibt es Zahlen, die besonders häufig als Augensumme auftreten?

17. Das Bild H 14 zeigt das Netz einer offenen Schachtel.
  a) Wo ist die Öffnung, wenn die Schachtel auf der Fläche (3) steht?
  b) Ergänze eine Fläche so, dass ein Würfel entsteht. Wie viele Möglichkeiten gibt es?

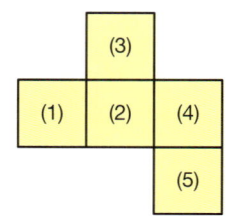

Bild H 14 ▶

18. Wie kann man einen Quader so halbieren, dass die entstehenden zwei Körper keine Quader sind? Beschreibe die entstehenden Körper.

19. Von den Körpern im Bild H 15 wurden einige parallel zur Grundfläche zersägt. Das Bild H 16 zeigt die dabei entstehenden Schnittfiguren. Welche Teile gehören zusammen? Schreibe zum Beispiel H – 3.

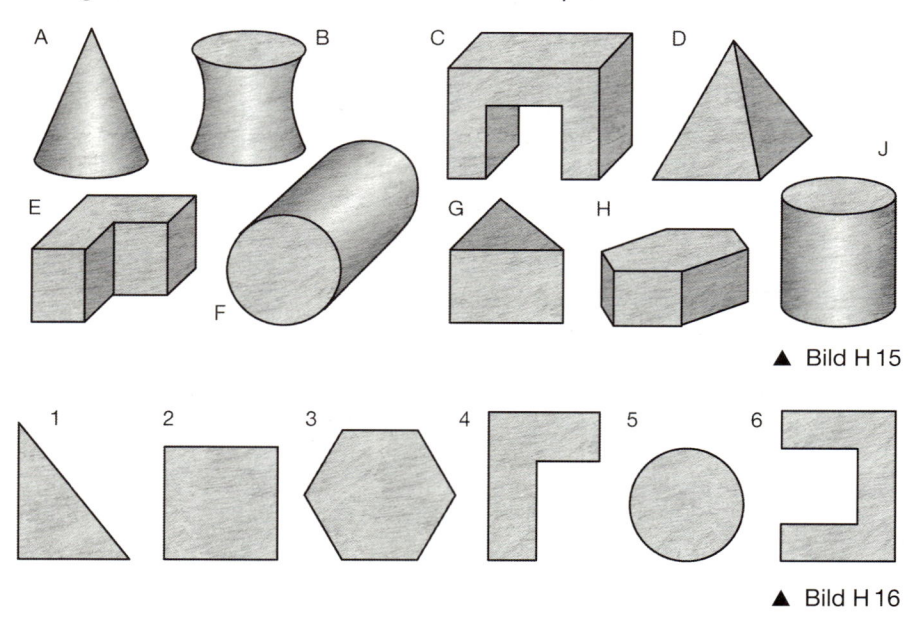

▲ Bild H 15

▲ Bild H 16

4 Gemeinsame Teiler, gemeinsame Vielfache

1. Herr Müller will an zwei Seiten seines Gartens einen Zaun aus gleich langen Gittern setzen. Die eine Gartenseite misst 24 m, die andere 18 m.
Für die Gitterlängen kommen nur volle Meter in Frage. Sind Gitter mit Längen von 1 m, 2 m, 3 m möglich?
Welche Gitterlängen sind außerdem möglich?

Bild H 17 ▶

2. Zeichne einen Zahlenstrahl mit den Zahlen von 0 bis 20. Markiere dann in rot alle Teiler von 12 und in grün alle Teiler von 18. Welche Eigenschaften haben die Zahlen, die rot und grün markiert sind?

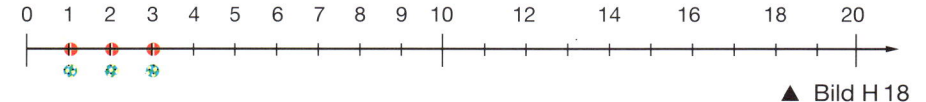

▲ Bild H 18

BEISPIELE:

3. a) Gesucht sind **gemeinsame Teiler** von 24 und 60.

Teiler von 24	1	2	3	4		6	8		12			24	
Teiler von 60	1	2	3	4	5	6		10	12	15	20		30	60

Gemeinsame Teiler von 24 und 60 sind 1, 2, 3, 4, 6 und 12.
Der **größte gemeinsame Teiler** (ggT) von 24 und 60 ist 12.

b)* Welche Zahl ist der größte gemeinsame Teiler von 8 und 15?

Teiler von 8	1	2		4		8	
Teiler von 15	1		3		5		15

Gemeinsamer Teiler von 8 und 15 ist nur 1.
Der ggT von 8 und 15 ist also 1.
Man sagt: 8 und 15 sind zueinander **teilerfremd.**

4. Gib alle Teiler von 24 an. Suche unter ihnen diejenigen heraus, die auch Teiler von **a)** 4, **b)** 7, **c)** 48, **d)** 36 sind.

5. Ermittle alle gemeinsamen Teiler von
   a) 12 und 15,   **b)** 7 und 9,   **c)** 6 und 60,   **d)** 45 und 75,
   e) 72 und 63,   **f)** 42 und 56,   **g)** 18 und 32,   **h)** 12 und 20

6. Ermittle den ggT von
   a) 12 und 18,   **b)** 45 und 60,   **c)** 28 und 49,   **d)** 36 und 35,
   e) 63 und 72,   **f)** 18 und 54,   **g)** 80 und 64,   **h)** 56 und 48

7.* In welchen Paaren sind die Zahlen zueinander teilerfremd?
   a) (8; 22)   **b)** (23; 47)   **c)** (41; 164)   **d)** (19; 58)   **e)** (17; 82)

8.* Welche Zahlen, die kleiner als 30 sind, sind teilerfremd zu 30?

9.* Gib drei Paare von Zahlen an, die **a)** 7, **b)** 12, **c)** 1 als ggT haben.

10.* Es sei T_{12} die Teilermenge von 12 und T_{28} die Teilermenge von 28. Beide Mengen sind im Bild H 19 dargestellt; allerdings fehlen einige Teiler.
   a) Welche Zahlen gehören in die grünen, in die gelben und in die roten Kästchen?
   b) Schreibe die Menge der gemeinsamen Teiler mithilfe geschweifter Klammern auf.

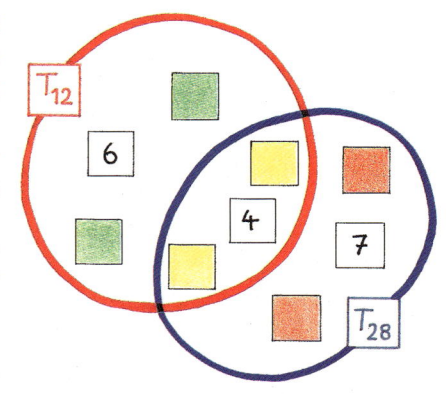

Bild H 19 ▶

11. Zeichne einen Zahlenstrahl für die Zahlen von 0 bis 40! Markiere dann in rot alle Vielfachen von 4 und in grün alle Vielfachen von 6.
Welche Eigenschaft haben die Zahlen, die rot und grün markiert sind.

BEISPIEL:

12. Gesucht sind **gemeinsame Vielfache** von 6 und 8.

Vielfache von 6	6		12		18	**24**	30		36		42	**48**	54		60
Vielfache von 8		8		16		**24**		32		40		**48**		56	

Gemeinsame Vielfache von 6 und 8 sind 24, 48, 72, ...
Das **kleinste gemeinsame Vielfache** (kürzer: kgV) von 6 und 8 ist 24. Alle anderen gemeinsamen Vielfachen von 6 und 8 sind Vielfache dieses kgV:
$2 \cdot 24 = 48$, $3 \cdot 24 = 72$, $4 \cdot 24 = 96$.

---

13. Ermittle drei gemeinsame Vielfache von
   a) 20 und 30,   **b)** 24 und 20,   **c)** 18 und 50,   **d)** 15 und 60

14. Ermittle das kgV und zwei weitere Vielfache der Zahlen
a) 12 und 16, **b)** 12 und 18, **c)** 16 und 24, **d)** 3 und 7

Häufig kann man das kgV zweier Zahlen im Kopf ermitteln: Man prüft, ob die größere durch die kleinere Zahl teilbar ist. Wenn ja, so ist die größere Zahl das kgV. Wenn nicht, so bildet man das Zweifache, das Dreifache, … der größeren Zahl solange, bis man das kleinste Vielfache gefunden hat, das durch die kleinere Zahl teilbar ist.

BEISPIELE:

15. a) Wir ermitteln das kgV von 7 und 28.
7 | 28, also ist 28 das kgV von 7 und 28.

b) Wir ermitteln das kgV von 12 und 15.
12 ∤ 15   2 · 15 = 30
12 ∤ 30   3 · 15 = 45
12 ∤ 45   4 · 15 = 60
12 | 60   Also: 60 ist das kgV von 12 und 15.

Das Produkt zweier Zahlen ist ein gemeinsames Vielfaches von ihnen.

16. Berechne das kgV der Zahlen
a) 8 und 20, **b)** 18 und 9, **c)** 10 und 7, **d)** 1 und 5,
e) 15 und 20, **f)** 14 und 21, **g)** 15 und 9, **h)** 3 und 33,
i) 12 und 28, **j)** 45 und 25, **k)** 30 und 50, **l)** 15 und 18

17. Gib zwei Zahlen an, die größer als 1 sind und für die **a)** 20, **b)** 24, **c)** 60, **d)*** 17 ein gemeinsames Vielfaches ist.

18. Gib den ggT und das kgV der folgenden Zahlen an:
a) 12 und 15 **b)** 7 und 21 **c)** 4 und 5 **d)** 16 und 20

19. Ein Arzt bestellt Tabletten in Packungen zu je 50 Stück. In der Apotheke sind nur Packungen mit je 20 Tabletten vorhanden. Für welche Packungsanzahlen kann die Belieferung erfolgen?

20. Claudia erzählt: „Unsere Reisegruppe bestand aus mehr als 70 und weniger als 100 Personen. Auf der Hinfahrt hatten wir Busse mit 24, auf der Rückfahrt mit 16 Fahrgastplätzen. Beide Male blieb kein Platz frei." Aus wie vielen Personen bestand die Gruppe?

21.* Ermittle den ggT von
a) 72 und 63, **b)** 112 und 84, **c)** 96 und 120, **d)** 700 und 825

> Für das Ermitteln des kgV und des ggT größerer Zahlen können Primfaktorzerlegungen nützlich sein.

BEISPIELE:

22. a) Wie groß ist das kgV von 120 und 700?

$$120 = 2 \cdot 2 \cdot 2 \cdot 3 \cdot 5 = 2^3 \cdot 3 \cdot 5$$
$$700 = 2 \cdot 2 \cdot 5 \cdot 5 \cdot 7 = 2^2 \cdot 5^2 \cdot 7$$
$$\text{kgV: } 2 \cdot 2 \cdot 2 \cdot 3 \cdot 5 \cdot 5 \cdot 7 = 2^3 \cdot 3 \cdot 5^2 \cdot 7 = \underline{4200}$$

Das kgV von 120 und 700 ist 4200.

b) Wie groß ist der ggT von 120 und 700?

$$120 = 2 \cdot 2 \cdot 2 \cdot 3 \cdot 5 = 2^3 \cdot 3 \cdot 5$$
$$700 = 2 \cdot 2 \cdot 5 \cdot 5 \cdot 7 = 2^2 \cdot 5^2 \cdot 7$$
$$\text{ggT: } 2 \cdot 2 \cdot 5 = 2^2 \cdot 5 \phantom{{}^2 \cdot 7} = \underline{20}$$

Der ggT von 120 und 700 ist 20.

23. Ermittle das kgV von
 a) 42 und 56, **b)** 45 und 54, **c)** 150 und 180, **d)** 54 und 112

24. Ermittle das kgV und den ggT von
 a) 45 und 75, **b)** 84 und 120, **c)** 125 und 180, **d)** 240 und 2000,
 e) 49 und 63, **f)** 6, 8 und 18, **g)*** 48, 72 und 180

Ende

Bildnachweis

Banse, Sebastian/Borho, Dirk (Berlin): A 2, A 3, A 4, A 5, C 9, C 29, D 1, D 6, D 8a, F 14, F 32, F 33, F 64, G 5, G 7, G 8, G 26, H 7
Bildarchiv Volk und Wissen: C 11a bis d
Fiedler, Werner (Leipzig): G 108
Förster, Manfred (Leipzig): G 2

Linke, Dieter (Berlin): B 11, B 21
Mai, Hans Dieter (Berlin): G 27, G 115
Martin, Karlheinz (Berlin): F 63 (mit freundl. Genehm. der Meyer-Filiale Berlin, Leipziger Str.), F 66, G 6, G 18, G 28a–d, G 35, G 43, G 107a, H 3
Theuerkauf, Horst (Gotha): D 8b